設計技術シリーズ

新 回路レベルの EMC設計

―ノイズ対策を実践―

Electro Magnetic Compatibility

［監修］静岡大学　浅井 秀樹

科学情報出版株式会社

目　　次

第１章　伝送系、システム系、CADから見た回路レベルEMC設計

第２章　分布定数回路の基礎

第３章　回路基板設計での信号波形解析と製造後の測定検証

第４章　幾何学的に非対称な等長配線差動伝送線路の不平衡と電磁放射解析

第５章　チップ・パッケージ・ボードの統合設計による電源変動抑制

第6章　EMIシミュレーションとノイズ波源としての LSIモデルの検証

第7章　電磁界シミュレータを使用したEMC現象の可視化

第8章　ツールを用いた設計現場でのEMC・PI・SI設計

第9章　3次元構造を加味したパワーインテグリティ評価

第10章　システム機器におけるEMI対策設計のポイント

第11章　設計上流での解析を活用した EMC/SI/PI協調設計の取り組み

第12章　エミッション・フリーの電気自動車をめざして
－電気自動車のEMC規制を遵守するための欧州横断研究プロジェクトの紹介－

第13章　半導体モジュールの電源供給系（PDN）特性チューニング

第14章　電力変換装置のEMI対策技術 ソフトスイッチングの基礎

第15章　ワイドバンドギャップ半導体パワーデバイスを 用いたパワーエレクトロニクスにおけるEMC

第16章　IEC 61000-4-2間接放電イミュニティ試験と多重放電
～ESD 試験器の垂直結合板への接触放電で生ずる特異現象～

第17章　モード変換の表現可能な
等価回路モデルを用いたノイズ解析

第18章　自動車システムにおける電磁界インターフェース設計技術
～アンテナからワイヤレス電力伝送、人体通信まで～

第19章　車車間・路車間通信

第20章　私のEMC対処法
学問的アプローチの弱点を突く、
その対極にある解決方法

第1章

伝送系、システム系、CADから見た回路レベルEMC設計

静岡大学　浅井　秀樹
岡山大学　豊田　啓孝
佐賀大学　佐々木 伸一
ATEサービス株式会社　住永　伸

1．概説

集積化技術の進歩と共に電子回路技術は、高密度化、高周波数化に向かっており、また、それと同時に電子機器性能も飛躍的な進歩を遂げてきた。高性能電子機器の進化には、集積回路技術の発展は勿論のこと、パッケージやプリント基板の実装技術も重要な役割を果たしており、いわゆる統合設計という多様な観点から技術を考えることが重要となっている。その中の一つとして、高速信号伝送によるシグナル／パワー・インテグリティや電磁環境設計の問題が急速に重要となっている[1)-3)]。

そのような背景の下、「新／回路レベルのEMC設計」と題した書籍を開始する運びとなった。本書は、エレクトロニクス実装学会の回路・実装設計技術委員会が主体となり、その周辺の分野で、活躍されている研究者、開発者に執筆して頂き、多様な角度からEMC設計を考察することを目的としている。

本稿では、回路レベルのEMC設計を高速伝送の要となる「伝送線路」、全体を包含する「システム」、実際の設計に不可欠となる「CAD」と言う三つの観点から見た概観や課題、展望について記す。

冒頭でも記したように、昨今の電子機器においては、高密度基板の設計・実装が必要であり、高速伝送技術が必須である。高速信号伝送においては、多様な電気ノイズが発生し、一昔前までは、“正確に繋ぎさえすれば動く”、と言う世界から、正確に繋いだにもかかわらず予期しない誤動作を発生する時代へと変化してきた。

実装の段階においては、図1.1に示すようなチップレベル、パッケージレベル、ボードレベルに加え、筐体レベルがシームレスに結合しており、各レベルでの許容が小さくなってきているため、各レベルでの正確な設計に加えて、各レベル間の協調設計が重要となっている。チップレベルにおいては、信号の遅延、IRドロップ、始端や終端での反射、線路間のクロストークが問題となる。パッケージレベルでは、これらの問題以外にも同時スイッチングノイズによるグラウンドバウンスが重要であり、さらに、ボードレベルでは、不要輻射も非常に重大な課題となっている。最近では、コンシューマ製品に付随するケーブルや車載のハーネスに伝わるコモンモードノイズの影響も大きな問題点として注視されている。そして、コモンモードノイズの低減という観点から、平衡／不平衡の考えに関する議論も行われるに至っている。

これらの議論を展開するためのアプローチとして、理論、シミュレーション、実測に基づく方法がある。理論的観点から定式化することは、メカニズムを把握する上で、有効であり、且つ、重要となる。高速伝送の理論は、伝送線路理論をはじめとする多くの理論体系から成り立っている。定式化は、高速伝送のモデル化と密接に繋がっており、CAD（Computer-Aided Design）/CAE（Computer-Aided Engineering）の活用によるシミュレーション技術へと展開され、近年、新世代のシミュレータも提案されつつある[4),5)]。

例えば、高速伝送路の理論は、集中定数系のモデル化だけでなく、分布定数系[6)]や三次元物理形状[1)]によってもモデル化される。さらに、モデル化とシミュレーションによる結果を実測と比較することは、実設計への展開のために不可欠である。

本書で述べられる回路レベルのEMC設計に係わる多様な事象により、問題意識を共有化し、読者の今後の設計に活用して頂ければ幸いである。

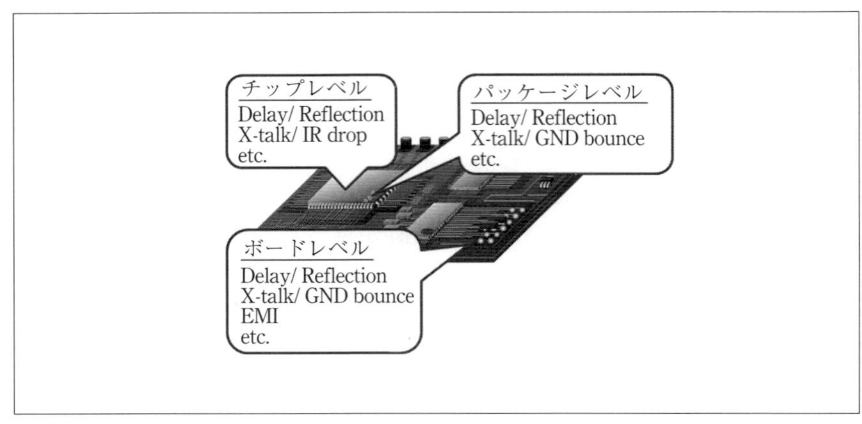

〔図 1.1〕チップ、パッケージ、ボードレベルの協調設計が必要となる。

2．伝送系から見た回路レベル EMC 設計

ICT の進展とともに、電子機器も高機能化、小型化、高速化が要求されており、回路基板の配線も、単に接続するだけでは、十分な性能を発揮できない状況になっている。信号速度が数 Mbps のころには、線路特性に注意を払わなくても、波形への影響は少なかった。さらに、配線幅も広く、ピン間 1 本程度のスペースの配線密度で十分であったため、信号の伝送損失も少なく、線間のクロストークも回路動作に大きな影響を与えるほどではなかった。しかし現在においては、数百 Mbps～数 Gbps と数桁高速の信号伝送が必要となっている。さらに小型電子機器の実現のためには、微細でかつ高密度配線が必要不可欠となっている。これらにより、インピーダンス不整合箇所における波形歪や放射雑音、さらにクロストークによる波形歪などを考慮した、信号配線（伝送路）の設計が必要不可欠となってきている。

2－1　高速信号伝送の影響

配線板に搭載された LSI パッケージ間での信号伝送は、配線板内の信号線、接続ヴィア、LSI 搭載用ランドとリード線などを経由して行われる。このように色々な形状の接続部が存在する。このような箇所では、インピーダンス不整合による波形歪のほか、形状変化部からの放射雑音がある[7]。この放射雑音は、信号の周波数が高くなるほど増加するため、基板内外の回路動作に与える影響が増加する。

図 1.2 に示すように、配線板内の並行信号線における片方の線をドライブ線、他方をセンス線とする。ドライブ線にパルス信号を入力すると、入力した側のセンス線端部（送端側）では近端クロストーク、受端側では遠端クロストークが観測される。遠端クロストークは、信号の立ち上がりが急峻なほど大きくなるため、高速信号伝送になるほど増加することとなる[8]（図 1.3 参照）。さらに、センス線に生じた遠端クロストーク波形により、ドライブ線のパルス波形が影響を受け、立ち上がり部分・立ち下がり部分が階段状（図 1.4 参照）となる。この結果、パルス保持時間が減少し、誤動作の原因ともなる。

これらの影響は、信号速度が高速になるほど大きくなり、高速伝送の

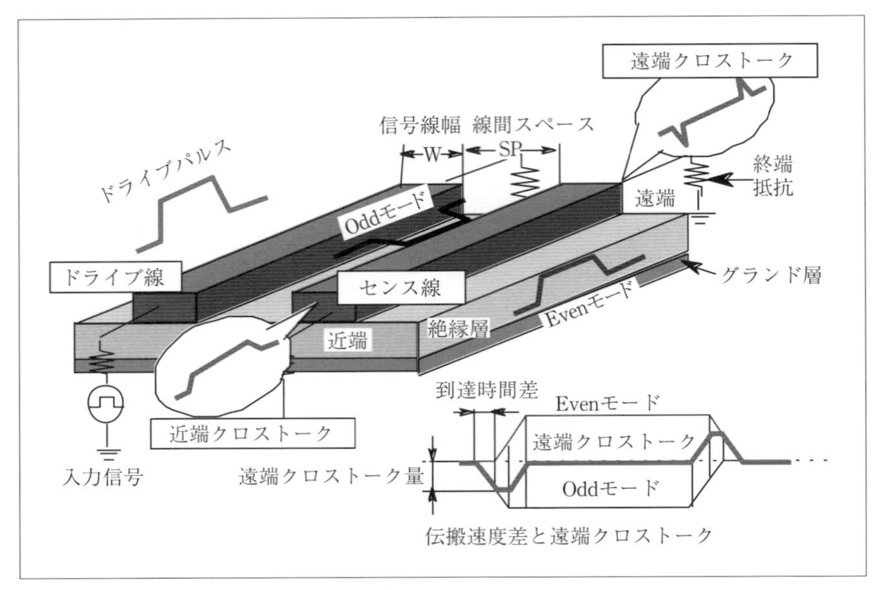

〔図 1.2〕並行線路におけるクロストーク

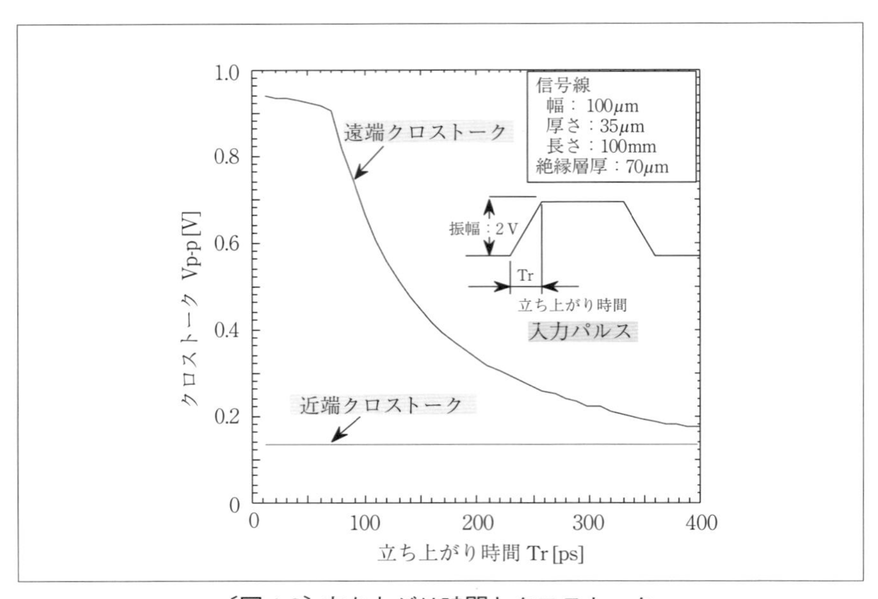

〔図 1.3〕立ち上がり時間とクロストーク

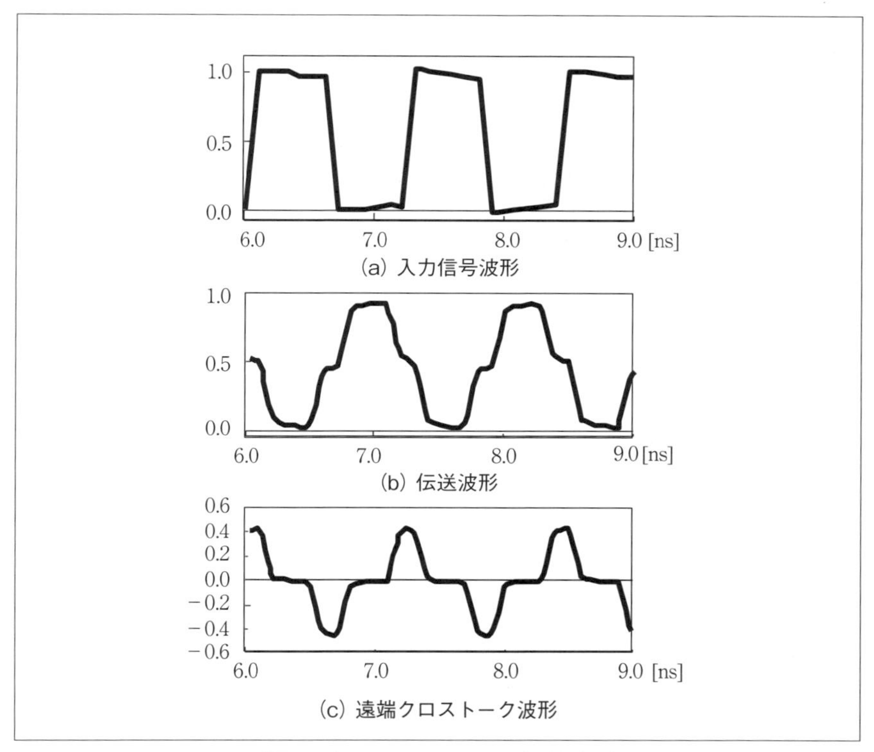

〔図 1.4〕クロストーク&伝送波形

実現に向けては、測定もしくは3次元電磁界解析等により、構造を含めた対策を施す必要がある。

2－2　高密度配線の影響

電子機器の高機能化にともないLSIの多端子化が進み、接続する信号線の本数が増加している。さらに、小型化実現のために、信号線幅、信号線ピッチも微細化が進んでいる。微細化が進むと伝送損失とクロストークが増加する結果となる。

(1) 伝送損失

配線部分の損失は、直流抵抗損失と、交流損失がある。直流抵抗による損失は、配線に用いる材質の抵抗率と配線部分の断面積と長さで決まる。交流損失は、基板の絶縁層部分の誘電体損と、配線部分の表皮効果による抵抗増加による損失がある。表皮効果による損失は、線路断面形状によって決まるため微細配線ほどその影響は大きく、高い周波数では増大する。パルス信号の場合、高い周波数成分が減衰すると、立ち上がりが緩やかな波形（図 1.5 参照）となる。このため、配線が微細となるほど長い配線での高速信号伝送が難しくなる。

(2) クロストーク

信号線間のスペースが狭くなるほど、電磁界結合度が増し、近端、遠端クロストークが増加する[6]。図 1.6 に、線間スペースとクロストークの関係の一例[9]を示す。前述のように、遠端クロストーク波形は、伝送波形にも影響を与える。このため、高密度配線においては、クロストーク低減が重要課題の一つである。

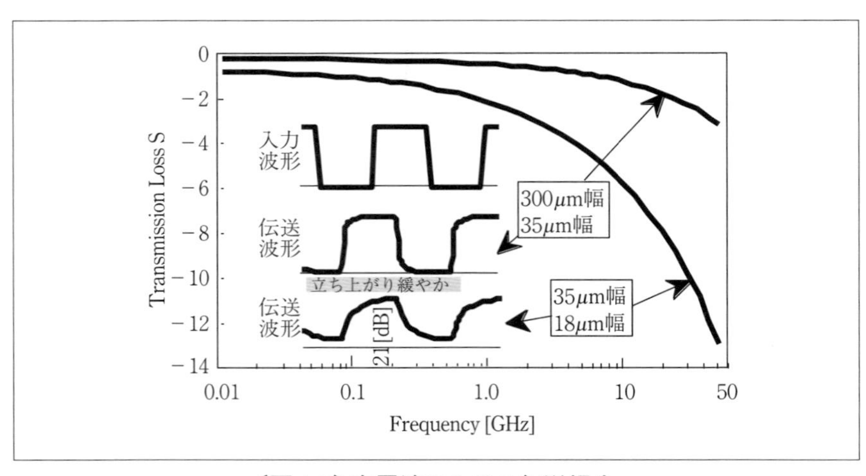

〔図 1.5〕高周波における伝送損失

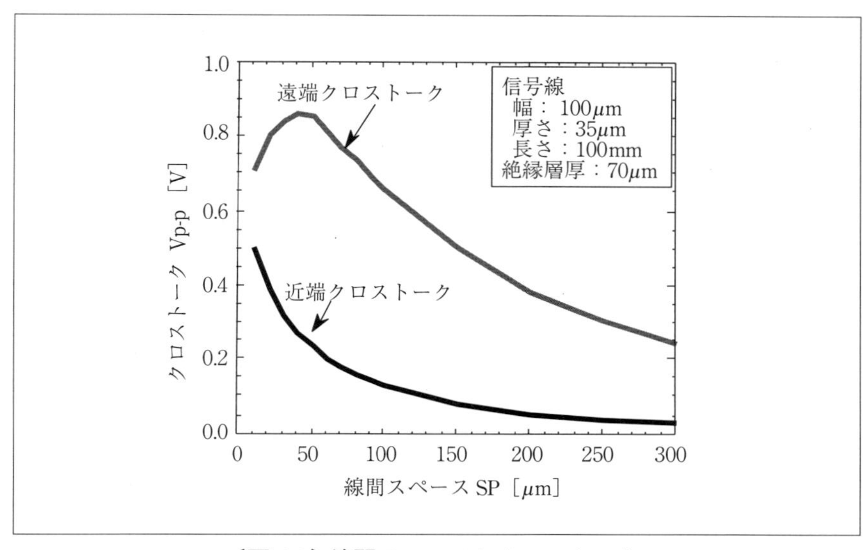

〔図 1.6〕線間スペースとクロストーク

3. システム系から見た回路レベル EMC 設計

開発終盤の検証段階でのノイズが原因の NG は、対策に時間とコストがかかり問題である。これは、根本的な対策がしづらい一方、小手先の対策では解決が難しく、パターン修正や最悪の場合は再設計という後戻りが生じるためである。そのため、図 1.7 (a) のような対策の繰り返しを避け、図 1.7 (b) のように設計の初期段階から EMC を考慮して設計を行う「EMC 設計」が重要とされている。

最近では LSI チップ、パッケージ、ボード（回路基板）のように電子機器の階層化が進み、これに LSI メーカー、ボードメーカー、セットメーカーが関わったシステム設計が行われている。さらに、無線機能を電子機器に搭載することが一般的となり、自ら発する電磁波で自らに電磁障害を与える「自家中毒」や「イントラ EMC」という新たな問題が生じている [10]。

電気自動車やスマートハウスなど、今後の発展が期待される製品分野でもシステム化に伴う電磁干渉の問題は避けられない [11]。例えば、電力変換回路の高効率化のためのスイッチング周波数の高周波化、一方で物理サイズの増加による共振周波数の低下、有線/無線によるネットワーク化などがその原因として挙げられる。さらに、無線通信の利用拡大に伴い、規制対象の周波数がこれまでの1 GHzから3 GHz、場合によっては6 GHzまで上昇していることも問題に拍車をかける。

単体を繋ぎ合わせてシステムとして構成するため、予期しない結果が生じる恐れがある。例えば、新たに構成された回路において共振が生じたり、近接導体の影響などにより平衡度が異なる線路の接続でモード変換が発生してコモンモードノイズが生じたり[12]、あるいは、単体が3 mや10 mという遠方で定められた放射規定値を満足してもシステムとし

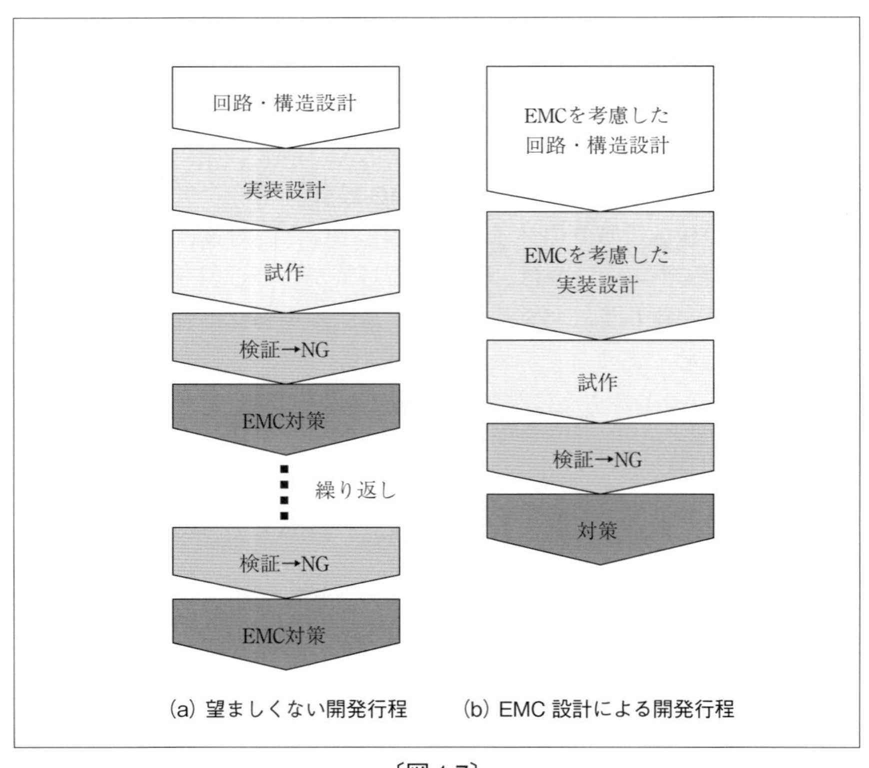

〔図1.7〕

ては近傍電磁界結合の問題が生じたりする。このような問題に単体、すなわち、個々の部品レベルで対策を行うことは、システム全体から見た効果の面で適当ではない。たとえ単体に対して厳しい要件を課しても問題発生の可能性が完全にはなくならないため、システムを構成することを念頭に対策を検討することが肝要である。

しかしながら、前述の通り事後対策は避けるべきであり、なるべく設計の上流で、開発当初から対処法を考えることが重要である。計算機の性能やツールの利便性向上に伴い、シミュレーション技術を用いた統合設計は有効な手段である。また、ノイズ対策を事前に盛り込み、問題発生時にはそれを利用することで対策効率を向上させることも効果的である。例えば、LSI にクロック周波数変更機能を組み込み、問題発生時にはこの機能により周波数をずらして問題を回避することができる。ただし、過剰に対策を盛り込むことはコスト上昇につながるので、費用対効果の最適化を行う必要がある。

上記はいわゆる「エミッション」の問題を前提にしている。一方、EMC では「イミュニティ」に対する評価・検証も「エミッション」と同様に重要であり、安心安全の観点から近年その重要性が増している。

4. CAD からみた回路レベルの EMC 設計

LSI の安定動作の観点からは不要と判断されるデカップリングキャパシタが、不要電磁放射の観点からはプリント基板の共振モードを抑制するために必要な場合がある。あるいは、伝送線路のリターンパスを確保するために設けたグランドビアのクリアランスが、電源電流の流れの妨げとなって電流集中や電圧降下を招くこともある。このように、SI・PI・EMI は複雑なトレードオフの関係を内包している。また、厳しいコスト削減の要求はしばしば設計の自由度や機器の性能を制約する[13),14)]。こうした複合的な問題を解決するため、システム全体の SI・PI・EMI を統合的に解析するシミュレーション技術がチップ・パッケージ・ボードの協調設計・協調解析とあわせて求められている。

システムの電気的な物理現象を等価回路としてモデル化し、解析しようとするアプローチは古くからなされてきた。構想設計や十分な物理情報がない回路設計のフェーズでは、必然的にこのアプローチがとられることが多い。回路モデルは位置情報をもたない一次元の表現形式とみることができる。形状や位置関係による相互作用の関係を適切に等価回路として表わす必要があるが、集積化が高度に進んだ現在の機器内部および周辺に起こりうるすべての相互作用を正確に等価回路に落とし込むことは必ずしも容易ではない。また、電気信号を回路モデルとして表現する際には、信号波長と配線長の関係を考慮する必要がある。さらに、コモンモード電流やLSIの動作電流変化による電源・グランドバウンス、これらによるEMIの現象を的確に解析するためには、配線や基板を詳細にモデル化する必要がある。三次元構造体を格子構造からなる等価回路として表現するPEEC法[15]や巨大化した回路モデルを小規模化する回路縮退（MOR）手法[16),17]などが提案されてきたが、回路解析における課題はなおも残されている。

設計がアートワークのフェーズに入ると、パッケージやプリント基板のCADデータをもとに構造物としてモデル化し、電磁界ソルバによって解析することが有効になる。形状や位置関係による相互作用が未知の場合でも、物理構造およびその材質に忠実にシステム全体を一体としてモデル化することで、それらの影響を知ることができる。しかし、電磁界解析が有効であるのは基本的に受動性のものに限定され、半導体デバイスのような能動回路は回路モデルあるいは動作モデルとして何らかの形で付加する必要がある。

回路モデルと電磁界解析を連携させるために、マクスウエル方程式の時間空間に関する微分を差分に置き換えて電界と磁界を時間軸方向に解くFDTD法[18]がしばしば用いられる。FDTD法では一様な立方体セルでモデル化されるのが基本であり、セルのサイズは解析対象のもっとも微細な部分に合わせる必要がある。パッケージとボードでは線幅や配線ピッチ等のスケールの違いが大きいが、もっとも微細な部分の形状に合わせたセルサイズでシステム全体をメッシュ化するとセルの数が膨れ上がる。さらに、時間刻み幅が最小セルサイズに依存するため、計算に必要なリソースが著しく増大する結果となる。FDTD法が提案されたのは1960年代であるが、実用的に活用されるのは、計算機の性能向上を待つことになった。

1990年代になって、回路モデルと電磁界解析を連携させることによって解析の効率化を図る手法が考案された[19),20)]。すなわち、パッケージやボードで発生する電磁界伝播を対向プレーン間伝播のモードと準TEM波のモードに分解し、各モード別に専用のソルバを割り当てる。FDTD法ベースの電磁界ソルバ、伝送線路ソルバ、回路ソルバの3種のソルバが時間軸で連動する。パッケージやボードはCADデータから電磁界解析用モデルに直接変換する。これに信号・励振源や回路素子および搭載部品の回路モデルをSPICE形式あるいはIBIS形式で付加する。構造物の一体モデル化により、システム全体におけるSI・PI・EMIの相互影響や複合的な現象を日常のコンピュータ環境において現実的な時間で統合解析することが可能になった。この手法を用いたシミュレータがSPEED97としてSigrity社（現Cadence社）から市販化され、その後SPEED2000と名称を変えて改良が続けられている。

FDTD法は並列分散処理性に優れている点からマルチコア化の流れやグリッドコンピューティングとの親和性が高い。国内でもPCクラスタ上に構築されたBLESSが実用化された[21)]。

マクスウエル方程式を周波数軸で解く有限要素法（FEM）やモーメント法（MoM）は、メッシュ形状に柔軟性があり、曲線や微細で複雑な形状の解析に有利とされる。その反面、チップ・パッケージ・ボード全体を物理形状に忠実にモデル化して解析しようとすると、相応の計算リソースが必要となる。システム全体に対して一括して電磁界解析を行うかわりに、システムを部分あるいは要素に分割して各々の伝達関数あるいは等価回路を電磁界解析によって抽出し、それらを回路素子ないしはサブ回路モデルとして組み合わせて、システム全体を回路としてモデル化する方法が用いられることも多い。この場合は、分割された要素間の相互作用の影響が欠落する可能性が指摘される。

物理設計CADと電磁界解析ツールの融合が進み、アートワーク設計用GUIの裏で電磁界ソルバや回路解析エンジンがシームレスに働くツールも現れている。機構設計用の三次元CA電磁界シミュレータの融合も期待される。モデル生成や解析プロセスの自動化が進み、解析のハードルが下がっていく一方で、扱う対象の物理現象を正しく理解した上で設計のフェーズや解析の目的に応じた適切な解析方法を選択することが肝要である。

参考文献

1）浅井秀樹："高速電子回路設計のためのSI/PI/EMIシミュレーション技術 −過去、現在、そして未来−"、電子情報通信学会基礎・境界ソサイエティ Fundamentals Review, Vol.5, No.2, pp.146-154, Oct.2011.

2）浅井秀樹、渡辺貴之："電子回路シミュレーション技法"，科学技術出版、2002.

3）M.Swaminathan and A. Ege Engin: " Power Integrity Modeling and Design for Semiconductors and Systems" , Prentice Hall, 2007.

4）T.Sekine and H.Asai : "Block Latency Insertion Method（Block-LIM）for Fast Transient Simulation of Tightly Coupled Transmission Lines," IEEE Trans. Electromag. Compat., vol.53, no.1, pp.193-201, Feb. 2011.

5）M.Unno, S.Aono and H.Asai: "GPU-Based Massively Parallel 3-D HIE-FDTD Method for High-Speed Electromagnetic Field Simulation," IEEE Trans. Electromagn. Compat, vol.54, no.4, pp.912-921, Aug.2012.

6）碓井有三："ボード設計者のための分布定数回路のすべて（改訂版）" 自費出版（http://home.wondernet.ne.jp/~usuiy/）、2004.

7）S. Sasaki, R. Konno, and H. Tomimuro, "3-D Electromagnetic Field Analysis of Interconnection in Copper-Polyimide Multichip Substrate" , IEEE trans. CHMT, Vol. 14, No. 4 pp.755-760, Dec. 1991

8）佐々木伸一：「マイクロストリップ線路におけるクロストーク低減技術」、エレクトロニクス実装学会誌、vol.9 No.5, pp.358-362、2006

9）佐々木伸一：「マイクロストリップラインの線路厚と幅を考慮したクロストーク低減法」、ミマツコーポレーション環境電磁工学情報

EMC11 月号、No.247, pp.39-51、2008
10) 忍び寄る 1GHz 超ノイズ 甘く見るべからず、日経エレクトロニクス、日経 BP 社、2009 年 8 月 24 日号
11) 正田英介他、システムとコンポーネントからみた EMC、電磁環境工学情報 EMC、科学技術出版、No.300、2013 年 4 月号
12) 瀬島孝太、豊田啓孝、五百旗頭健吾、古賀隆治、渡辺哲史、"モード等価回路を用いた非一様媒質中伝搬の回路シミュレーションとその適用範囲"、電子情報通信学会論文誌 B、Vol.J96-B, No.4, pp.389-397, Apr. 2013.
13) 住永伸、"高性能プロセッサの実装設計における電源系の最適化"、電子情報通信学会技術研究報告 集積回路研究会、ICD-108, pp7-12, 2008
14) S. Suminaga, H. Mori, T. Nishio, "Design Impacts and Optimization on High-performance Low-cost Systems" , International Conference on Electronics Packaging 2009, pp.38-43, 2009 年 11 月
15) A. E. Ruehli, "Equivalent Circuit Models for Three-dimensional Multiconductor systems" , IEEE Trans. Microwave Theory and Techniques, vol.22, no3, pp.216-221, 1974
16) E. Chiprout, M. S. Nakhla, "Asymptotic Waveform Evaluation" , Kluwer Academic Publishers, 1994
17) M. Celik, L. Pileggi, A. Odabasioglu, "IC Interconnect Analysis" , Kluwer Academic Publishers, 2002
18) K. S. Yee, "Numerical Solution of Initial Boundary Value Problems Involving Maxwell' s equation in isotropic media" , IEEE Trans. Antennas and Propagation, vol.14, no.3, pp.302-307, 1966
19) J. Y. Fang, "Method for modeling interactions in multilayered electronic packaging structures" , U.S. Patent 5,504,423, 1994
20) J. Y. Fang, "Method for analyzing voltage fluctuations in multilayered electronic packaging structures" , U.S. Patent 5,566,083, 1994
21) 荒木健次、村山敏夫、鈴木誠、渡辺貫之、浅井秀樹、"電源雑音を

手なずけるツールを開発 プリント配線基板を 4 時間で解析”、日経エレクトロニクス 2005 年 1 月 31 日号、pp.117-130, 2005

第2章
分布定数回路の基礎

シグナルインテグリティ コンサルタント　碓井 有三

分布定数回路を考える上で集中定数回路と異なる重要なポイントは、信号は進行波として媒体中を伝わるということ、そして、波動としての性格から、特性インピーダンスと伝搬遅延、さらに反射という概念が生じることである。これらについて順を追って、詳しく述べる。

1．進行波

分布定数の概念では、信号は媒体中を波として進む。電気の通る媒体は導体であるが、波は導体とその周囲の絶縁体を媒体として進む。簡単に言えば、電流は導体を流れ、電圧は導体とリターンの導体との間の絶縁体の中を進む。これを回路的に表したものが、図2.1の等価回路である。インダクタは導体で形成されるが、キャパシタは導体とリターンの導体との間の絶縁物により形成される。この進行波の通る媒体全体を線路という。線路は途中で曲がっていても、回路的にはまっすぐと考えればよい[注1)]。

まっすぐの線路は1次元なので、線路を左右に描くと、方向は右と左しか存在しない。進行波は、右に進む右行波と、それとは逆に左に進む左行波の二つが存在する。

進行波は、特性インピーダンスZ_0と単位長当たりの伝搬遅延t_dとを有し、それぞれ図2.1の等価回路のLとCとを用いて、

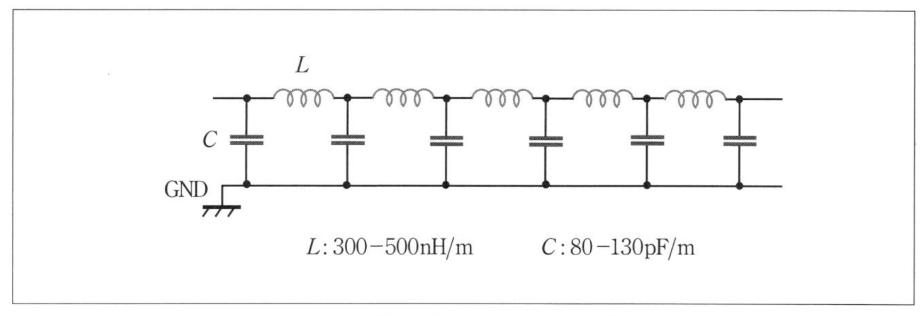

〔図2.1〕分布定数回路の等価回路

[注1)] TEM波を前提にしている。導体が曲がるところではTEM波の前提が崩れるので、曲がった経路を直線状に見立てるのは正確ではないが、実用上はこのように見立てても問題は少ない。

$$Z_0 = \sqrt{\frac{L}{C}} \quad \cdots\cdots\cdots\cdots\cdots\cdots \quad (2.1)$$

$$t_d = \sqrt{LC} \quad \cdots\cdots\cdots\cdots\cdots\cdots \quad (2.2)$$

と表される。なお、図 2.1 の等価回路には、インダクタとキャパシタしか存在しないので、それぞれに蓄えられたエネルギーは、インダクタとキャパシタとの間で、リレーする形で次々に伝わり、損失は存在しない[注2)]。

2．反射係数

反射を定量的に捉えるものが反射係数である。信号の伝わる経路上の不連続な点に入った信号が、どの程度反射するかという係数である。

図 2.2 は不連続点に信号を加えた場合を示す。反射係数を r とすると、電圧も電流も r 倍だけ反射する。

電圧、電流共に、領域 1（特性インピーダンス Z_1）から領域 2（特性インピーダンス Z_2）への不連続点に入射した波（右行波）が反射波（左行

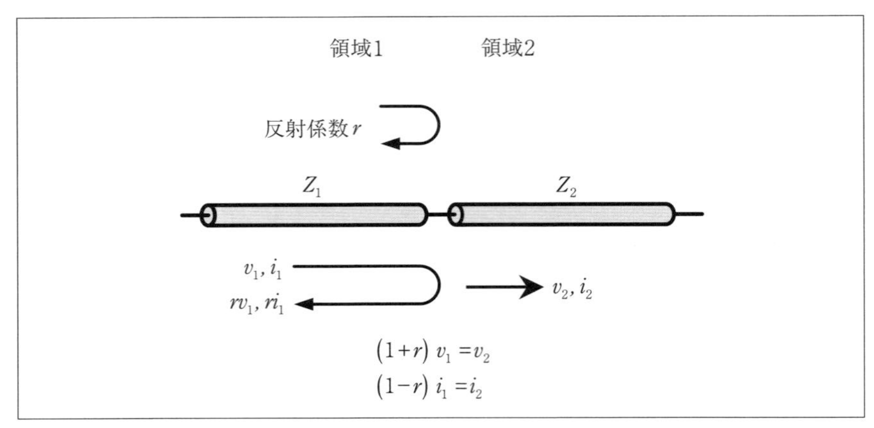

〔図 2.2〕不連続点における反射

注2) 実際には、インダクタには直列に抵抗が存在し、キャパシタには並列にコンダクタが存在する。比較的短い線路で、低い周波数成分しか存在しない場合には、これらの損失成分は無視して考えてよい。

波）と透過波（右行波）とを生じる。ここで大事なことは、電圧は入射波と反射波の和が透過波になるが、電流は向きを考える必要があるので、入射波と反射波の差が透過波となることである。

入射波の電圧と電流を v_1、i_1、透過波を v_2、i_2 とすると、

$$(1+r)\,v_1 = v_2 \quad \cdots\cdots \quad (2.3)$$

$$(1-r)\,i_1 = i_2 \quad \cdots\cdots \quad (2.4)$$

となる。式 (2.3) の両辺と式 (2.4) の両辺とをそれぞれ割り算すると、

$$\frac{1+r}{1-r} \times \frac{v_1}{i_1} = \frac{v_2}{i_2} \quad \cdots\cdots \quad (2.5)$$

となる。電圧と電流との比は、領域 1 および領域 2 において、

$$\frac{v_1}{i_1} = Z_1,\ \frac{v_2}{i_2} = Z_2 \quad \cdots\cdots \quad (2.6)$$

の関係があるから、式 (2.5)、式 (2.6) から、反射係数 r を求めると、

$$r = \frac{Z_2 - Z_1}{Z_2 + Z_1} \quad \cdots\cdots \quad (2.7)$$

という重要な関係が求まった。領域 1 と領域 2 の特性インピーダンスが等しい場合 ($Z_1 = Z_2$) には反射係数はゼロ (0)、低いインピーダンスから高いインピーダンスに進む場合 ($Z_1 < Z_2$) には、反射係数はプラス (+)、逆に、高いインピーダンスから低いインピーダンスに進む場合 ($Z_1 > Z_2$) には、反射係数はマイナス (−) となる。

3．1 対 1 伝送における反射

3－1　CMOS 遠端開放伝送

分布定数回路の基礎の第一は反射であり、いかに反射を抑えるかが設計の基本である。実際に用いられる伝送形式は、図 2.3 に示すような、CMOS による遠端開放伝送がほとんどで、シグナルインテグリティの観

点からは、あまりよいとは言えない伝送方式である。

この伝送方式は、1対1の伝送形態であり、系の1個所だけインピーダンスの非整合があっても遠端には反射は生じない。不連続点は、ドライバ端（近端：near end）とレシーバ端（遠端：far end）だけである。

CMOSのレシーバ入力は、ほぼ開放なので、遠端における反射係数は1であり、到達した信号が全てそのままの符号で反射して近端に戻る。

残る1個所は近端である。近端にはドライバから線路に信号が送り出される。ドライバの出力抵抗は、10Ωから70Ω程度なので、線路の特性インピーダンスを50Ωとすると、ドライバの出力抵抗を50Ωに選べば、反射は生じない。この伝送方式を、送端終端方式といい、最も効率的な伝送方式である。実際には、送端終端よりも低い出力抵抗の（駆動能力の大きい）ドライバを選ぶことが多い。

３－２　ドライバの駆動能力と出力抵抗

分布定数回路に対する回路として集中定数回路があげられる。電気回路や交流回路で取り上げられた回路は、全て集中定数回路である。集中回路は、回路素子を線でつないだ場合に、線でつながった部分は、全て

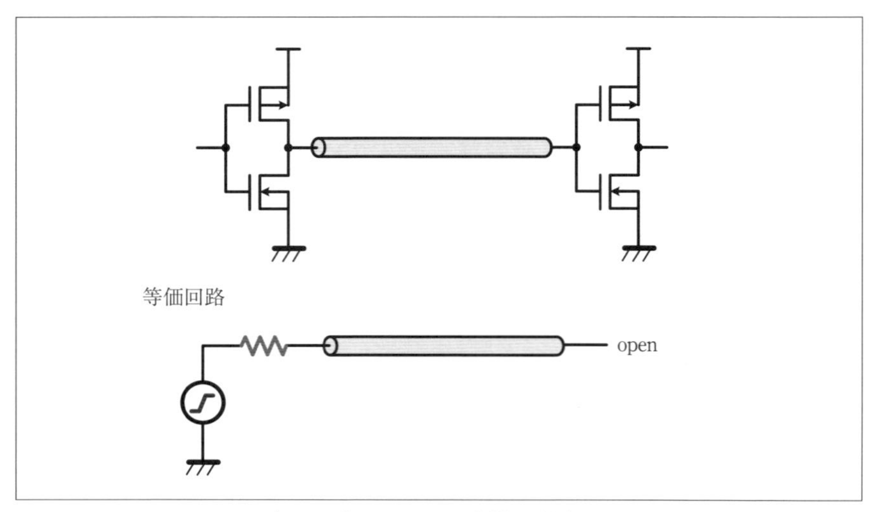

〔図 2.3〕CMOSの遠端開放伝送

同じ電圧、電流となり、これらが変化すると、線上のどの場所でも同じ波形となる。

分布定数回路では、線上を進行波が進むので、少しでも物理的な位置が離れると、波形は異なる。これが集中定数回路と分布定数回路の大きな違いである。

集中定数回路において、高速動作をさせるためには、駆動能力の大きなドライバを用いるのは常識である。駆動能力の大きなドライバの例として24mAドライバがある。駆動能力24mAの定義は、ドライバが24mAの電流を流すときに、出力電圧は0.4V変化するということである。ローレベルなら0.4V、ハイレベルなら、例えば、電源電圧3.3Vから0.4V下がった2.9Vである。図2.4に示すように、この電流は一般的に1.5倍程度のマージンを持っている[注3]ので、24mAドライバなら、36mA流したときに0.4Vとなる。この静特性の電圧と電流との比を求めると、

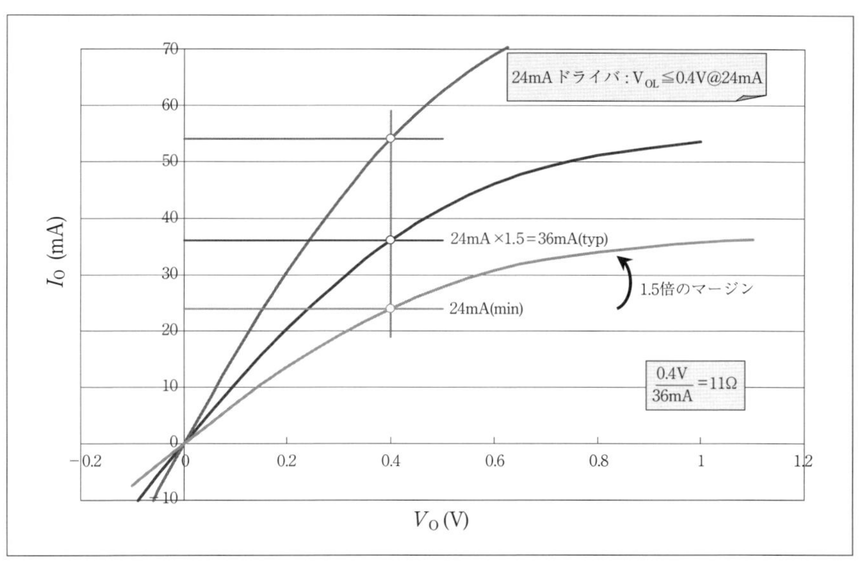

〔図2.4〕ドライバの静特性と出力抵抗

注3) 筆者がいくつかのデバイスで求めた値である。このマージンは必ずしも1.5倍ではないが、実用的にはこの程度のマージンをみておけば十分である。必要に応じてibisデータなどで求めればよい。

0.4V/36 mA=11Ω となる。この抵抗値がドライバの出力抵抗である。ボードのパターンの特性インピーダンスは、50Ω 程度のことが多い。24mA ドライバの場合には、近端における反射係数 r は、

$$r=\frac{11-50}{11+50}=-0.64 \quad \cdots\cdots \quad (2.8)$$

となる。

分布定数回路で、このような駆動能力の大きいドライバを用いると、遠端には大きな反射が生じる。この反射を抑制するために、後述のダンピング抵抗が多用される。最初から、最適なドライバの駆動能力のデバイスを使用すれば、ダンピング抵抗を追加する必要もない。

3－3　反射の解析

図 2.5 は CMOS の遠端開放伝送の反射の様子を、振幅を 1 に正規化して示したものである。ドライバ端（近端）を x=0、レシーバ端（遠端）を x=l とし、時刻 t における x の点の電圧を v（x,t）とする。ドライバの最

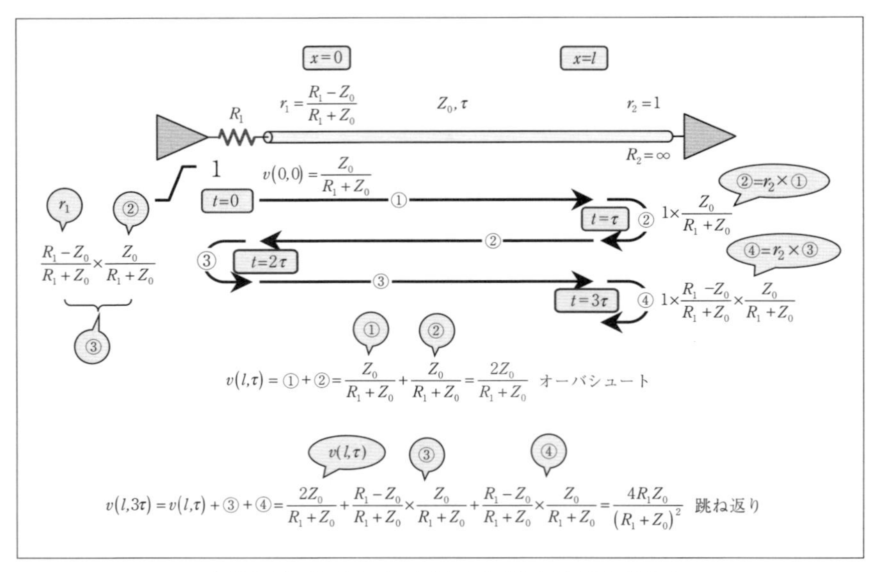

〔図 2.5〕CMOS の 1 対 1 伝送の遠端の振幅

初の振幅 v (0,0) は、ドライバの出力抵抗と線路の特性インピーダンスとの分圧であるから、

$$v(0,0)=\frac{Z_0}{R_1+Z_0} \quad \cdots\cdots \quad (2.9)$$

と表される。この最初の振幅 v (0,0) が最初の右行波①として遠端に進む。遠端は開放なので、全て反射（オープン反射、または全反射）して、左行波②となって近端に戻る。遠端で全反射する際に、反射係数 $r_2=1$ なので、振幅が2倍になる。線路の近端から遠端までの伝搬遅延を τ とすると、遠端の $t=\tau$ における振幅は、

$$v(l,\tau)=\frac{2Z_0}{R_1+Z_0} \quad \cdots\cdots \quad (2.10)$$

となる。近端における反射係数 r_1 は、

$$r_1=\frac{R_1-Z_0}{R_1+Z_0} \quad \cdots\cdots \quad (2.11)$$

であるから、$t=2\tau$ において左行波は、近端で式 (2.11) の反射係数により反射して再び遠端に向かう。このときの反射波③は、

$$v_R=\frac{R_1-Z_0}{R_1+Z_0}\times\frac{Z_0}{R_1+Z_0} \quad \cdots\cdots \quad (2.12)$$

となるから、$t=3\tau$ における遠端の振幅は、

$$v(l,3\tau)=v(l,\tau)+\frac{R_1-Z_0}{R_1+Z_0}\times\frac{2Z_0}{R_1+Z_0}=\frac{4R_1Z_0}{(R_1+Z_0)^2} \quad \cdots\cdots \quad (2.13)$$

となる。

式 (2.10) が遠端におけるオーバシュートで、式 (2.13) がその跳ね返りである。

３－４　オーバシュートと跳ね返り

図 2.6 に示すように、オーバシュート量を a とし、跳ね返りを $-b$ とすると、式 (2.10) および式 (2.13) は、

$$v(l,\tau)=\frac{2Z_0}{R_1+Z_0}=1+a \quad \cdots\cdots (2.14)$$

$$v(l,3\tau)=\frac{4R_1Z_0}{(R_1+Z_0)^2}=1-b \quad \cdots\cdots (2.15)$$

となり、両式から a および b を求めると、

$$a=\frac{Z_0-R_1}{Z_0+R_1} \quad \cdots\cdots (2.16)$$

$$b=\left(\frac{Z_0-R_1}{Z_0+R_1}\right)^2=a^2 \quad \cdots\cdots (2.17)$$

となり、跳ね返りはオーバシュートの２乗という重要な関係が導き出せた。

実際の回路設計では、オーバシュートをある範囲に抑えるようにドラ

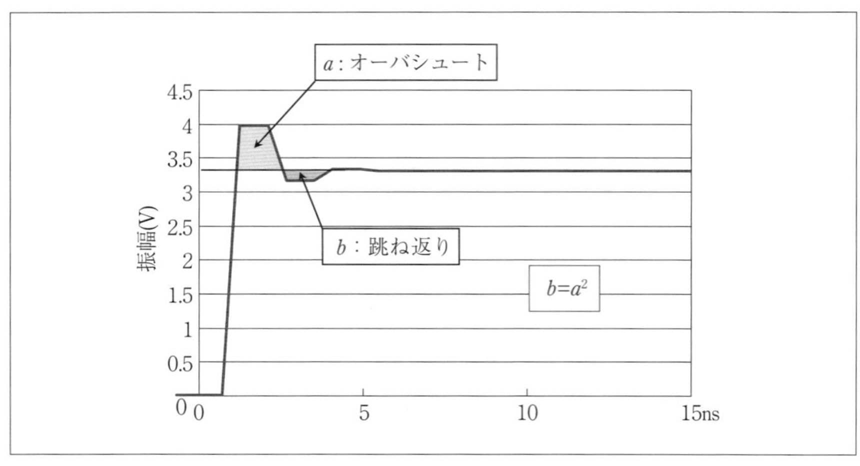

〔図 2.6〕オーバシュートとその跳ね返り

イバの駆動能力を選択するが、適当な駆動能力を選択出来ない場合には所期の駆動能力になるように、ダンピング抵抗を選択する。

ただし、実際に問題となるのは、オーバシュートではなく、オーバシュートの跳ね返りである。例えば、跳ね返りを4% に抑えるためには、オーバシュートを、跳ね返りの平方根の20% 以内に抑えるようにドライバの駆動能力を設定する。

3−5　相対的駆動能力

式 (2.16) の右辺の分母分子を R_1 で割る。

$$a=\frac{\frac{Z_0}{R_1}-1}{\frac{Z_0}{R_1}+1} \quad \cdots\cdots (2.18)$$

ここで、

$$\frac{Z_0}{R_1}=x \quad \cdots\cdots (2.19)$$

とおくと、

$$x=\frac{1+a}{1-a} \quad \cdots\cdots (2.20)$$

となり、所期の跳ね返り b となるように、オーバシュート量 a を定めると、x を求めることが出来る。この x が、特性インピーダンスを加味したドライバの駆動能力、すなわち、相対的駆動能力である。図 2.7 に x に対する、オーバシュート量とその跳ね返りを示す。横軸は、40Ω から 60Ω の特性インピーダンスに対して、ドライバの駆動電流もあわせて示した。

3−6　ダンピング抵抗

ドライバの駆動能力を自由に選択出来ない場合には、図 2.8 に示すように、ドライバの出力に抵抗を接続することによって、出力抵抗を大き

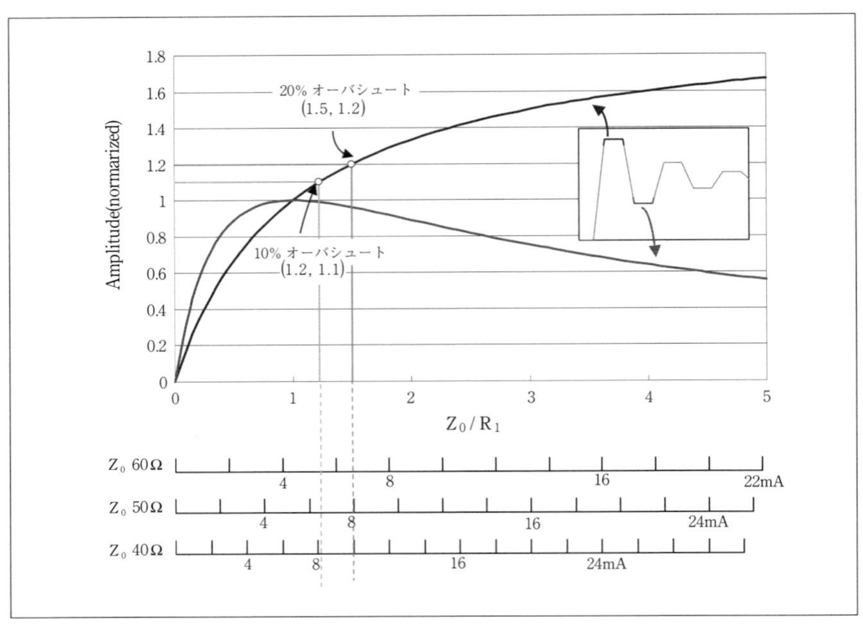

〔図 2.7〕ドライバ駆動能力とオーバシュートおよび跳ね返り電圧

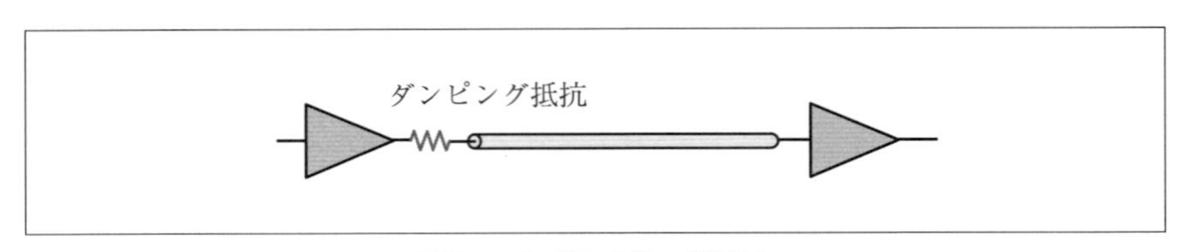

〔図 2.8〕ダンピング抵抗

くすることが出来る。ダンピング抵抗の値は、ドライバの駆動電流を決めるときと同様に、まず、跳ね返り電圧の許容値 b に対してオーバシュート量 a を設定し、特性インピーダンスを加味したドライバの駆動能力 x を計算する。これから R_1 が求まるので、ドライバの出力抵抗との差をダンピング抵抗とすればよい。図 2.9 にオーバシュート 10% のときのダンピング抵抗を決定するためのシートを示す。10% 以外のオーバシュート量に対しても容易に同様のシートを作成することが出来る。

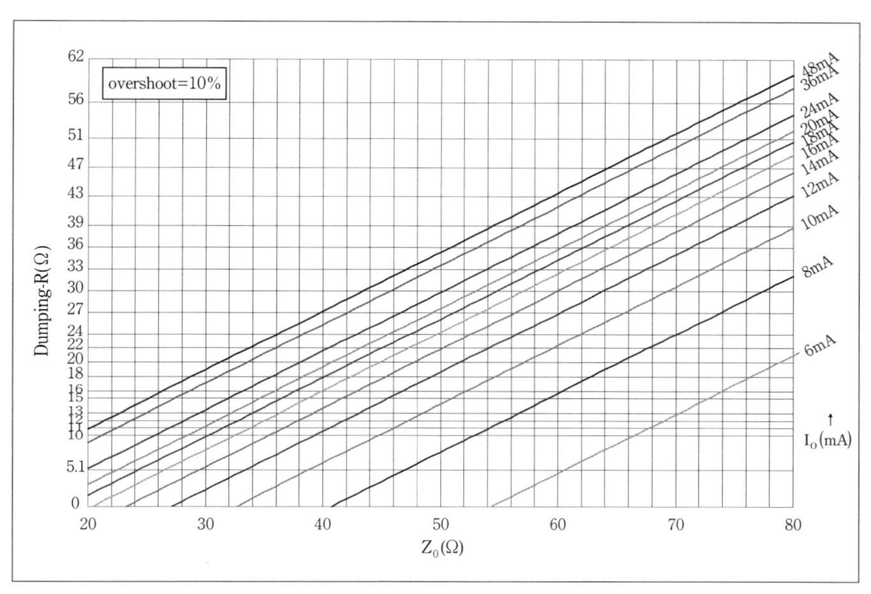

〔図 2.9〕ダンピング抵抗決定シート（オーバシュート =10%）

4．クロストーク

反射の解析においては、特性インピーダンスと伝搬遅延が 1 組存在する。n 本の結合線路に対しては、図 2.10（n=4）に示すように、n 個の伝搬モードと、それぞれに対して、n 組の特性インピーダンスと伝搬遅延とが存在する。クロストークの基本では、加害者線路 1 本と被害者線路 1 本の結合線路を考える。2 本の対称の結合線路では、図 2.11（a）に示すように、2 個の伝搬モードと、それぞれのモードに対して、特性インピーダンスと伝搬遅延とが 2 組存在する。

ここでは、CMOS 伝送のような、不平衡（またはシングル）伝送のクロストークについて述べる。平衡（または差動、あるいはディファレンシャル）伝送のクロストークについては別の機会に述べたい。

4－1　結合 2 本線路の伝搬モード

図 2.11（a）に示したように、結合 2 本線路の場合には、それぞれの線路には、全て振幅が等しいモードの成分が存在する。第一のモードは、

断面寸法からパラメータを得る　Green Express V2 : http://www.windward.co.jp/

	m＼n	モード1	モード2	モード3	モード4
伝播モード a_{mn}	Line1	0.419	−0.626	−0.330	−0.570
	Line2	0.570	−0.330	0626	0.419
	Line3	0.570	0.330	−0.626	0.419
	Line4	0.419	0.626	0.330	−0.570
特性インピーダンス $Z_n(\Omega)$		105.5	73.4	43.3	52.8
遅延時間 td_n (ns/m)		7.23	7.23	7.23	7.23

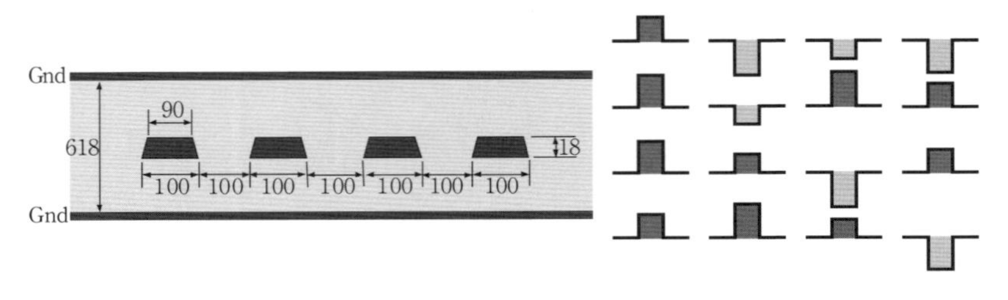

〔図 2.10〕4 本線路の線路パラメータ

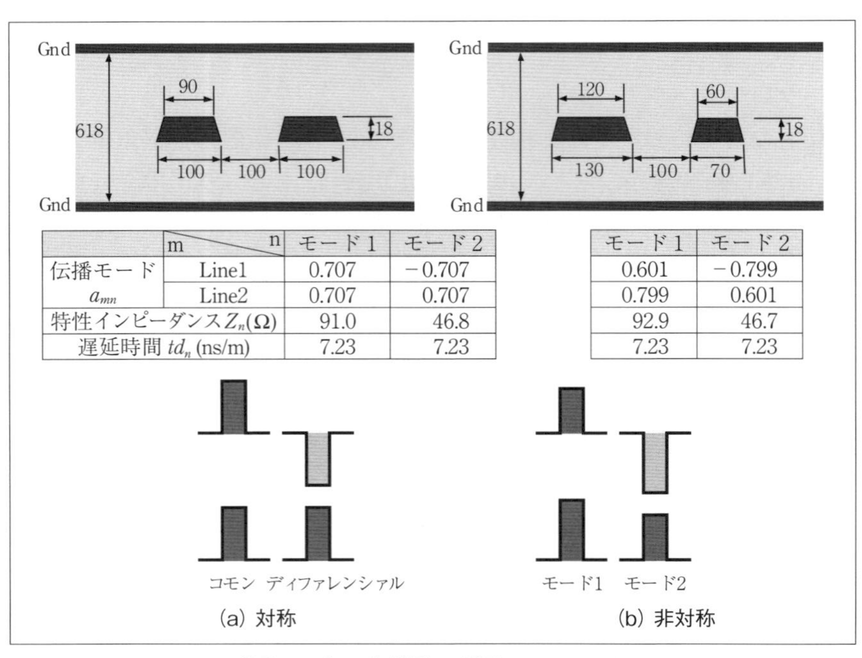

	m＼n	モード1	モード2
伝播モード a_{mn}	Line1	0.707	−0.707
	Line2	0.707	0.707
特性インピーダンス $Z_n(\Omega)$		91.0	46.8
遅延時間 td_n (ns/m)		7.23	7.23

(a) 対称

モード1	モード2
0.601	−0.799
0.799	0.601
92.9	46.7
7.23	7.23

(b) 非対称

〔図 2.11〕2 本線路の線路パラメータ

2本の線路で、符号が等しく、第二のモードは、符号が逆である。この第一のモードを、コモン（またはイーブン）といい、他方をディファレンシャル（またはオッド）モードという。2本線路でも、同図 (b) のように非対称、例えば、互いにパターン幅が異なるような場合には各モードの振幅も非対称となり、コモンとディファレンシャルという表現が適切ではなくなる。

図 2.12 に、対称線路の2つの伝送モードをイメージとして示す。コモンモード（記号 C で表す）は、主に、グラウンド面に対して電気力線が存在し、ディファレンシャルモード（記号 D）は、互いの線路間に電気力線が存在する。それぞれのモードに対して、特性インピーダンス Z_C および Z_D が存在し、両者の関係は、$Z_C > Z_D$ である。

各モードの伝搬遅延 t_{dC} と t_{dD} に関しては、ボードの表面層では $t_{dC} > t_{dD}$ であるが、中間層では両者は等しい。

これらの特性インピーダンスと伝搬遅延は、ボードの断面形状を与え

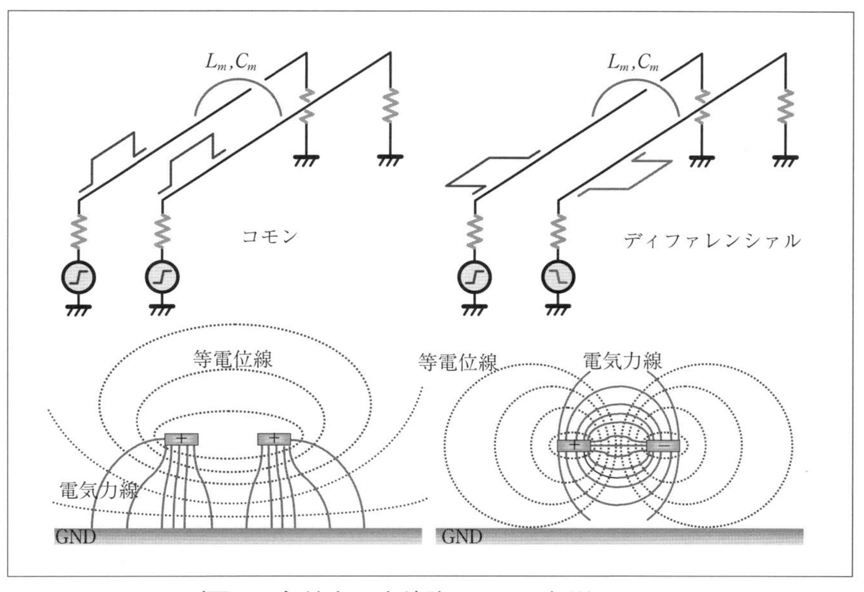

〔図 2.12〕結合2本線路の二つの伝送モード

れば、電磁界ソルバを用いて簡単に求めることが出来る[1)]。

4－2　重ね合わせによるクロストークの算出

図2.13 (a) に示すように、結合2本線路に、それぞれ1/2の信号を加えた場合と、同図 (b) のように、1/2と−1/2とを加えた場合とを考える[2)]。

同図 (a) はコモンモードであり、(b) はディファレンシァルモードであるから、特性インピーダンスは、それぞれ Z_C と Z_D である。近端を $x=0$、遠端を $x=l$ とし、線路の片道の伝搬遅延時間を τ としたとき、各点の電圧は、同図に示すようになる。

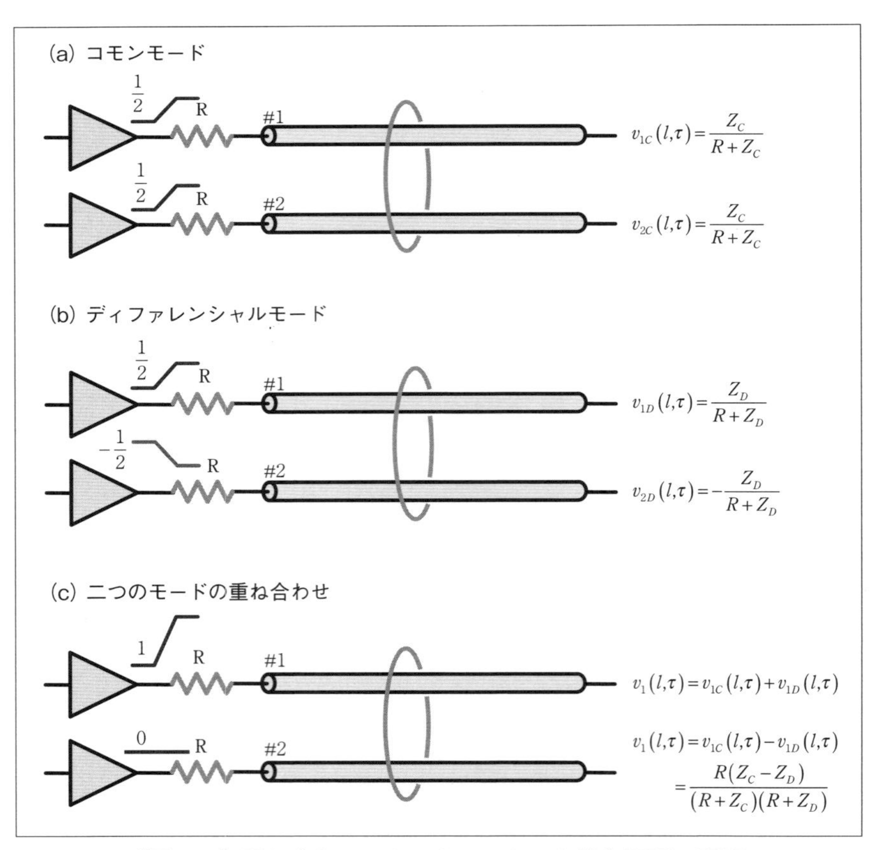

〔図2.13〕重ね合わせによるクロストーク発生原理の理解

同図 (c) のように、この二つのモードを重ね合わせると、線路 1 の近端は、振幅 1 となり、線路 2 はゼロ (0) となる。すなわち、線路 2 には何も信号を加えてないことになる。このときの線路 2 の遠端の電圧は、

$$v_2(l,\tau)=v_{1C}(l,\tau)+v_{1D}(l,\tau)=\frac{R(Z_C-Z_D)}{(R+Z_C)(R+Z_D)} \quad \cdots\cdots (2.21)$$

となる。これがクロストークの発生原理である。

4－3　基礎クロストーク係数

ここで、新たに、二つの特性インピーダンス Z_C と Z_D がどの程度異なる（離れている）かを表す係数を定義する。すなわち、

$$\xi=\frac{Z_C-Z_D}{Z_C+Z_D} \quad \cdots\cdots (2.22)$$

で表される ξ を、基礎クロストーク係数といい、いろんな回路条件で生じるクロストークを表す際に、必ず出てくる係数である。結合 2 本線路の特性インピーダンスの公称値 Z_0 は、二つの特性インピーダンス Z_C と Z_D の幾何平均、すなわち、

$$Z_0=\sqrt{Z_C Z_D} \quad \cdots\cdots (2.23)$$

と定義される。式 (2.22) および式 (2.23) を用いて、Z_0 と、基礎クロストーク係数 ξ を用いて、Z_C と Z_D を表すと、

$$Z_C=\sqrt{\frac{1+\xi}{1-\xi}}\times Z_0 \quad \cdots\cdots (2.24)$$

$$Z_D=\sqrt{\frac{1-\xi}{1+\xi}}\times Z_0 \quad \cdots\cdots (2.25)$$

となる。

4－4　近端クロストークと遠端クロストーク

実際の回路では、加害者線路と被害者線路の信号の伝搬方向の違いに

よって、図 2.14 に示すような、近端のクロストークと遠端のクロストークが存在する。

両者のクロストークは性格が異なるが、いずれも、式 (2.19) のドライバの相対的駆動能力 x と、式 (2.22) の基礎クロストーク係数 ξ を用いて表すことが出来る。

計算の詳細は参考文献[3]に譲るとして、図 2.15 に近端のクロストークを求めた結果を、図 2.16 に、相対的駆動能力 x に対して表した結果をそれぞれ示す。図 2.17 および図 2.18 は、同じく、遠端のクロストークを求めた結果である。いずれも、x と ξ とだけで表すことが出来るので、反射の対策と同時に考えることが出来る。

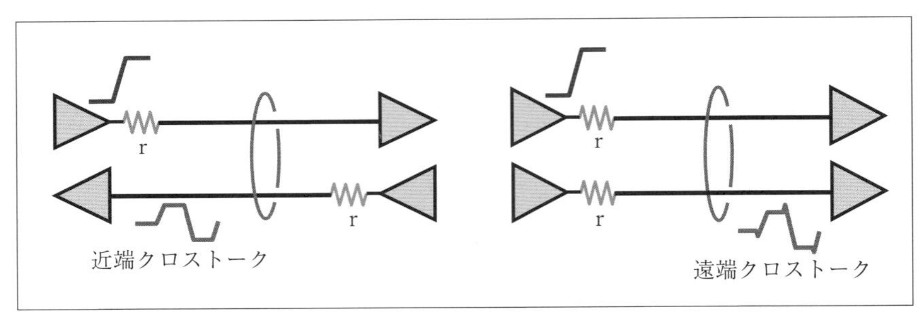

〔図 2.14〕近端クロストークと遠端クロストーク

1st

$$v_2(0,0)=\xi\times\frac{x}{x+\sqrt{1-\xi^2}}\times V_0$$

2nd

$$v_2(0,2\tau)=\left\{-3\xi\frac{x-\sqrt{1-\xi^2}}{x+\sqrt{1-\xi^2}}+\frac{4\xi^3x^2}{\left(x+\sqrt{1-\xi^2}\right)^2}\right\}\times\frac{x}{x+\sqrt{1-\xi^2}}\times V_0$$

3rd

$$v_2(0,4\tau)=\left\{5\xi\left(\frac{x-\sqrt{1-\xi^2}}{x+\sqrt{1-\xi^2}}\right)^2-20\xi^3\frac{x^2\left(x-\sqrt{1-\xi^2}\right)}{\left(x+\sqrt{1-\xi^2}\right)^3}+16\xi^5\frac{x^4}{\left(x+\sqrt{1-\xi^2}\right)^4}\right\}\times\frac{x}{x+\sqrt{1-\xi^2}}\times V_0$$

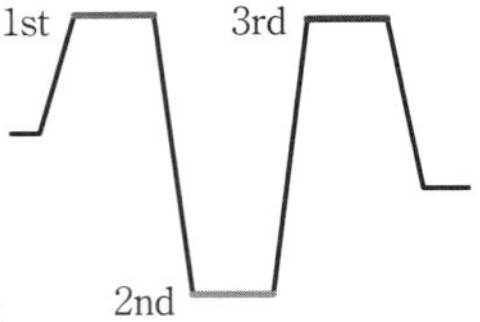

1st　3rd　2nd

$$x=\frac{Z_0}{R_1}$$

クロストーク係数 ξ と相対的駆動能力 x とだけでクロストークが求まる

〔図 2.15〕近端クロストーク

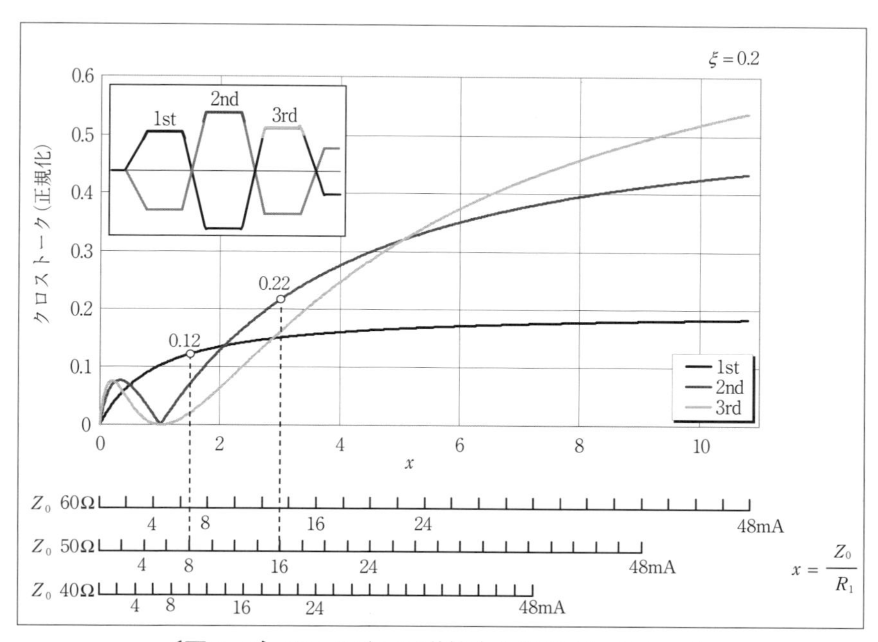

〔図 2.16〕ドライバの駆動能力と近端クロストーク

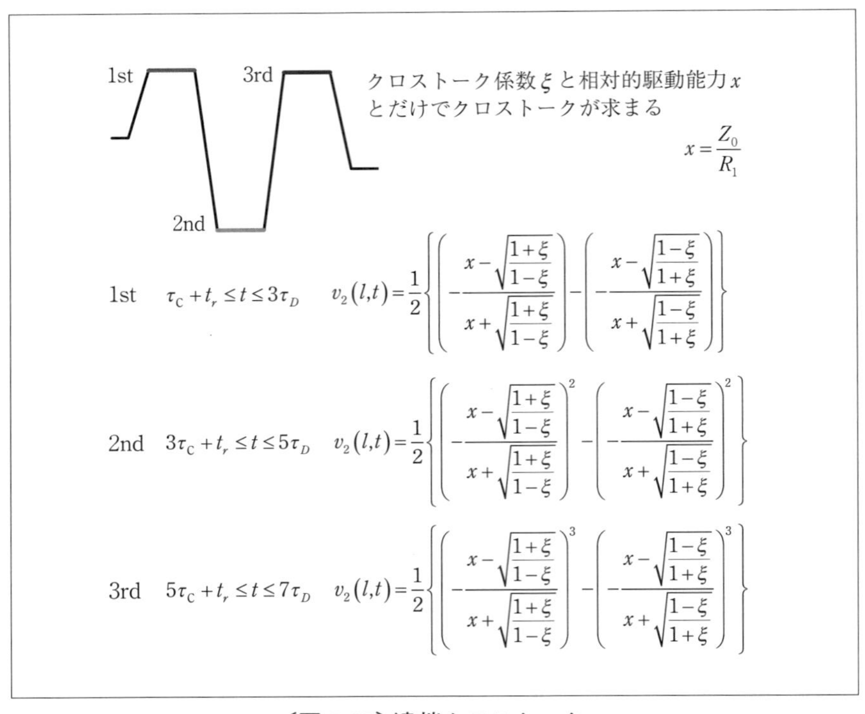

〔図 2.17〕遠端クロストーク

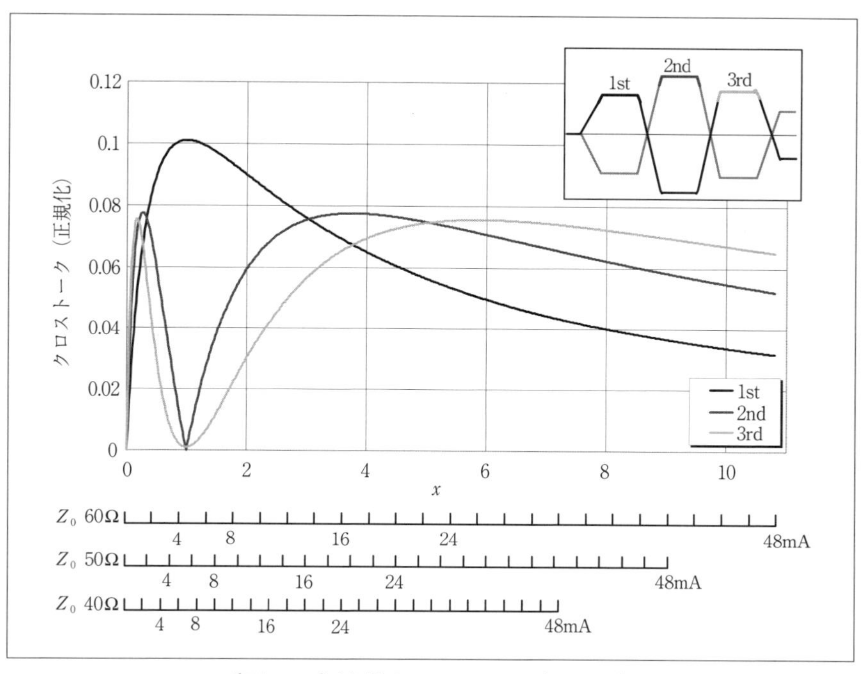

〔図 2.18〕遠端クロストーク（ξ=0.2）

5. おわりに

近年のパラレル伝送からシリアル伝送への置き替わりにより、1本または1組の伝送線路上の信号の伝送速度が数桁高速になってきた。この結果、表皮効果や誘電損による伝送損失による伝送波形への影響を考慮する必要が生じてきた。また、これらの伝送形態は、差動整合伝送であり、クロストークの解析も2本線路から図 2.10 に示すような4本線路を考える必要が生じてきた。本稿は、分布定数回路の基礎という位置づけで述べたが、次のステップとして、線路損失と差動伝送について考える必要がある。これらについては別の機会に述べたい。

参考文献

1) 例えば、GreenExpress V2 : http://www.windward.co.jp/
2) 周：「プリントン回路におけるクロストーク」p.37, EMC1990.2.5 / p.28, EMC1990.3.5 / p.61,EMC1990.4.5
3) 碓井 : ボード設計者のための分布定数回路のすべて（改訂版）自費出版 , pp.108-117,（http://home.wondernet.ne.jp/~usuiy/）, 2004

第3章

回路基板設計での信号波形解析と製造後の測定検証

三菱電機株式会社　山岸 圭太郎
板倉　　洋

1. はじめに

近年の電子機器では、低速制御系信号、中速メインクロック／バス信号、高速シリアル信号、無線通信用RF信号などが混在し、さらにこれらの信号を実装する基板の小型化／少層数化によるコスト要求は厳しい。この様な状況下で、基板の試作回数の削減には、設計時点での解析により信号波形の電気的／タイミング的伝送妥当性を確認した上で、試作後の測定による解析との整合性確認が必須である。

一方で、数年前までは1対1接続、整合終端、差動信号を用いた高速シリアル信号の領域であったGHz帯に、一昔前までは動作周波数が数100MHz台前半であったCPU－メモリ間IFを中心とするメインバスが入り込んできた。DDR2/3-SDRAMは、信号波形が矩形を保ったまま、最高動作速度は1GHzまたは2GHz近くになる。にもかかわらず解析や測定で、パラレルバスであるという安易さから、高速シリアル信号ほどの精度や注意が払われず、従来の数100MHz台前半までの手法で行われ、結果様々な問題が生じる。

本稿では、このクラスの信号を主対象として想定し、波形の解析や測定での具体的な問題点を例示し、本来あるべき形を解説する。よって、ここに記載する内容は、Signal Integrityに深く携わる者にとっては何ら新しいことではない。本稿の目的は、回路設計者、基板レイアウト設計者、検証作業者など、Signal Integrityを専門とはしていないが波形を扱う読者に対して、波形解析／測定／評価に対する適切な情報を提示することである。具体的な内容は、波形解析におけるICパッケージの適切なモデル、解析すべき波形、測定での注意点、解析と測定が一致するための前提条件、などである。

2. 信号速度と基本周波数

本節では、バス信号の速度と基本周波数、および信号に含まれる周波数成分の関係を復習する。

図3.1は、クロック信号とそれに同期するバス信号の関係を示している。(1)はシングルデータレート(SDR：Single Data Rate)、(2)はダブ

ルデータレート（DDR：Double Date Rate）である。(1) も (2) も、データ信号の動作速度は 2GHz（データ速度で表すと 2Gbps：bit per second）で、同じ波形である。バス信号の動作がクロックの立上りあるいは立下りの片方に同期するのが SDR、両方のエッジに同期するのが DDR である。このため、同じ動作速度（動作周波数）であっても、波形としての 1 周期（High+Low）が異なる。

2－1　クロック信号

図 3.1 (a) のクロック信号波形は、周期 T=0.5ns であり、基本周波数 f_0=2GHz となる。クロック信号の形状は矩形波と呼ばれ、High と Low の形が回転対称形となるのが基本である。周波数 f_0 の矩形波は、基本周波数 f_0 の正弦波（基本波）と、徐々に振幅が小さくなる基本周波数 f_0 の奇数倍の周波数（$3\times f_0$、$5\times f_0$、$7\times f_0$、・・・）の正弦波（奇数次高調波）の重ね合わせになっている。このため、(a) のクロックは基本周波数 f_0=2GHz なので、高調波は 6GHz、10GHz、14GHz、18GHz、・・・となる。

一方 (b) のクロックは、周期 T=1ns であり、基本周波数 f_0=1GHz と、(b) の半分になる。このため奇数次高調波の周波数も半分の 3GHz、

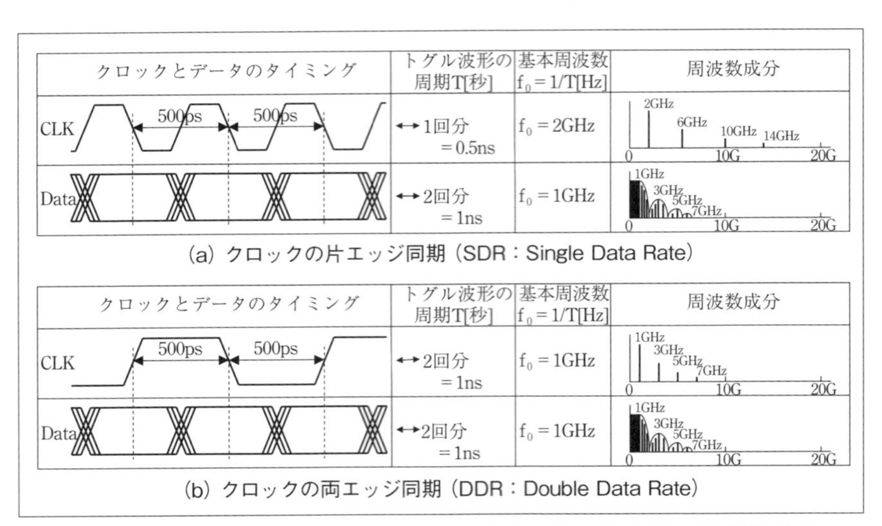

〔図 3.1〕動作周波数 2GHz バスの動作速度と基本周波数と周波数成分

5GHz、7GHz、9GHz、・・・と、(a) の半分になる。この様に、同じ動作周波数でも、SDR と DDR では、基本周波数とその奇数次高調波が異なる。矩形波を伝送する場合、高調波が伝送途中に減衰するほど、受信側の波形が基本波のみの形に近づく。逆に言えば、クロック信号の伝送路は、DC レベルを除いて基本周波数 f_0 より低い周波数は不要で、DC レベル +HPF (High Pass Filter) であっても問題無い。

2－2　データ信号

図 3.1 のデータ信号は、(a) も (b) も同じ 1Gbps である。このデータ信号の High と Low (データの 1 と 0) は本来ランダムである。しかしこのデータ信号に含まれる周波数成分のうちもっとも高いものは、データが 1 と 0 を交互に繰り返す場合である。よって、2 ビットの時間 1ns が周期 T となり、基本周波数 f_0=1GHz となる。

データが 11001100 のように 2 ビットずつ同じになる場合は、1 周期は 4 ビット分なので、基本周波数も奇数次高調波も周波数が半分になる。同様に、111000111000、1111000011110000、・・・のように 3 ビットずつ、4 ビットずつ、・・・連続する場合は、周波数が 1/3、1/4、・・・となる。

また、1110111 などのように High と Low が回転対称形をなさない波形の場合、偶数倍の高次高調波も現れる。このため、High と Low がランダムなデータ信号の周波数成分は、これらがすべて現れる。具体的には、DC に近い低周波から、データパターン 101010・・・の場合の基本周波数 f_0 まで同じ大きさで分布する周波数成分と、f_0 の奇数倍の周波数をピークに増減を繰り返す周波数成分とで構成される。

PCI-Express や Serial-ATA などの高速シリアル信号と違い、DDR2/3 では多数の信号間のタイミング制限 (バスのビット間スキュー許容値、クロックに対するバスのセットアップ／ホールド) がある。よって、GHz 帯のパラレルバスでのタイミングマージン確保の目的もあり、配線を短く低損失にすることで、波形が鈍らないようにする必要がある。逆に言えば、DC レベルから基本周波数 f_0 の 10 倍程度まで、非常に広い周波数帯成分がきちんと通る伝送路を実現する必要がある。

２－３　周波数成分と解析／測定の関係

波形解析や波形測定では、常にこの「周波数成分」を意識して行わなければならない。すなわち、波形解析では使用するモデルの周波数特性の再現性が、波形測定では使用する測定器のアナログ帯域（サンプリング周波数 or サンプリングレートではない：後述 4-1 最後の＜注意＞参照）が、それぞれ必要な周波数成分の範囲をカバーしているかどうかが、重要になる。

３．波形解析におけるパッケージモデル

前章で述べたモデルの周波数特性が波形解析にどの程度影響するのかを、IC パッケージを例に示す。

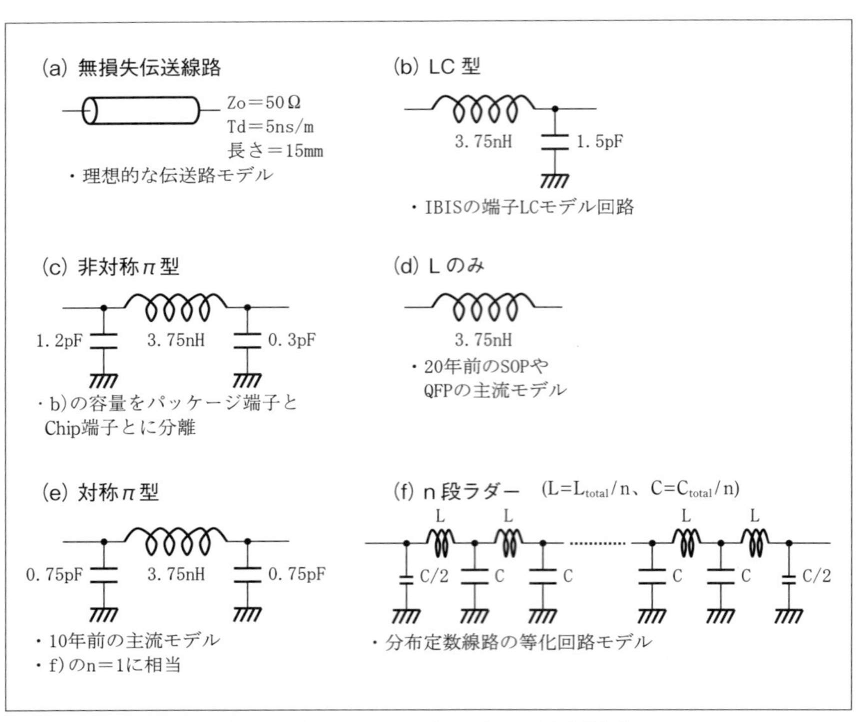

〔図 3.2〕パッケージモデルの回路形式

３－１　パッケージモデル

図3.2にパッケージモデルを示す。いずれも、総容量C_{total}=1.5pF、総インダクタンスL_{total}=3.75nHで、全く同じである。一般的にICのパッケージモデルにおいて、各端子の直列抵抗Rの波形解析への影響は、以下に述べるモデルの回路形式の影響に比べてはるかに小さいので、ここでは無視する。また、回路形式による違いを明確にするため、周波数依存性損失も省略した。

(a) の無損失配線は、分布定数である特性インピーダンスZoが

$$
\begin{aligned}
Z_0 &= \sqrt{(L[H/m]/C[F/m])}\\
&= \sqrt{(2.5n[H/cm]/1p[F/cm])}\\
&= 50\,\Omega
\end{aligned}
$$

である。その他のモデル (b) ～ (f) は、全て、集中定数のLとCで構成された回路で、インピーダンスZが

$$
\begin{aligned}
Z &= \sqrt{(L_{total}[H]/C_{total}[F])}\\
&= \sqrt{(3.75n/1.5p)}\\
&= 50\,\Omega
\end{aligned}
$$

である。

３－２　パッケージモデルの周波数特性

図3.3 (a) は、図3.2のパッケージモデル (a) ～ (f) の通過損失 (S21の大きさ[dB]) である。モデルが多いため、(a) ～ (e) と (f) (n=1～10) の2つに分けた。もっとも単純な (a) 無損失伝送線路モデルは、回路計算上、周波数がどれだけ高くなっても0dBである。一方それ以外の (b) ～ (f) のモデルは、基本的にはLPF (Low Pass Filter) として振る舞い、周波数が上がると損失が大きくなったり、増減を繰り返した後に損失が大きくなる。特にLのみの (d) や段数の少ないLC回路の (b)、(c)、(e) では、GHzを超えたところから顕著になる。(f) のラダー回路は、段数が増えると (a) と同等になる周波数範囲が高い方へ伸びる。ただし段数が増えるほどLPF特性の急峻性が増し、通過帯域内外差が激しい。

図3.3（b）は通過位相（S21の位相[deg]）である。（a）の50Ω伝送線路モデルでは、ある周波数f [Hz]での通過に要する周期[回]は単純に周波数f [回／秒]と通過時間 T_{delay}[秒]との積なので、通過位相は

$$phase[deg] = 360 \times f \times T_{delay}$$

で求められ、グラフはこれを±180度で折り返した「鋸（のこぎり）波」となる。これに対して他のモデルの位相は、高周波になるほど、鋸波か

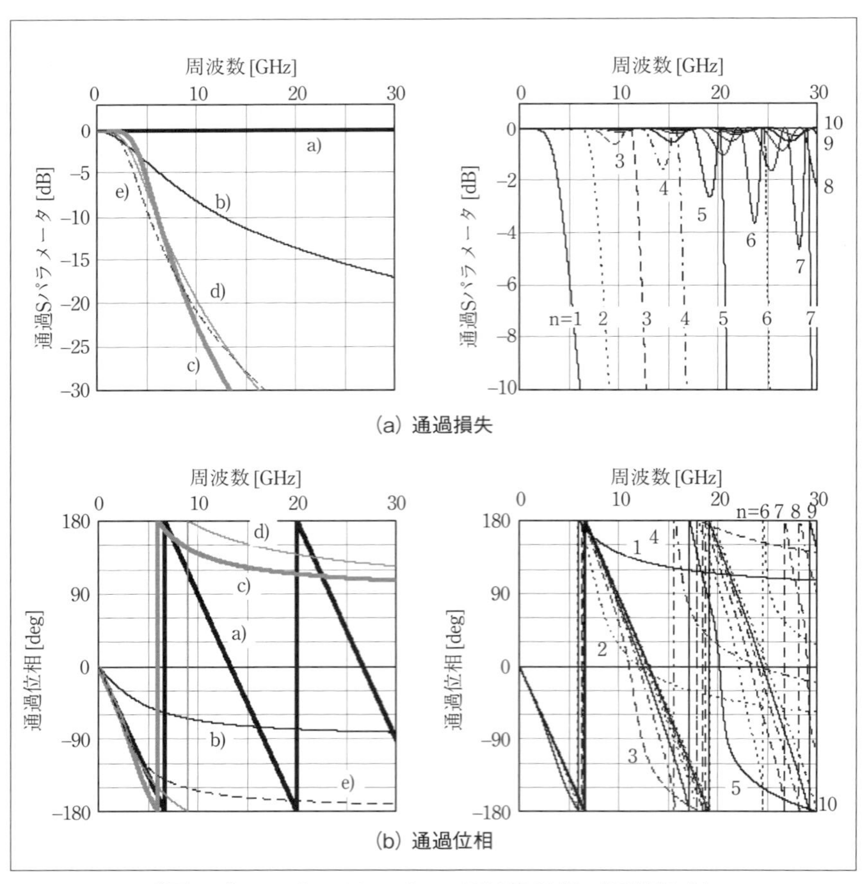

〔図3.3〕パッケージモデルの周波数特性（通過損失）

らのずれが大きくなる。特にLのみのb）は最初から（a）とずれていて、基本周波数成分ですら遅延がずれることを示している。（c）、（e）、（d）でも数GHzまでしか（a）と一致しない。n段ラダー回路モデル（f）は、損失と同じく、段数を増やすほど高い周波数まで鋸波を維持するが、（a）では20GHzであった2回目の折り返しの周波数が、16GHz～19GHzと低い方へずれ、また段数によってばらついている。各モデルがどの程度の周波数まで対応可能かどうかは、図3.3（a）の通過損失だけでなく、この位相の誤差も確認する必要がある。

3－3　波形解析結果

図3.4は、図3.3の（a）～（f）の各モデルを使用した波形解析結果である。信号は1GHzクロックと2Gbpsデータの2種類を使用し、①ドライバ／レシーバ間配線の中間（波形測定用パッド位置を想定）、②レシーバパッケージの外部端子、③レシーバパッケージ内部（半導体チップの入口）の3か所の波形を示した。

3－3－1　パッケージモデルによる違い

同じ総容量と総インダクタンスであっても、パッケージモデルの回路形式により、同じ位置での波形が大きく異なっていることが分かる。解析対象信号の周波数成分の範囲で、実物の周波数特性を正しく再現するモデルを使用しなければならない。

ここで注意して欲しいのは、

「図3.2～3.4の結果をもって、パッケージモデルはa）にしなければならない、<u>と言っているのではない</u>。」

と言うことである。パッケージモデルの適切な回路形式は、パッケージ内部の伝送路の構造によって異なる。例えばパッケージ内の伝送路に長いワイヤがある場合やリードフレームパッケージの場合は、他の信号との結合が無く、再現すべき周波数特性が3GHz以下（基本周波数f_0が1GHz以下）なら、この部分はLでモデル化し、前後にパッドやViaの容量を追加すれば十分である。FC-BGA（Flip Chip Gall Grid Array）タイプで見られる多層基板配線を用いたパッケージの場合は、伝送経路の主要部分である配線は分布定数モデルとし、その途中と前後のVia、およびBallやBump（パッドを含む）は寄生容量とするのがよい。ただし、より高周波まで周波数特性を再現する必要がある場合は、損失を含めなくてはならないし、また差動ペアや多ビットバスでの信号間結合も無視できない。

また、等価回路形式モデルには、周波数特性再現性の上限、あるいは回路詳細化に伴う解析タイムステップの短時間化とそれによる解析時間の増大といった集中定数近似上の限界がある。さらに、周波数依存性損

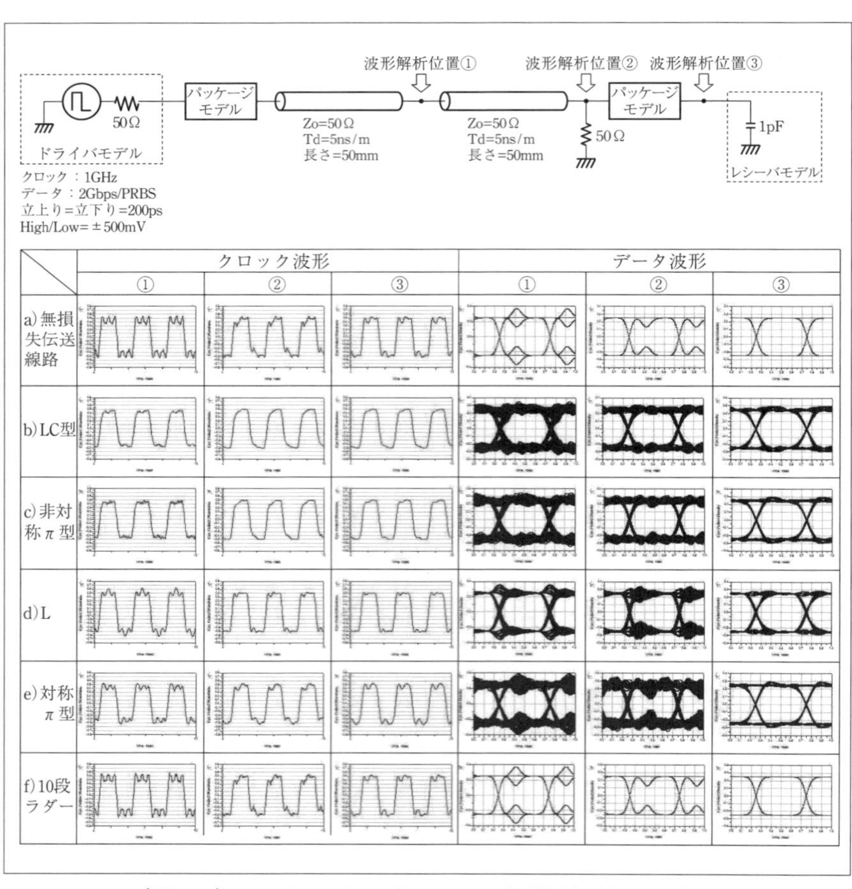

〔図 3.4〕パッケージモデルによる波形解析結果の違い

失まで含めた実際のパッケージの周波数特性を等価回路で正確に再現するには、非常に複雑な等価回路となる。これらの問題を解決するためには、パッケージの外と内の間のフルポート（シングルエンド信号なら2ポート、差動信号なら4ポート）のSパラメータを、そのままモデルとして使用するのが望ましい。実際、高速シリアル信号でのパッシブ部品のモデルは、Sパラメータモデルを用いることが多い。

さらに、パッケージ内が差動伝送路であるのに、正相信号と逆相信号に結合が無い別々のモデルを用いるのも、避けるべきである。

３－３－２　位置による波形の違い

図3.4の波形は、回路の位置によっても、解析結果が大きく異なる。動作周波数10MHz程度の時代では、基板内波長は15mもあり、位置による波形の違いがほとんど無かった（本書第1章の「正確に繋ぎさえすれば動作する」のは、この理由による）。しかし1GHzの基板内波長は15cmしかなく、位置により位相差が明確になり、結果波形が大きく異なる。このため､目的によって波形を解析する位置を変える必要がある。

正しい論理回路動作を確保するための波形解析（レイアウト方法の検討や検証）の場合は、レシーバのパッケージ内での、ICチップでの波形が必要である。測定波形と比較する場合は、測定位置での解析波形を用いなければならない。波形測定位置にプローブ用のパッドを設ける場合は、解析する回路にパッドのモデル（一般的には寄生容量）を含める必要がある。また、使用するプローブが低抵抗（10:1や100:1）かつ寄生容量が大きい場合、プローブ自体が波形に影響を与えるので、その回路も接続する必要がある（後述4−1最終段落記載の測定器がプローブの影響を補正する機能を有する場合を除く）。この条件で解析波形と測定波形が一致することを確認した上で、パッケージ内部の波形③で善し悪しを判断する必要がある。

３－４　解析におけるタイムステップ

波形解析では、モデルの他に、解析のタイムステップの設定によって結果が大きく異なる。基本的にはドライバの立上り／立下り時間の1/10以下にする必要がある。信号速度がGHz帯に入ると、立上り／立下り時間も 1ns を下回るので、タイムステップもその分小さい値にする必要がある。パッケージモデルを細かい（段数の多い）ラダー回路で組んだ場合、あるいは伝送路を短い多数の配線で構成した場合、各段あるいは配線の通過時間より小さなタイムステップにする必要がある。タイムステップの妥当性を確認するにはタイムステップを 1ns から 1 桁ずつ細かくしていき、波形が変わらなくなる値を調べるのがよい。

4．波形測定

次に波形測定について述べる。ここでの注意点は、ひとえに、
「測定対象波形に適した測定系の選択と使用法」に尽きる。ここで言う測定系とは、

・オシロスコープの本体
・本体と測定対象をつなぐケーブル
・測定対象に接続するプローブまたはコネクタ

である。適しているかどうかを判定する内容は、アナログ帯域、接続方法、測定スケールの三点である。以下、順に説明する。

4－1　アナログ帯域

図 3.4 に示した波形では、細かい揺れ（反射）が多数ある。これらを測定器で見るためには、この揺れの周波数成分まできちんと検知できる測定系が必要である。

測定器が検知できる周波数は、通常、「アナログ帯域」と呼ばれ、単位は Hz である。通過損失が−3dB になる周波数で示されているのが、一般的である。測定器やプローブのアナログ帯域より高い周波数で、通過損失が急激に増えるのか、それとも緩やかに増えるのかは、機種により異なる。急峻なタイプを使用した場合に、高次高調波成分が少ない測定波形となっていても、実際に少ないかどうかは不明となる。

図 3.1 に示した通り、信号波形にはその動作周波数より高い周波数成分が含まれる。この高い周波数成分まで測定器が検知しないと、表示される波形が非常に鈍ったものになり、細かな反射が無くなってしまう。さらに、測定系のアナログ帯域は、主に本体のアナログ帯域とプローブ

又はコネクタのアナログ帯域のうち、低い方で決まる。本体のアナログ帯域が10GHzであっても、プローブのアナログ帯域が3GHzしかなかったら、測定系全体のアナログ帯域は3GHz以下である。

測定器に付随するケーブルは非常に低損失であり、測定系全体のアナログ帯域に対する影響は、本体やプローブに比べて小さい。ただし差動信号を2本のシングルエンドプローブで測定する場合は、ケーブルを含めたスキューがあるため、オシロスコープで補正する必要がある。

また、最近のオシロスコープでは、取得した波形に対して、測定系の高周波損失を補正するものがある。この場合、オシロスコープに表示されているのは、プローブしていない時の予想波形であり、プローブしている最中の測定位置での波形とは異なる。伝送エラー発生時のデバッグで波形測定をすることがあるが、エラー発生頻度の計測中にこのような測定系を接続してはならない。

＜注意‼＞

アナログ帯域と混同されがちなものに、「サンプリングレート」がある。こちらの単位はS/s（サンプル／秒）である。サンプリングレートは、1秒間に何回電圧を測定するかを示すものであって、アナログ帯域とは直接関係しない。

4－2　接続方法

オシロスコープと測定対象との接続方法には、大別してプローブを接触させる方法と、コネクタを接続する方法がある。前者は伝送路のインピーダンスよりも高い抵抗を介して、測定系のケーブルに取得した波形を送る。一方後者は、測定位置に50Ωの伝送路を直接接続することになる。

4−2−1　プローブ

プローブにはアクティブプローブ（FETプローブ）とパッシブプローブがある。前者は先端がFET（Field Effect Transistor）になっていて、非常に高抵抗（1MΩ前後）で、寄生容量も小さく、高周波用に適している。

パッシブプローブ（抵抗プローブ）は、高周波用だと100:1（5000Ω）程度までしかなく、寄生容量もアクティブプローブより大きく、ある程度波形に影響を与えてしまう。

シングルエンドタイプのプローブを使用する場合、GND端子の問題もある。このGND端子の接続位置は信号接続位置にできるだけ近い位置で、GNDベタ直近とする。この位置が遠いと、プローブの直列インダクタンスが増えることになり、高周波特性が劣化する。そもそもプローブのGND端子が長いと、高周波用には向かない。これを短く加工するだけで、プローブ帯域が上がる場合がある。

４－２－２　コネクタ

一方コネクタを介して測定用ケーブルと接続するということは、測定位置に50Ωの配線を接続することと同じである。このため、配線トポロジーそのものが変わってしまい、レシーバが受け取る波形が大きく変化する。コネクタ接続が問題無い測定としては、測定対象の信号が、レシーバではなく元々コネクタに接続され、信号が基板外部に出力される場合である。この場合であれば、基板に実装されたコネクタから出てくる波形の評価として、使用可能である。ただし、接続に際しては信号だけでなく、その周辺のGNDも、測定系と適切に接続しなくてはならない。この測定系GNDとの接続形状が不適切だと、ここで高周波特性が劣化し、実際よりも劣化した波形が観測されてしまう。

４－２－３　ジャンパ線

基板の伝送路途中にジャンパ線を設け、その先で高抵抗プローブを接続する方法を見かけることがあるが、これもジャンパ線の長さの分岐配線が接続されたことになる。さらにその先端が高抵抗プローブである場合、分岐配線に入り込んだ波形が全反射し、配線途中に50Ω系測定ケーブルを接続した場合とも波形が大きく異なる。50Ω測定系ケーブルを接続した場合は、測定器で整合終端されているので、反射が生じない。

４－３　測定スケール

４－３－１　事例

この測定スケールに関する説明として、FIFO（First-In First-Out）を例に採り上げる。通常、この手のICの動作速度は、上限fmaxのみが規定されている。ここではfmax=500MHz（クロック周期T=2ns）とする。説明の簡易化のため、High/Low閾値も振幅中央とする。このようなICは、使用時の動作周波数がfmax以下であれば問題無く正常動作するため、様々な動作周波数で使われている。測定スケールが問題となるのは、使用する回路の動作周波数が非常に遅い場合である。ここでは10MHzとする。

図3.5 (a) に10MHz信号波形のイメージを示した。10MHzクロックは1周期が100nsになる。横軸は5周期分（500ns）を表示しているので、横軸スケールは50ns/divである。表示しているのは、このスケールで、データ信号と、そのトリガに使用しているクロックとを同時に表示し、タイミングを含めて波形を確認するという、よく行われる内容である。一見何の問題も無いように見える。

4－3－2　誤動作と原因

この図3.5 (a) の波形にもかかわらず、図3.5 (c) のように、FIFOの

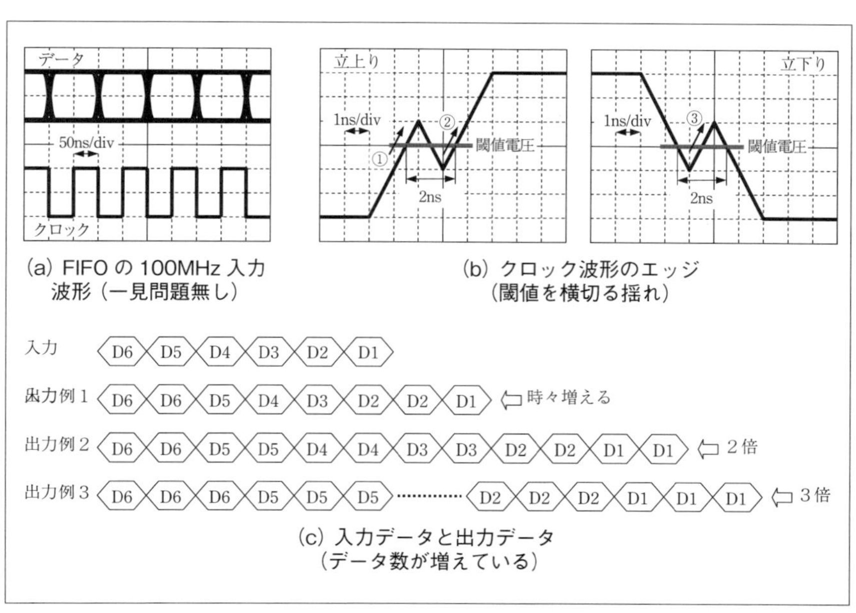

〔図3.5〕波形測定時の画面表示スケールの問題

出力データの数が増えるという現象がみられることがある。この原因は(a) の画面をいくら見ていてもわからない。

図 3.5 (b) は、クロック波形の立上りと立下りを拡大した画面で、横軸スケールは 1ns/div である。閾値を横切る電圧変動が発生している。この変動が、閾値より高い時間が 1ns 以上、低い時間が 1ns 以上あれば、レシーバは 500MHz 周期のクロックとして検知し動作する。

この例では、クロック１周期中に最大で、図 3.5 (b) に示した①～③の３回ラッチ動作が発生し、データ列は各ビットが３個ずつ並ぶことになる（図 3.5 (c) の出力例 3）。揺れの発生する電圧と閾値電圧との関係で立上り途中の①と②でしか発生しない場合は、２個ずつである（同出力例 2）。揺れの幅が狭い場合は、発生頻度が落ちるため、時々増える（同出力例 1）。この電圧変動は、横軸スケールを最初の画面設定（図 3.5 (a)）にしていては、認識できない。

繰り返すが、PLL（Phase Locked Loop）などの周波数固定回路を自分の中に持たない IC は、あくまで波形の立上り／立下りのエッジしか見ていない。この間隔が十分広ければ、自動的に動作する。クロックがずっと 10MHz で来て、ある時突然 500MHz のクロックに切り替わっても、レシーバ IC はそれを判定することは無い。

４－３－３　動作速度は指標にならない

この事象から言えることは、解析であれ測定であれ、「動作速度は波形評価の決定的指標ではない」と言うことである。どんなに動作速度が遅くても、信号をやり取りする IC（特に受け取る側のレシーバ IC）での波形評価は、レシーバ IC の最高動作速度に相当するノイズが無いかどうかを見なくてはならない。このためには、最高動作速度での振る舞いを確認できるスケールで波形を確認する必要がある。すなわち、図 3.5 (a) の表示状態で波形の善し悪しを確認するのは、非常に危険だと言うことである。

また、この周波数成分の揺れが発生するかどうかは、信号波形の立上りと立下り時間が速いかどうかによる。すなわち、立上り／立下り時間が 10ns 程度もあれば、この 2ns 周期の揺れは発生せず、単に立上り／

立下り途中の傾きが変化する程度にしか影響しない。この立上り立下り時間こそ、図3.1に示した信号の周波数成分の上限を決めている。

5．解析波形と測定波形の一致の条件

最後に、波形解析と波形測定が一致するための条件についてまとめる。これまでに述べた条件としては、下記の4つがある。

［Ⅰ］解析に用いるモデルの周波数特性再現性

⇒3－3－1参照

［Ⅱ］適切なタイムステップ設定

⇒3－4参照

［Ⅲ］測定系の適切な選択と使用方法

⇒4．参照

［Ⅳ］解析位置と測定位置の一致

⇒3－3－1参照

これら4つに加え、次の3点が重要になる。

5－1　残る3条件

［Ⅴ］測定時の電源安定性

基板設計段階で実施する波形解析では、ICの給電系（電源とGNDの両方）が変動しないことが前提となる場合が多い（何も意識していない場合はほぼ確実にこの状態）。一方実際の基板動作中にICの電源が揺れるかどうかは、基板レイアウトの善し悪しと、ICおよびパッケージの給電系の特性に依存している。結果として、測定した波形にIC内部経由の給電系ノイズが重畳し、解析波形と異なる場合がある。このため基板の給電系評価では、単純にDCドロップだけでなく、信号測定に用いるのと同じアナログ帯域の測定器で、ICの電源端子／GND端子間の給電系ノイズの有無を確認すること。給電系ノイズがある場合は、同じトリガで信号波形と給電系ノイズを同時に測定し、比較評価する必要がある。

なお、波形解析でICおよびパッケージの給電系ノイズを含めた同時解析については、本書の第2章に詳しい。ただしICの給電系を含めた解析であっても、解析回路のどこかに理想電源を接続することになる。

パッケージの給電系を解析回路に含める場合はパッケージの外側の電源／GND端子間である。この場合、実際の基板で給電系パターンからICの電源／GND端子位置にノイズが来ている場合は、その分の誤差が含まれる。これを解析で解決するには、さらに大規模な基板全体の給電系と他のICや信号配線も回路に含め、基板の給電位置または電源生成ICの出力位置に理想電源を接続することになり、容易にその環境を導入／構築できるものではない。

[Ⅵ] 外来ノイズの排除または考慮

バス配線などでは、クロストークノイズの影響も無視できない。このため測定対象信号の波形解析において、その信号にクロストークノイズを与え得る全ての信号をまとめて解析する必要がある。当然であるが、クロストークノイズは基板配線だけではなく、パッケージ内部でも生じる。特に信号線電圧の基準電位（一般的にはGNDパターン、場合によっては電源パターン）との結合が弱いのに複数の信号経路が並走しているタイプのパッケージの場合、むしろパッケージ内部でのクロストークノイズの方が支配的になる。このようなパッケージを持つICに対する波形解析では、パッケージモデルにも複数の信号の結合が含まれていなくてはならない。

一般的に差動信号は、伝送路途中のGNDノイズに強いと言われている。この理由は正相信号と逆相信号に同相のノイズが重畳しても、差動信号の受信側ICは差動振幅しか見ていないので、同相ノイズが影響しないためである。しかし基板やパッケージで正相信号、逆相信号、周辺GNDの形状に非対称性な構造があると、この前提が崩れる。すなわち、非対称構造部はモード変換を引き起こすので、正相信号と逆相信号の同相ノイズの一部が差動ノイズに化ける。

この影響を設計時点で解析するためには、元になる同相ノイズを与える必要があるが、これがどの程度発生するのかを予想すること自体が難しい。このため、差動信号伝送路の設計／解析では、差動波形を見る他に、伝送路のモード変換量（Sdc21、Sdc11）も確認する必要がある。基板とパッケージを含めてモード変換量を求めるには、当然ながら、使用するパッケージモデルがモード変換まで算出可能な形式でなくてはならない。また、製造後の波形評価では、このモード変換に起因する差動ノイズ量を推定するためにも、[V]で述べた給電系ノイズを事前に確認することが必要である。

なお、HDD (Hard Disk Drive) とマザーボードとの間の高速シリアル信号インターフェースであるSerial-ATAの規格では、HDD内基板の外部コネクタ端子から基板を見た時、およびSerial-ATAのドライバICとレシーバICの端子からIC内部を見た時について、差動反射 (Sdd11) と同相反射 (Scc11) だけでなく、モード変換反射 (Sdc11) も、周波数ごとの制限が設けられている。一方でPCI (Peripheral Component Interconnect) バスの高速シリアル版であるPCI-Express(TM)では、Sdd11とScc11しか制限が規定されておらず、片手落ちの感が拭えない。

[Ⅶ] CAD / CAE間自動IFの機能と設定

基板設計中の各種解析では、基板設計CAD (Computer Aided Design) データから解析CAE (Computer Aided Engineering) ツールのデータを自動生成する場合が多い。波形解析では、主に信号配線のトポロジーである。一方、この自動生成では、反映されるレイアウトとされないレイアウトが存在し、どこまで反映されるかは、自動生成自体が持つ機能や、その機能に対するユーザーの設定によって異なる。この確認が必要な代表的な例を、下記に示す。

i) 基準プレーン (GNDベタ) のスリット跨ぎ

基準プレーン (GNDベタ) のスリットを跨ぐレイアウトになっている信号配線の波形解析を実施する場合は、レイアウト通りのスリットの幅と長さを考慮した配線モデルで解析されているかどうか、確認が必要である。配線直下のみ細い線でスリット前後のGNDを接続する場合は、その状態での配線特性が必要になる。

ii) 基準プレーン (GNDベタ) の切り替え

Viaで配線層を切り替える際に、切り替え前後の配線の基準プレーンが異なる層になることが多い。この場合、信号Via近傍でこれらのGNDプレーン間もViaで接続しないと、信号波形に影響する。この距離のGND用Viaの位置の影響がモデル化されているかどうか、確認すること。

iii）信号配線のガードGND

クロック信号などで配線の左右にガードGNDを設ける場合、左右のガードGNDが近づきすぎると、配線の特性インピーダンスに影響する。途中で距離や有無が変わると、配線の特性インピーダンスも途中で変わり、不整合反射を起こす。差動信号の場合、左右ガードGNDの距離が異なったり、片側にしか無かったりすると、差動インピーダンスに影響するだけでなく、モード変換の増大を招く。ガードGNDがある場合は、ガードGNDの状態を含めた配線特性で波形を解析しなくてはならない。なおガードGNDが配線の場合、適当な間隔で別層のベタGNDとViaで接続しないと、GND配線自身が共振し、ノイズ源となる恐れがある。

５－２　現実解

上記［Ⅴ］～［Ⅶ］のような評価時点での外乱要因を全て解析できるCAD/CAE環境は、S/W的にもH/W的にも非常に大規模なシステムが必要となる（特に基板の給電系を含めた解析）。そのため、実際の設計現場への導入、特に小規模なデザインハウスへの導入は、とても普遍的な解であるとは言えない。この問題に対する筆者の回答は、

「基板レイアウトの設計時点で、これら［Ⅴ］～［Ⅶ］の懸念が無い設計をすること。」

である。すなわち、この様な設計こそが低ノイズで安定動作を実現する鍵であり、解析や測定の妥当性云々以前の話として、最優先で心掛けるべきなのである。

６．まとめ

基板設計での波形解析と基板製造後の波形測定について、最近の信号高速化に即したあるべき方法を解説した。いずれにおいても、信号波形に含まれる周波数成分を考慮することの重要性を述べ、それが動作周波数では決まらないことを説明した。

また、設計／解析と測定／評価の現状を鑑み、解析しにくいレイアウ

トを避けること自体が、安定動作を実現することを説明した。
本稿が読者の解析／測定の実務の一助となれば、幸いである。

第4章

幾何学的に非対称な等長配線差動伝送線路の不平衡と電磁放射解析

秋田大学　萱野 良樹
放送大学　井上　浩

1．はじめに

電子機器の小型・軽量化による回路の高密度実装化や伝送信号の1GHzを超える高周波化のために、電子機器内の高速ディジタル信号伝送方式には差動伝送技術が広く用いられている（例えば、[1),2)]）。平行2線路の相対応する点の電流がどこでも大きさが等しく逆位相の場合、線路は平衡状態にあるといい、そうでない場合には不平衡状態にあるという[3)]。差動伝送方式は、理想的な場合では2つの線路に等量異符号の差動（Differential-Mode：DM）信号を励振するため、線路は平衡状態にあり、ノイズ放射が小さく、また同相（Common-Mode：CM）ノイズに強い特徴がある。しかしながら、現実には基準導体に対して2本の差動信号を平衡とするデバイスの設計が難しくなり、また、ビア等との接続のために生じる2つの線路の不等長や、屈曲や線路の隣接配線等に起因する幾何学的な非対称が存在する。そのため、2つの線路を伝搬する信号は完全な等量異符号ではなく、振幅値、基準電位、位相に差が発生する。これは伝搬信号に不平衡・CMが生じたと考えることができる。CM成分は強い電磁干渉（Electromagnetic interference：EMI）を生じることが知られており、伝送信号の品質の確保と同時に不要電磁波放射の解決が重要な研究課題となりつつある。

これまでに差動伝送に関する様々な研究が行われてきており、対策法に関しても色々な観点からの研究があるため、全部を網羅した議論は難しいが、差動伝送線路の不平衡及びその放射を抑制するための方法には、大別してレイアウトの工夫による位相補償による不平衡そのものの抑制[4)-8)]と、シールドによる近傍及び放射電磁界の抑制[9)-11)]の2通りがある。それらは、信号の完全性（Signal Integrity：SI）の観点から伝送特性及びモード変換について、またはEMIの観点から電磁放射を個別に検討したものが多い。そのため差動伝送線路において、アイパターン等の信号の品質評価とともに不要電磁放射を扱った基礎的な論文は少なく、不平衡の基礎研究においてまだ未解明のことが残されており、また両観点からの等長配線差動配線の設計技術、ガイドラインへの展開に関しても検討することが多い。その結果、開発現場では設計の長期化、コストの増加等の問題が顕在化しており、科学的、技術的、経済的に重要な課題になっている。電磁界シミュレーションの発展により試作前評価が一部可能になりつつあるが、機器構造と物理（電磁）現象の対応関係が不明確な場合では、結局は従来の試行錯誤的なアプローチを試作品ではなく計算機上で行うだけになってしまう。

根本的な解決のためには、問題の発生を明確にするための単純化したモデルから、基本現象を明らかにし、その現象を定量的に予測、説明することを可能にするための物理ベース等価回路モデルを開発することが必要不可欠である。

本稿では、高速伝送の要となる「伝送線路」に着目した。差動伝送線路上の非対称の原因には、IC ピン等との接続のための不等長、グランドパターンや実装部品の線路付近への配置、屈曲部、多層基板の複数層にわたる配線などが挙げられる。本稿では、SI、放射 EMI の両観点から特に重要である、幾何学的に非対称な等長配線差動伝送線路を設計する際の指標を得るために、位相補償位置の異なる非対称差動伝送線路に関して、非対称構造がＳパラメータ、放射電磁界に与える影響を検討し、等価回路モデルにより支配的な放射要因を解析した例[12)-16)]を紹介する。

２．検討モデル

複雑な放射メカニズム及び有効な放射抑制法を検討するためには適切な検討モデルが必要不可欠である。本研究では、IC のピンや BGA との接続のための不等長を線路終端側で補償する場合を想定し、屈曲部の形状に関するコの字の間隔と、位相補償位置に関係する屈曲部の基板中央からの間隔の影響を明確にするための最も単純で基本的な構造とした。すなわち、マイクロ波回路において一般的に使用される表面マイクロストリップ線路（S-MSL ：Surface-Microstrip Line）構造である。

検討に用いた等長配線モデルを図 4.1 に示す。PCB は、2 層構造であり、上面が信号配線、下面が全面グランドである。寸法は、長さ l_{PCB}=137mm、幅 w_{PCB}=100mm、誘電体は厚み h=1.53mm、比誘電率 ε_r=4.5 の FR-4 基板を用いた。

差動線路の平衡領域での差動間隔は s=1.0mm とし、差動インピーダンスが Z_{DM}=100Ω になるように線路幅は w_t=1.9mm とした。基板加工に用いた加工機の加工精度は 10μm 程度である。屈曲部の形状に関するコの字の間隔 l_g を 12.5mm または 25.0mm、位相補償位置に関係する屈曲部の基板中央からの間隔 l_d を 6.25mm から 31.25mm まで変えて検討した。測定のための SMA コネクタの実装及びケーブルとの接続のために、差動伝送線路は基板長手方向の始点、終点部分では間隔を広げた八の字形状とした。

なお、本稿では非対称な等長配線の問題に焦点を置いているが、実際の配線レイアウトにおいては、密結合のまま屈曲した場合に発生する不平衡も高周波になるにつれて問題になり[16)]、今後の重要な検討課題の一つである。

3．伝送特性とモード変換の周波数特性の評価[14)]

伝送特性とモード変換を評価するために、図 4.2 に示すように 4 ポートネットワークアナライザを用いて、Mixed-mode S パラメータを 10MHz ～ 26.5GHz の周波数範囲で測定した。ネットワークアナライザの

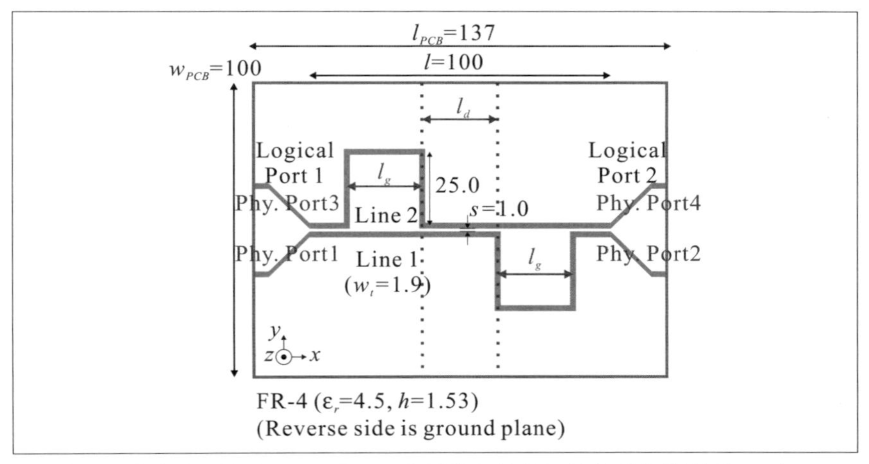

〔図 4.1〕位相補償位置の異なる非対称な等長配線差動伝送線路モデル

校正は、線路へ接続するためのケーブル先端で行った。

Mixed-mode S パラメータは DM 成分、CM 成分をモード別に表した S パラメータである。DM（差動）成分の透過係数は、論理ポート 1 に DM で入力したエネルギに対する論理ポート 2 への DM での出力割合 $|S_{dd21}|$ で表される。また CM（不平衡）へのモード変換透過係数は、論理ポート 1 に DM で入力したエネルギに対する論理ポート 2 への CM での出力割合 $|S_{cd21}|$ で表される。モード変換透過係数 $|S_{cd21}|$ はシングルエンドの S パラメータとは式（4.1）で関係づけられており、差動伝送線路における不平衡の発生要因は、各線路の透過係数の差（つまり、S_{21} と S_{43} の差）、及び遠端クロストークの差（つまり、S_{41} と S_{23} の差）の 2 つに分けることができる。

$$S_{cd21} = \frac{S_{21} - S_{43} + S_{41} - S_{23}}{2} \quad \cdots\cdots\cdots\cdots \quad (4.1)$$

差動成分の透過係数 $|S_{dd21}|$ の周波数特性及び差動から不平衡成分で

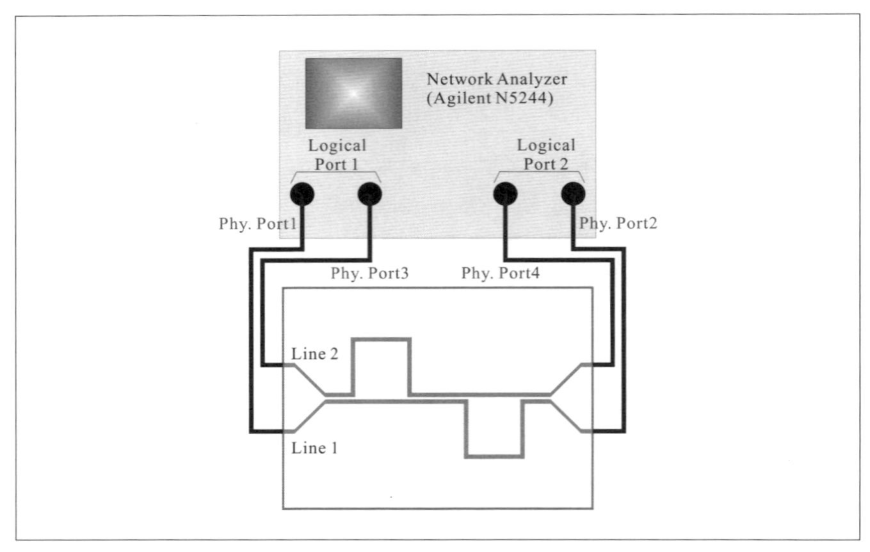

〔図 4.2〕Mixed-mode S パラメータの測定系

ある同相信号へのモード変換量 $|S_{cd21}|$ の周波数特性をそれぞれ図 4.3、4.4 に示す。等長配線のため、透過係数 $|S_{dd21}|$ では、各条件で顕著な差は生じない。なお、5GHz 以上での急激な劣化は、FR-4 基板の誘電体損

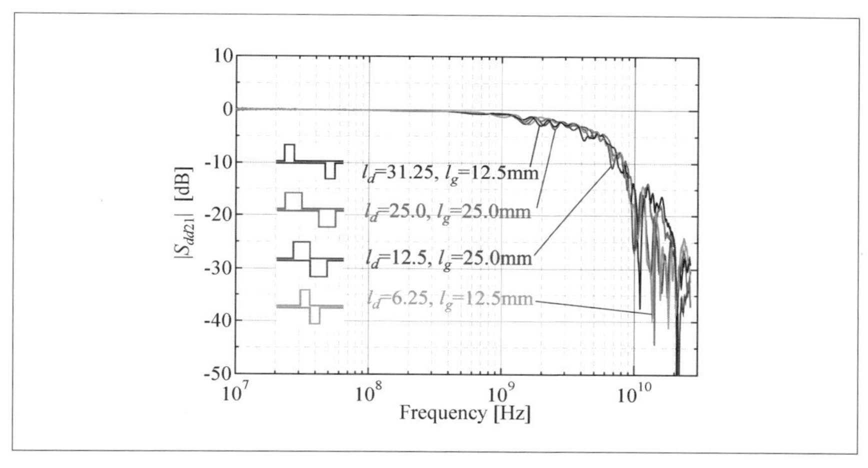

〔図 4.3〕位相補償位置の異なる非対称な等長配線差動伝送線路モデルの差動成分の透過係数 $|S_{dd21}|$ の周波数特性（測定結果）

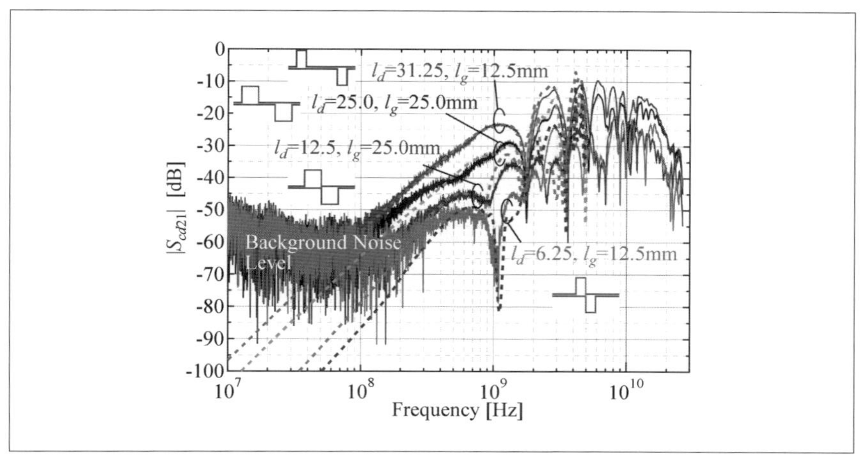

〔図 4.4〕位相補償位置の異なる非対称な等長配線差動伝送線路モデルの $|S_{cd21}|$ の周波数特性（実線：測定結果、破線：電磁界解析結果）

に起因したものである。

一方、幾何学的に等長であっても、幾何学的に非対称な場合には不平衡が発生し、l_d が長くなるほど、モード変換量 $|S_{cd21}|$ は増加した。また、その周波数特性の低周波での傾きは、単純な不等長の場合の位相ズレ（6dB/Oct.：周波数に比例）とは異なり、12dB/Oct. となった。

式（4.1）を用いて、非対称等長配線の支配的な不平衡の発生要因を検討した[14)]。図 4.5 は、“l_d=31.25mm、l_g=12.5mm” の場合の各Ｓパラメータの（a）振幅値、（b）及び（c）位相の周波数特性の測定結果、（d）は各要因に起因する不平衡成分と $|S_{cd21}|$ の比較結果である。結果は、本モデルでの不平衡の支配的な要因が、幾何学的に非対称な遠端クロストー

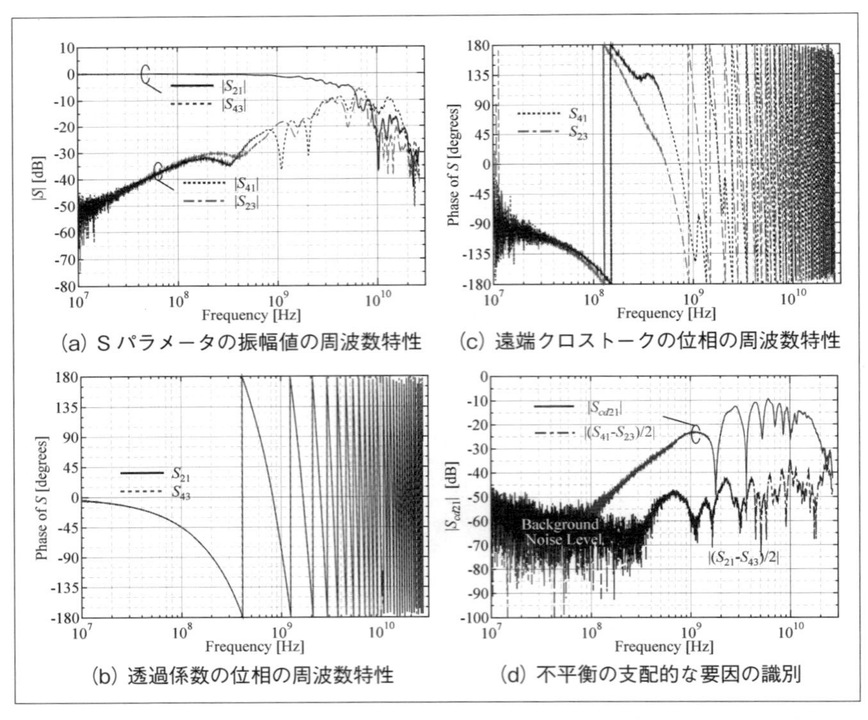

(a) Ｓパラメータの振幅値の周波数特性

(c) 遠端クロストークの位相の周波数特性

(b) 透過係数の位相の周波数特性

(d) 不平衡の支配的な要因の識別

〔図 4.5〕非対称な等長配線差動伝送線路モデルの不平衡発生要因の識別（“l_d=31.25mm、l_g=12.5mm” の場合）

クの差違によるものであることを明確に示している。遠端クロストークは周波数に比例し、またその位相差も周波数に比例するため、結果として不平衡は周波数の自乗に比例すると推定される。

4．放射特性の評価と等価回路モデルによる支配的要因の識別 [14),15)]

4－1　遠方電界の評価

電磁放射として、3m 遠方での電界強度を図 4.6 に示す測定系で測定した [14)]。差動伝送線路からの放射特性そのものを議論するために、測定は自由空間を想定して 5 面電波暗室内で床面にも電波吸収体を敷設した状態で行った。基板中央を基準点とし、アンテナとの距離を 3m、アンテナ高さは 1.0m とし、信号線路と同じ高さで固定した。

差動伝送線路の始点（Logical Port1）を水晶発振器（25MHz）と LVDS ドライバ（NS DS90LV047A）で駆動し、終点（Logical Port2）を 100Ω で終端した。線路からの電磁放射はバイログアンテナで検出し、スペクトラムアナライザに入力した。スペクトラムアナライザの設定は、測定周波数範囲を 30MHz ～ 1GHz、分解能帯域幅とビデオフィルタ帯域幅を各々 5kHz とした。

図 4.7 に 3m 遠方での（a）水平偏波成分と（b）垂直偏波成分の測定結果を示す。LVDS ドライバが出力する方形波を線路に給電しているため、

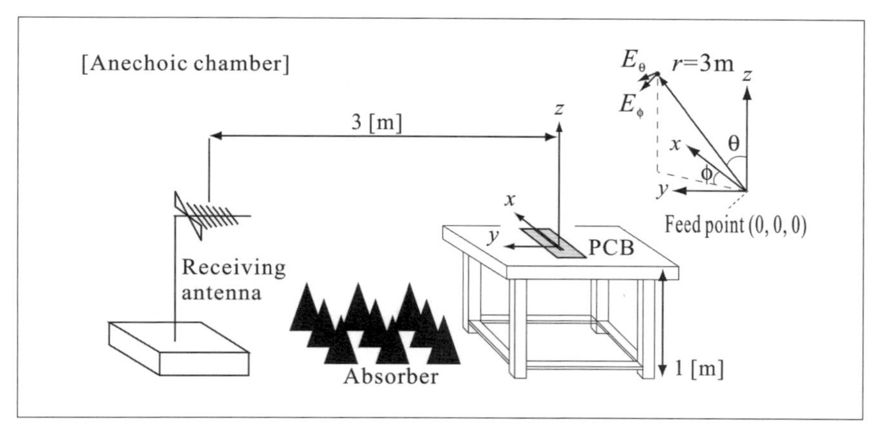

〔図 4.6〕遠方電界の測定系

入力信号の周波数特性は高調波になるにつれてそのレベルが低下するが、1GHz 付近でも低周波と同程度以上の電界強度であり、高周波での放射効率が高いことを示している。l_d が長い程、強い電磁放射が生じる。

これまでの検討結果[13)]と図 4.7 は、従来から信号品質改善の観点から広く利用されているミアンダ遅延線等の等長配線は、伝送線路終端での

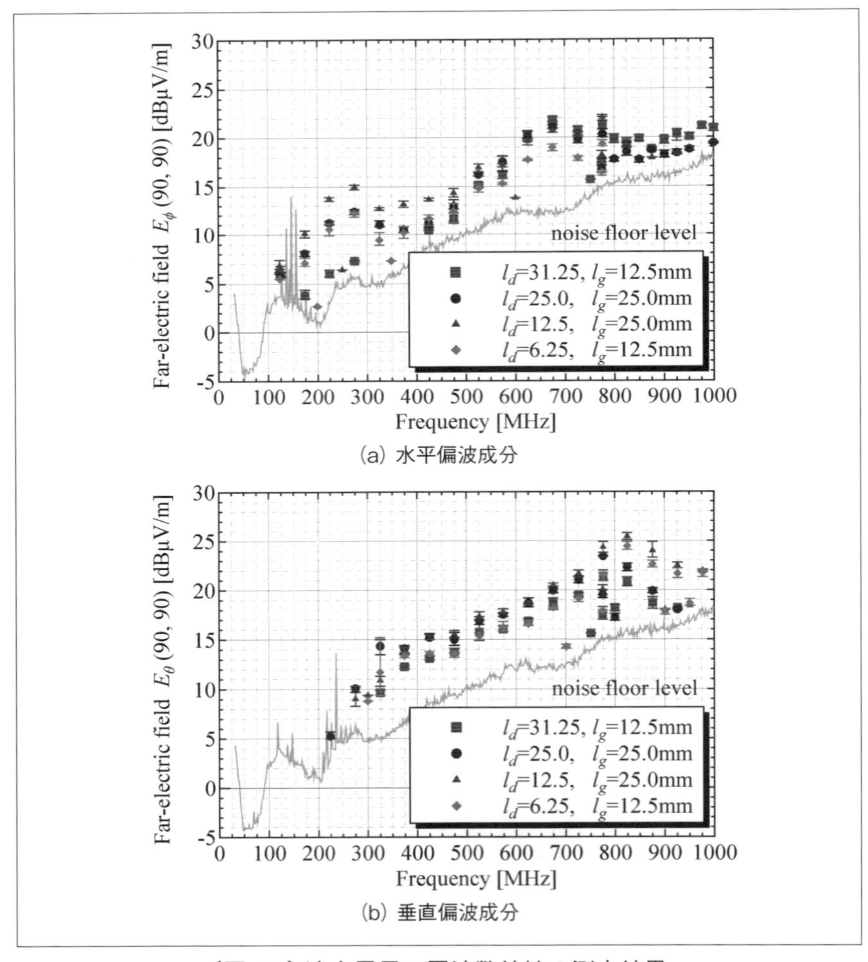

〔図 4.7〕遠方電界の周波数特性の測定結果

不平衡成分を抑制し信号伝送に関する信号品質の確保には有効であるが、放射そのものの抑制にはあまり効果的ではないことを示唆する重要な結果である[13),14)]。また、これは、DM 成分から CM 成分へのモード変換係数（S_{cd21}）のみでは放射の定量的な評価が行えず、新たな評価パラメータの必要性を示唆している。

４－２　等価回路モデルによる支配的な放射要因の識別

各領域からの放射電界のベクトル和によって観測点での全放射電界強度を求める物理ベース等価回路モデルを提案し、計算の途中経過として線路の各位置、マクロ的には各断面構造の全放射電界強度に対する寄与の分離識別を可能とすることで、差動伝送線路中の支配的な放射要因を明らかにすることを試みている[14)-16)]。

放射電磁界は電流及び磁流分布を求めることができれば、容易に算出することができる。図 4.1 の非対称な等長差動伝送線路モデルでは、スロットや平行平板構造はないため、電流分布のみを考慮すれば良い。そこで、図 4.8 に示すように結合線路部分（a, b, c, d, e）とマイクロストリップ線路部分（f, g, h, i）の領域に区分した。

単純な幾何学的に非対称な等長配線についての検討では、等長配線により信号品質が改善できても放射そのものを抑制できない要因として、要因 1）非対称による CM 伝搬部分の発生による CM 放射の増加、要因 2）差動伝送線路間隔の広がりによる差動信号のメリットである放射打ち消し効果の減少、要因 3）グランド幅が狭い基板や部品配置のために差動線路が基板端に配線したことにより、線路を流れる信号電流とグランド面のリターン電流のバランスが崩れたことによる CM 放射の増加[17),18)]、の 3 つを考えた。

本稿では差動伝送線路からの電磁放射特有の問題である要因 1 と要因 2 の影響を明確にするために、無限幅のグランド面上に配線された場合を想定して、等価回路解析を行った。各領域は微小区間 Δl の等価回路の縦続接続でモデル化した。微小区間（1 段あたりの長さ）Δl は、波長短縮効果を考慮した測定最高周波数 26.5GHz の波長の 1/20 以下になるように Δl=0.25mm とした．なお、等価回路において、l_g は 12.5 または

25mm と広いため、f-g 間及び h-i 間の結合は無視した。

表 4.1、4.2 に、2 次元断面の電磁界解析により算出した等価回路パラメータを示す。

図 4.9 に (a) "l_d=31.25mm、l_g=12.5mm" の場合と (b) "l_d=6.25mm、l_g=12.5mm" の場合の解析結果を示す。

本図中では、線路への入力電圧（実効値）が 1Hz 当たり 107dBμV 一

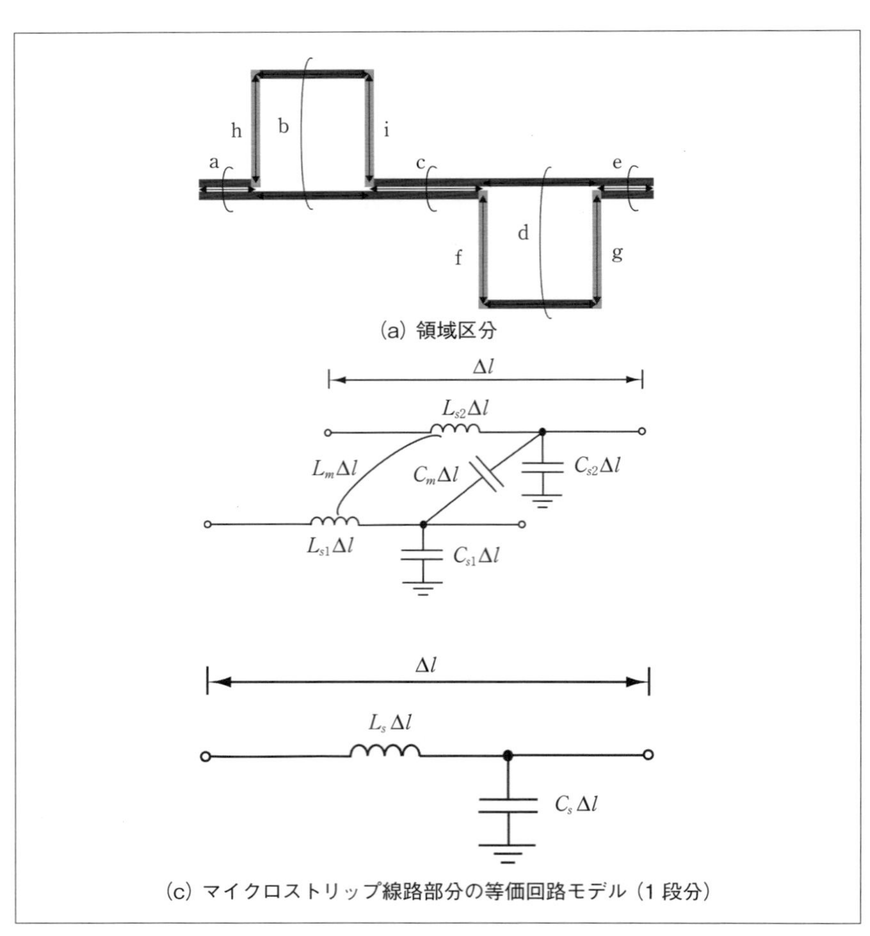

〔図 4.8〕放射予測のための回路モデルの領域分割

定となるように正規化し、放射効率の観点から議論した。図中の凡例“Total”の線は、等価回路モデルにより計算した、差動伝送線路全体から放射された電界強度値である。そして、凡例“a”から“e”の線は等価回路モデルにより計算した、区分した各領域からの放射電界強度値である。なお、差動伝送線路全体からの放射強度値（Total）は、各領域部分の1段当たりの等価回路から求めた成分のベクトル和であるため、位相の関係で各領域からの放射電界強度値がTotalを超える場合がある。また、各要因の影響を議論する前に、3次元電磁界解析による電界強度値と、等価回路モデルによる差動伝送線路全体からの電界強度値（Total）が一致し、提案するモデルが妥当であることを確認している[16)]。

図4.9（a）“l_d=31.25mm, l_g=12.5mm”の場合、1GHz以下の低周波帯ではTotalと領域cからの放射電界強度が一致することから、要因1が支配的な放射要因である。そして、GHz超高周波では領域b、dからの放射電界がTotalの包絡線と一致することから、要因2が支配的な要因である[14,15)]。

図4.9（b）“l_d=6.25mm、l_g=12.5mm”の場合では、領域c（要因1）が存在しないため、全放射成分は領域bとdからの放射（要因2）の重ね合わせ（+6dB）となる。提案する等価回路モデルによる解析は、支配的な放射要因を定量的に識別することが可能である。電磁放射の等価回路解析結果を図4.10に示す。各要因解析の結果からl_dが長い程、最初の屈曲部で発生した不平衡により、電流が同相（磁界結合）で伝搬する領域

〔表4.1〕結合線路領域の回路定数

領域	s mm	$L_{s1,2}$ nH/m	L_m nH/m	$C_{s1,2}$ nH/m	C_m nH/m	Z_{DM} Ω	Z_{CM} Ω
a, c, e	1.0	366	90	86	15	100	36.3
b, d	26	369	43	98	0.061	125	31.2

〔表4.2〕マイクロストリップ線路領域の回路定数

領域	L_s nH/m	C_s nH/m	Z_0 Ω
f, g, h, i	363	100	60

c が増えるため、ダイポールアンテナの形成により強い電磁放射が生じる。また、l_g が長い程、要因２の影響が大きくなり、放射が増加することが明確に理解できる。

最後に、差動伝送線路を設計するための定量的な指針として、また要

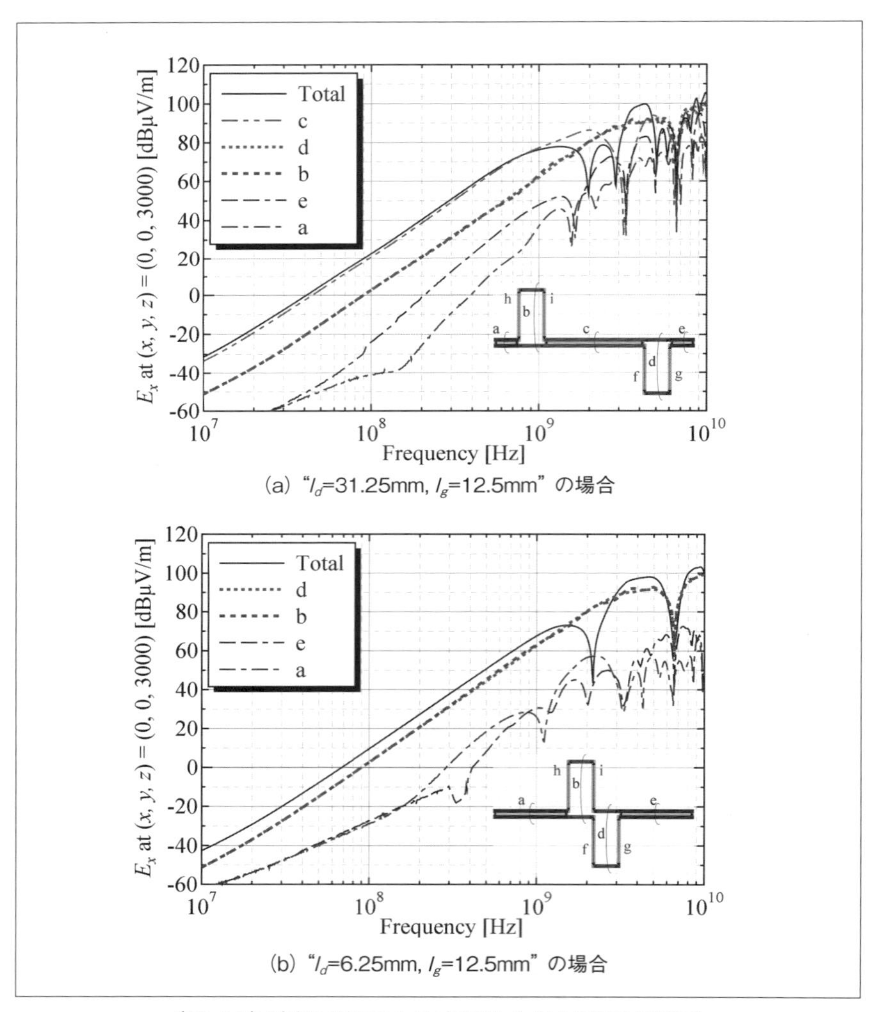

(a) "l_d=31.25mm, l_g=12.5mm" の場合

(b) "l_d=6.25mm, l_g=12.5mm" の場合

〔図 4.9〕等価回路による支配的な放射要因の識別

因1及び2の影響を定量的に議論するために、提案する等価回路モデルを用いて、差動線路の間隔と放射レベルの関係を図4.11に示すようにまとめた。図4.11において、横軸のs_cは差動線路の中心間距離であり、縦軸は単位長さあたりのシングルエンド伝送線路の放射レベルで正規化した場合の差動伝送線路の放射レベル（差動による放射改善効果の逆数）である。また、パラメータϕは、線路1、2を流れる電流の位相差である。

ϕ=180°は理想的な差動伝送状態であり、線路間隔が狭くなるにつれて、正規化放射レベルαは小さくなる。しかしながら、理想的な差動伝送からバランスがくずれた場合、ある線路間隔以下にしてもαは改善できない。そして、ϕ=90°ではシングルエンド伝送と同レベル（a=0dB）となり、ϕ=0°では完全同相：シングルエンド伝送2本分（α=6dB）となる。

ϕ=180°の結果において、s_cが2.9から28.9mmに広がる（領域aと領域bの差：要因2）と、αは20dBほど増加する。一方、s_c=2.9mmにおいて、ϕが180°から0°に変化する（領域aと領域cの差：要因1）と、

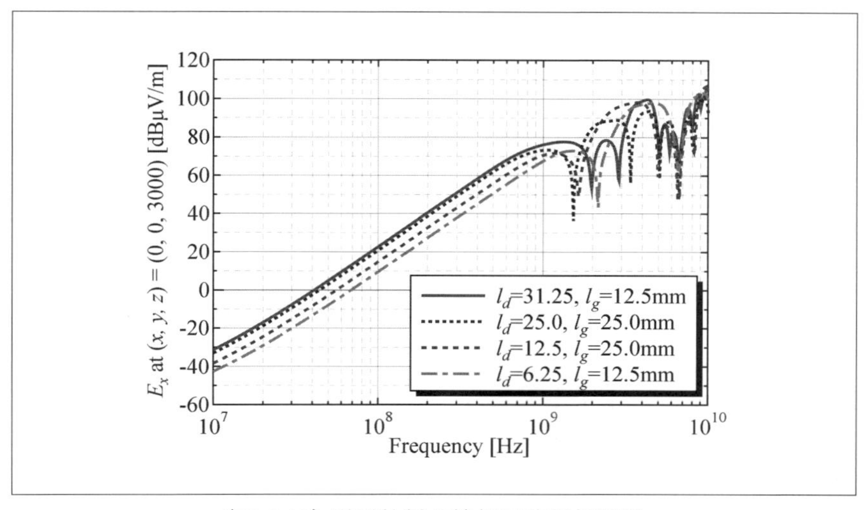

〔図4.10〕電磁放射の等価回路解析結果

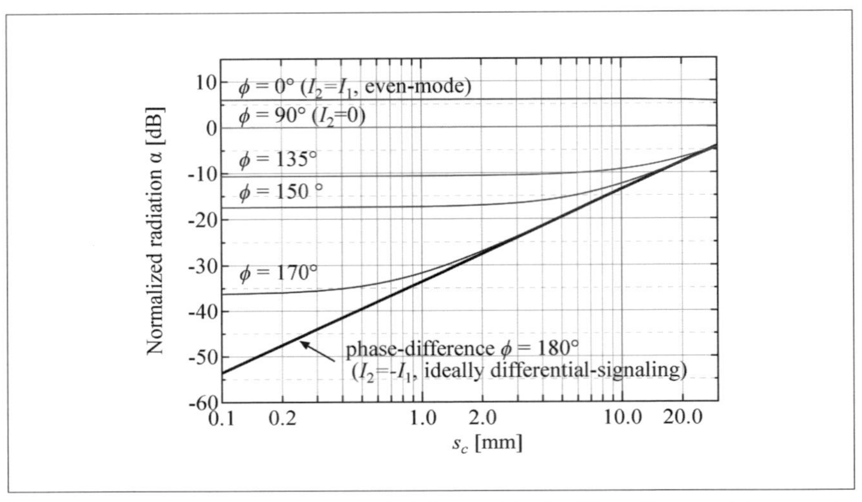

〔図 4.11〕1GHz における要因 1､2 の影響の定量化差動線路間隔と放射電界の関係

α は 30dB ほど増加する。実際には、各領域の長さが異なるため、図 4.9 の周波数特性とは完全には対応しないが、線路間隔、位相差、放射強度を関係付ける重要なチャートであり、設計の指針になり得る。

5．おわりに

本稿では、位相補償位置の異なる幾何学的に非対称な差動伝送線路に関して、非対称構造がSパラメータ、放射電磁界に与える影響を検討し、等価回路モデルにより支配的な放射要因を解析した例を紹介した。

等長配線であっても、幾何学的に非対称な場合には等長補償するまでの間隔 l_d が大きい程、モード変換 $|S_{cd21}|$ 及び電磁放射が増加する。本結果は、$|S_{cd21}|$ で評価した場合にノーマルモード成分に対して 1% 以下の極わずかなコモンモード成分であっても、コモンモード成分が伝送線路上の一部分にでも存在した場合、全放射成分の支配的な要因となることを意味している。そのため、レイアウト上の制限はあるものの、放射 EMI を抑制するためには、補償は可能な限り近くで行わなければならないことが定量的に示された。

単純モデルから得た基本原理は、様々なモデルへの応用が可能になり、本結果を差動配線のSI及びEMI設計に取り入れつつ、等長配線などによる線路終端部分での位相補償に代わる対策、設計ガイドラインの開発が今後の課題であると思われる。

謝辞

本研究を進めるにあたり、電波暗室での電磁放射の測定に御協力頂きました秋田県産業技術センターに深く感謝致します。FDTD計算におけるスーパーコンピュータの利用に関して御協力頂きました東北大学サイバーサイエンスセンターおよび秋田大学総合情報処理センターに感謝致します。また、本研究を進めるにあたり実験及び数値計算に協力頂いた秋田大学卒業生の三村光太氏、津田裕範氏、齋藤武記氏並びに大越誠心氏に感謝致します。

参考文献

1) S. Hall, G.W. Hall, and J.A. McCall, High-Speed Digital System Design: A Handbook of Interconnect Theory and Design Practices, John Wiley & Sons, INC., New York, 2000.

2) H. Johnson and M. Graham, High-Speed Signal Propagation, Prentice Hall PTR, 2003.

3) 内田英成、虫明康人、超短波空中線、第7章、コロナ社、1955.

4) G.H. Shiue, W.D. Guo, C.M. Lin and R.B. Wu, “Noise Reduction Using Compensation Capacitance for Bend Discontinuities of Differential Transmission Lines” , IEEE Trans. Adv. Packag., vol.29, no.3, pp.560-569, Aug. 2006.

5) C. Gazda, D.V. Ginste, H. Rogier, R.B. Wu and D.D. Zutter, “A Wideband Common-Mode Suppression Filter for Bend Discontinuties in Differential Signaling Using Tightly Coupled Microstrips” , IEEE Trans. Adv. Packag., vol.33, no.4, pp.969-978, Nov. 2010.

6) G.H. Shiue, J.H. Shiu, Y.C. Tsai and C.M. Hsu, “Analysis of Common-Mode

Noise for Weakly Coupled Differential Serpentine Delay Microstrip Line in High-Speed Digital Circuits", IEEE Trans. Electromagn. Compat., vol.54, no.3, pp.655-666, Jun. 2012.

7) C.H. Chang, R.Y. Fang and C.L. Wang, "Bended Differential Transmission Line Using Compensation Inductance for Common-Mode Noise Suppression" , IEEE Trans. Compon. Packag. Manuf. Technol., vol.2, no.9, pp.1518-1525, Sep. 2012.

8) 松嶋 徹、和田 修己、"屈曲差動線路におけるコモンモード発生抑制のための平衡度制御"、信学技報、EMCJ2013-17, Jun. 2013.

9) 戸花照雄、陳強、澤谷邦男、笹森崇行、阿部紘士、"基板上に配置した電磁抑制材による電磁ノイズ抑制効果と影響に関する研究"、信学論 B, vol.J85-B, no.2, pp.250-257, Feb. 2002.

10) M. Tanaka, H. Takita and H. Inoue, "Effect of Conductive Sheet Placed over PCB on Electromagnetic Noise Shielding" , IEICE Trans. Commun., vol. E86-B, no.3, pp.1125-1131, Mar. 2003.

11) 春日貴志、中尻睦、大久保裕太、中山英俊、"基板上に配置した電磁抑制材による電磁ノイズ抑制効果と影響に関する研究"、信学論 B,vol.J94-B, no.12, pp.1576-1584, Dec. 2011.

12) Y. Kayano and H. Inoue, "Identifying EM Radiation from a Printed-Circuit Board Driven by Differential-Signaling" , Trans. JIEP, vol.3, no.1,pp.24-30, Dec. 2010.

13) Y. Kayano, K Mimura and H. Inoue, "Evaluation of Imbalance Component and EM Radiation Generated by an Asymmetrical Differential-Paired LinesStructure" , Trans. JIEP, vol.4, no.1, pp.6-16, Dec. 2011.

14) Y. Kayano and H. Inoue, "A Study on Imbalance Component and EM Radiation from Asymmetrical Differential-Paired Lines with U-Shape Bend Routing" , 信学技報 , EMCJ2012-75, Oct. 2012.

15) Y. Kayano, Y. Tsuda and H. Inoue, "Identifying EM Radiation from Asymmetrical Differential-Paired Lines with Equi-Distance Routing" , in Proc. IEEE International Symposium Electromagn. Compat., pp.311-316,

Pittsburgh, PA, USA, Aug. 2012.

16) Y. Kayano and H. Inoue, “Imbalance Component and EM Radiation from Differential-Paired Lines with Serpentine Equi-Distance Routing” , in Proc. IEEE International Symposium Electromagn. Compat., pp.359-364, Denver, CO, USA, Aug. 2013.

17) Y. Kayano, M. Tanaka, J.L. Drewniak and H. Inoue, “Common-Mode Current due to a Trace Near a PCB Edge and Its Suppression by a Guard Band” , IEEE Trans. Electromagn. Compat., vol.46, no.1, pp.46-53, Feb. 2004.

18) F. Xiao, K. Murano, M. Tayarani and Y. Kami, “Electromagnetic Emission from Edge Placed Differential Traces on Printed Circuit Board” , in Proc. Int. Symp. EMC, Sendai, pp.29-32, Jun. 2004

第5章

チップ・パッケージ・ボードの統合設計による電源変動抑制

芝浦工業大学　清重　翔
市村　航
須藤 俊夫

1．はじめに

CMOS LSI の高集積化・高速化および低電圧化に伴い、パワーインテグリティ（PI）を確保することの重要度が増してきた。従来、システムの電源供給網は、ボードやパッケージのインピーダンスだけを考えて議論され、LSI チップ自体のもつ電源インピーダンスは考慮されてこなかった。これはLSI チップの電源インピーダンスが公開されていないことが原因になっているが、LSI チップの電源インピーダンスを考慮すると、チップから観測される統合電源インピーダンスに反共振ピークが生じることが報告されている[1)]。これは単純化して言うと、パッケージのインダクタンスとチップのキャパシタンスの並列共振によって発生するもので、電源品質や不要電磁放射の元凶となる[2)-4)]。

一般的に共振回路を構成するキャパシタンス、インダクタンス、抵抗の３者を組み合わせると、振動領域、臨界制動領域、過制動領域のいずれが得られる。つまり、３者を適切に組み合わせて、臨界制動領域が得られるように制御すれば最も振動状態が抑えられることが知られている。具体的に、並列共振回路で臨界制動領域を得るための３者の組み合わせ方には、幾つか考えられるが、本研究では、チップ側の電源供給網を設計パラメータと考えて臨界制動条件を得ることに焦点を当てる。つまり、チップ・パッケージ・ボードの統合電源インピーダンスのダンピング係数をチップ側から適正化して、反共振ピークを制御することを目的とする。このとき反共振ピークはパッケージ外部からは観測することができないため、オンチップノイズモニタ回路を用いて、チップ内の電源網で発生した電源変動波形を観測する手法を用いる[5)-7)]。

本稿では、コア回路は同一で、電源網特性だけが異なる３種類のチップを設計し、電源網特性による電源ノイズの挙動を観測し抑制効果を調べた。またチップ、パッケージ、ボード、それぞれの電源インピーダンスを解析ツールを使って求めると共に、それらを実測して整合性を検証し、さらにチップから見た統合電源インピーダンスの反共振ピークを実測及び解析で再現した。

2．統合電源インピーダンスと臨界制動条件

図5.1にチップ、パッケージ、ボードの電源供給系の模式図を、図5.2に簡易等価回路を示す。この簡易等価回路において Zpcb(ω) が十分小さく設計されていると仮定すると、この回路に流れる電流 i(t) の自由

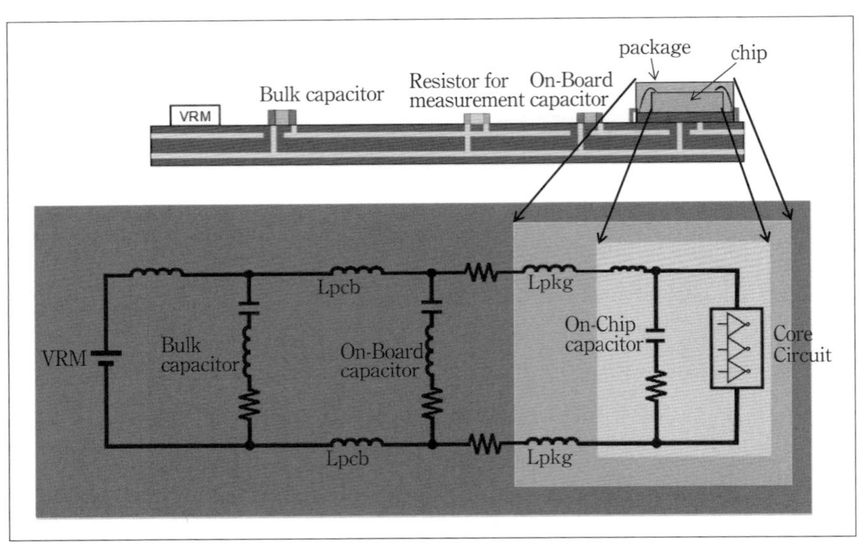

〔図5.1〕システム全体の電源供給網の模式図

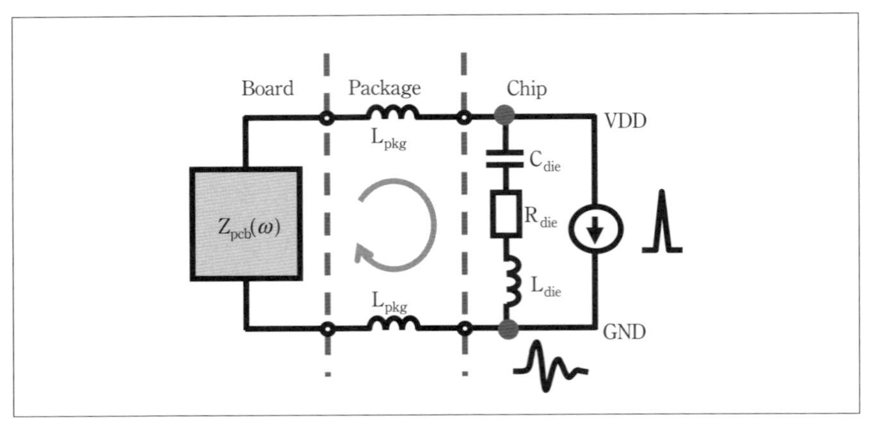

〔図5.2〕電源供給網の簡易等価回路

振動の一般解は、以下の式から求められる。

$$L\frac{di}{dt}+Ri+\frac{1}{C}\int idt=0$$

この式を微分して変形すると、以下のようになる。

$$\frac{d^2i}{dt^2}+2\alpha\frac{di}{dt}+\frac{1}{LC}i=0$$

このRLC回路の2階微分方程式は電流に関して直列共振回路を形成するが、R,L,C素子の組合せにより、振動領域、臨界制動、過制動領域と3領域をもつ。ただし、チップの電源-GND側から見ると並列共振となることに注意が必要である。

ここで、$L \cong L_{loop}=2L_{pkg}$, $C=C_{die}$, $R=R_{die}$とし、ω_nを無損失時の共振周波数、ζをダンピング係数とし、

$$\alpha=\frac{R}{2L} \quad \zeta=\frac{R}{2}\sqrt{\frac{C}{L}} \quad \omega_n=\frac{1}{\sqrt{LC}} \quad \omega_0=\omega_n\sqrt{1-\zeta^2}$$

とおくと、典型的な振動領域のリンギング波形は次式で表される。

$$i(t)=Ae^{-\alpha t}\cos(\omega_0 t+\delta)$$

図5.2の簡易等価回路から求まるチップ側から見た統合電源インピーダンス特性を図5.3に示す。この統合電源インピーダンスには反共振ピークが生じ、主にチップ内のキャパシタンスC_{die}と抵抗R_{die}、パッケージのインダクタンスL_{loop}の値によって決まる並列共振によって起こる。この時の反共振周波数ω_0は以下のようになる。

$$\omega_0=\frac{1}{\sqrt{L_{loop}C_{die_n}}}\sqrt{1-\zeta^2}$$

図5.4はR_{die}を一定とし、C_{die}、L_{loop}の値を変化させた時のダンピング係数の値とそれに対応する領域を示す。一般に、臨界制動領域はζ=1

とされているが、ここでは、臨界制動条件を下記のように幅を持たせて定義するものとする。

$$\zeta \approx \frac{R_{die}}{2}\sqrt{\frac{C_{die}}{L_{loop}}} = 0.7 \sim 1$$

ここで、$L_{loop} \approx 2L_{pkg}$ である。例として図 5.4 に R_{die} を 1Ω としたとき、

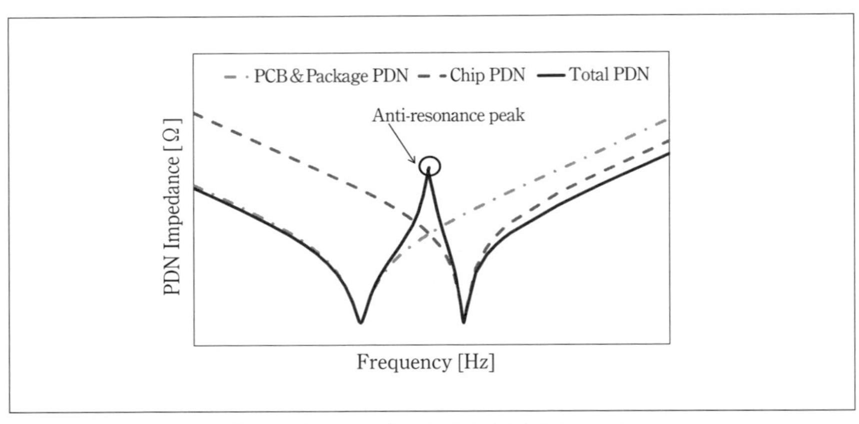

〔図 5.3〕チップから見た反共振ピーク

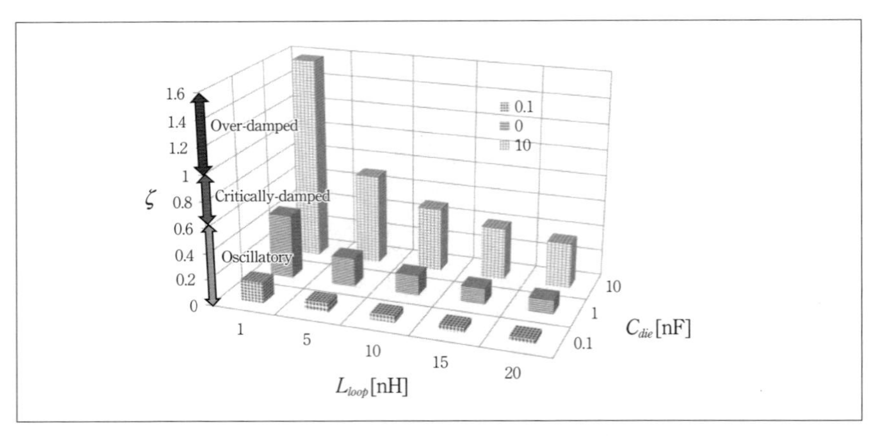

〔図 5.4〕抵抗 R_{die} を 1Ω としたときの L_{loop} と C_{die} の組合せによるダンピング係数の変化と領域

L_{loop} と C_{die} の組み合わせによって、ダンピング係数がどのように変化するかを示す。上記の条件を満たすと、臨界制動領域を得ることができることが分かる。

なお、パッケージのインダクタンス L_{loop} は、端子自身の自己インダクタンスが元になるが、実装時の実効インダクタンスは電源/GND ピンの本数によって変化させることができる。

3．評価チップの概要

図 5.5 は 0.18μm CMOS プロセスを使用して設計した評価チップの回路配置図である。チップサイズは 2.5×2.5 mm である。図 5.6 (a) にインパルス状のノイズ源となる貫通電流ノイズ発生回路（STNG: shoot-through noise generator）を示す。この貫通電流ノイズ発生回路は 256 段から 4096 段までの可変の駆動能力を持つものを設計し配置した。次に、図 5.6 (b) にオンチップノイズモニタ回路を示す。このモニタ回路は CMOS バッファ回路を使ったもので、外部信号により、VDD 側ノイズを観測するか、GND 側ノイズを観測するかを設定できる。オンチップノイズモニタ回路の出力が High 固定の場合 VDD 側が観測でき、Low 固

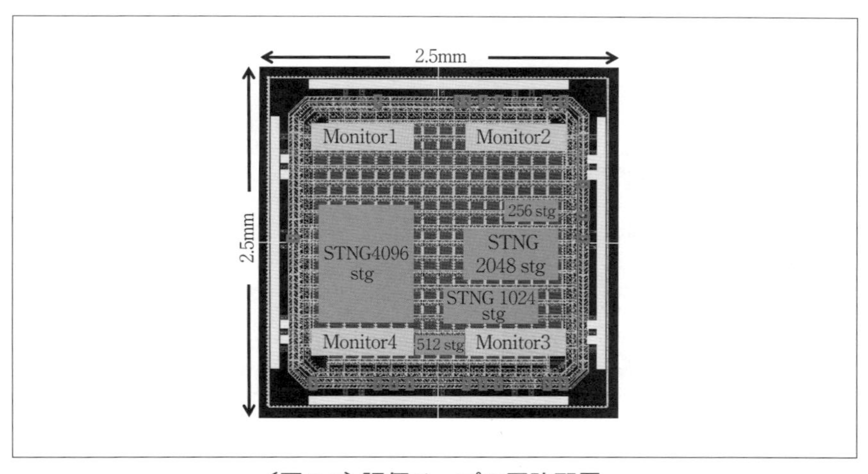

〔図 5.5〕評価チップの回路配置

定の場合GND側のノイズが観測できる。このノイズモニタ回路をチップの4つのコーナに配置した。

評価チップは、コア回路自体は全て同一で、電源網特性のみが異なるものを3チップ設計した。図5.7 (b) はチップ電源網のレイアウト図の一部を示したもので、チップの電源網におけるキャパシタセルはMIM(Metal-Insulator-Metal) 構造を4層と5層間で構成し、抵抗セルはポリシリコンプロセスを用いて作製した。電源網の等価回路は、図5.8のように、RC直列回路 (R_{add} と C_{add}) を、元々持っている電源網 (R_{itr} と

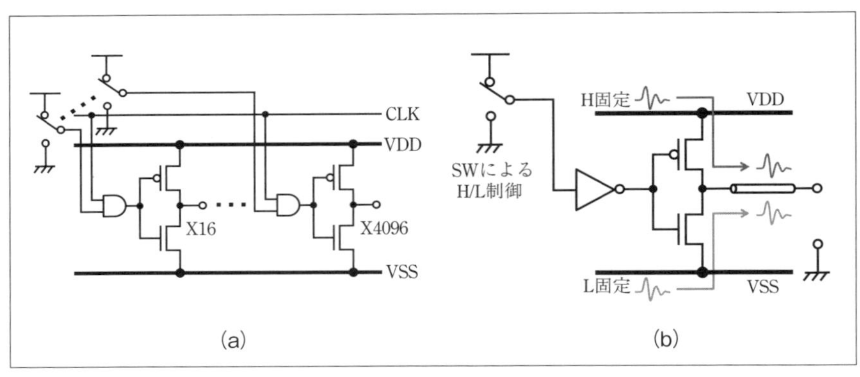

〔図5.6〕貫通電流ノイズ発生回路 (a) とノイズモニタ回路 (b)

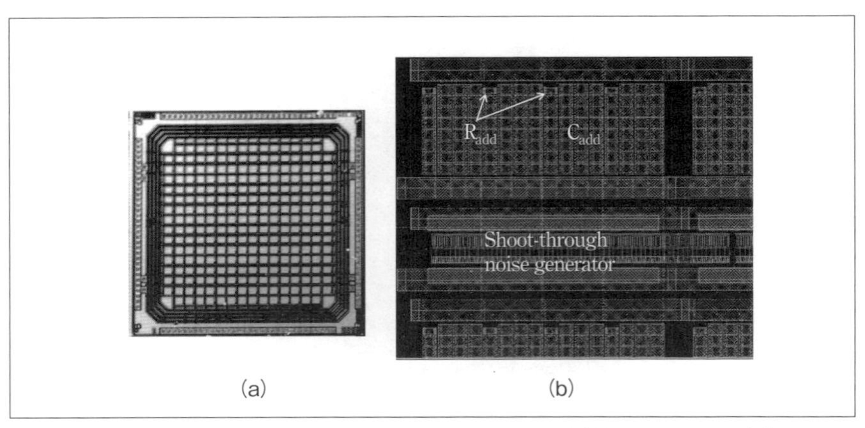

〔図5.7〕チップ写真 (a) と付加キャパシタと抵抗レイアウト (b)

C_{itr}）に並列に付加した構成となっている。

図 5.9 に今回作製した3つの評価チップの電源網の特徴を示す。RC回路が全く付加されていないAチップは振動領域にあると予想され、Bチップは C_{add} のみを付加し、Cチップには C_{add} と R_{add} を付加して臨界制動領域を意図したものである。

４．パッケージ、ボードの構成

図 5.10 に評価ボードの外観、図 5.11 に評価ボードの中央に実装された評価チップを封止した 80 ピンの QFP を示す。評価基板は4層構成で、大きさは 195.6mm × 147.3mm である。QFP は 13mm 角のセラミックパッケージである。

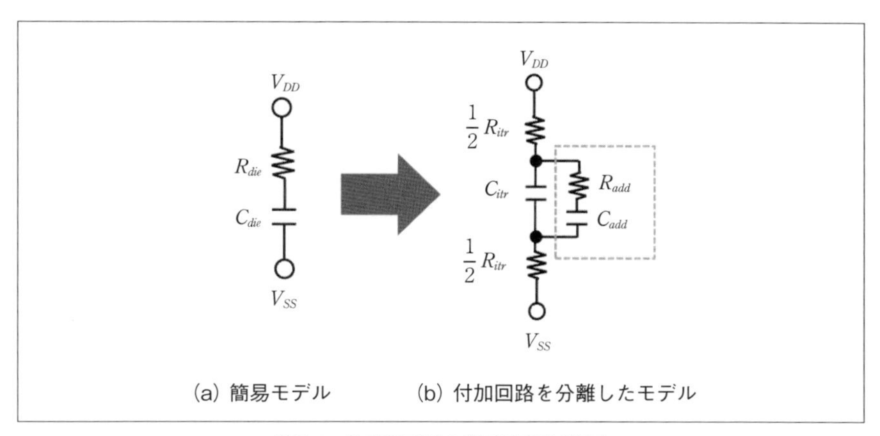

〔図 5.8〕電源網の等価回路簡易

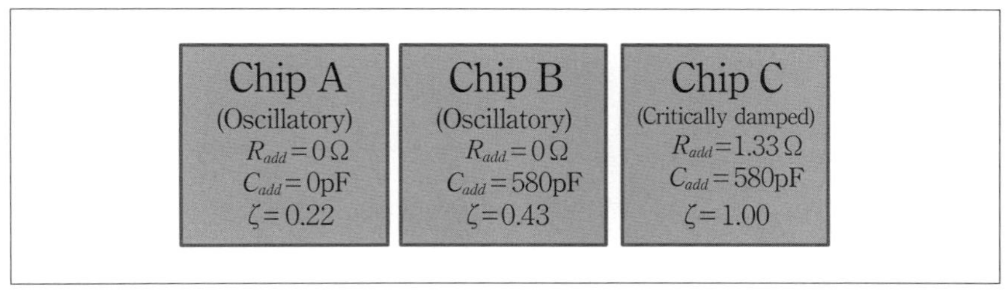

〔図 5.9〕電源網の異なる3チップ

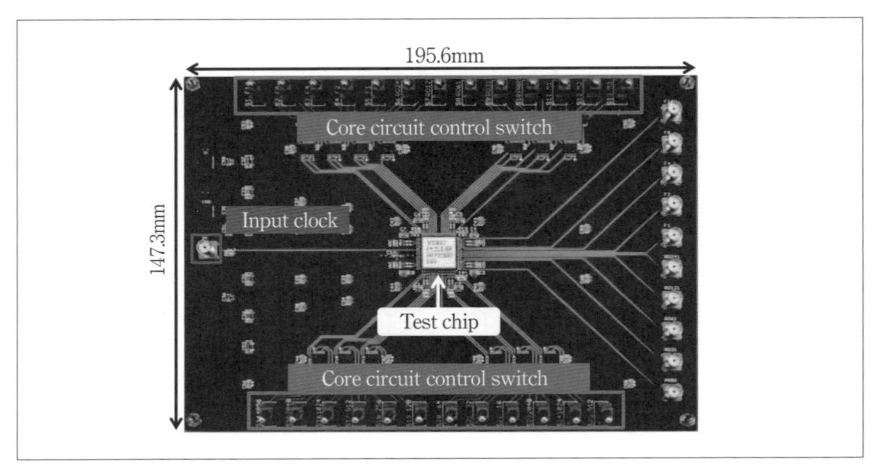

〔図 5.10〕評価ボードの外観

〔図 5.11〕リッドを開封した状態の 80 ピン QFP

5．チップ・パッケージ・ボードの統合解析

5－1　電源網全体の解析フロー

図5.12に統合解析フローを示す。最初にボード、パッケージ、チップをそれぞれに特化した解析ツールを用いて電源インピーダンスを解析し、それらをHSPICE上で統合し、システム全体の統合電源インピーダンスを求めた。次に過渡解析を行い、テストチップ内の貫通電流ノイズ発生回路が駆動されたときにチップに生じる電源ノイズを求めた。ここでは駆動周波数を10MHzとし、1024段の貫通電流ノイズ発生回路を駆動させた条件で解析を行った。

5－2　ボードの電源網解析モデル

導体4層構成のテストボードを、SIwave (ANSYS Corp) を用いてモデル化し、チップ中央に配置したテストチップ側から見たコア回路網の電源インピーダンスを求めた（図5.13）。なお電源網のインピーダンス解析にはボードに実装されたデカップリング用チップキャパシタを含めている。右上がりの特性からボードの等価的なインダクタンスは0.88nHと読み取ることができる。

5－3　パッケージの電源網解析モデル

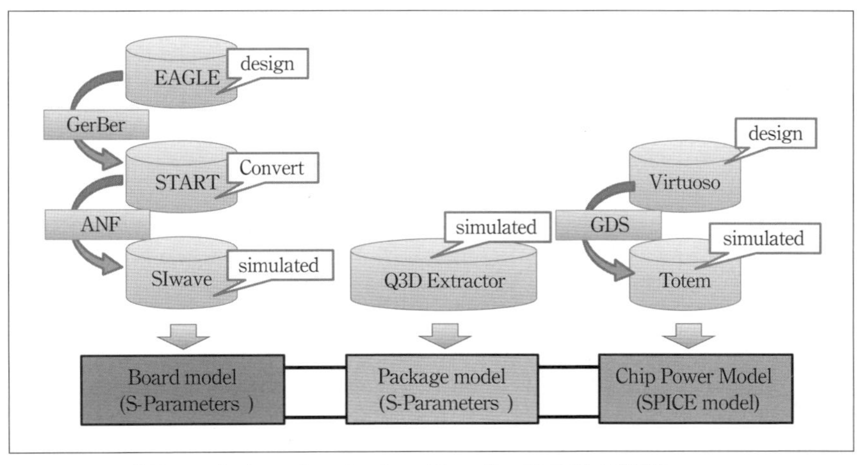

〔図5.12〕チップ・パッケージ・ボードの統合解析フロー

次に、QFP を Q3D (ANSYS Corp) を用いてボンディングワイヤも含めてモデル化し、電源 -GND リード間のインピーダンスを求めた（図 5.14）。パッケージの１ペアの電源 -GND から見たループインダクタンスは 8.35 nH であった。また図 5.14（b）で見られる反共振は、パッケージリードフレームの浮遊容量の影響である。この値を解析上で求めると約 0.1pF であった。

５－４　チップの電源解析モデル

テストチップの電源解析には Totem (Apache Design Solutions) を用い

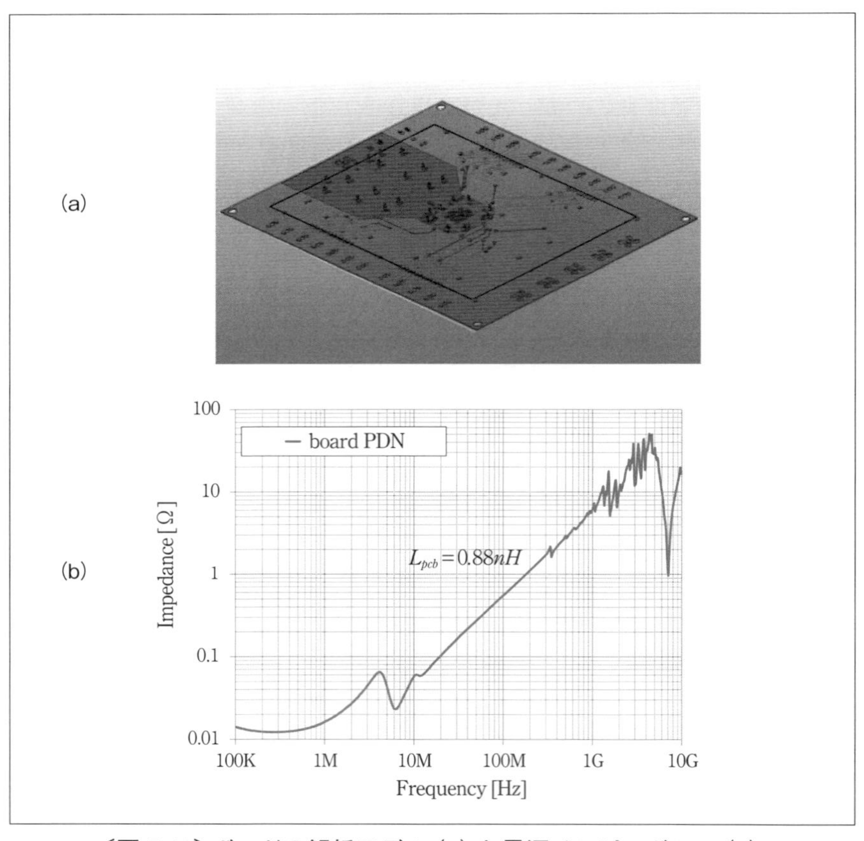

〔図 5.13〕ボードの解析モデル（a）と電源インピーダンス（b）

た。チップの電源インピーダンスは、GDS ファイルからレイアウト情報を読み取り、寄生パラメータを抽出することによって求めた。図 5.15 に解析したチップのレイアウト図、図 5.16 に 3 種のチップの電源インピーダンスを示す。また、ノイズ源のモデルは、電源に接続している各トランジスタの SPICE モデルを解析して、その結果を電流源として用いて電源ノイズ波形を求めた。

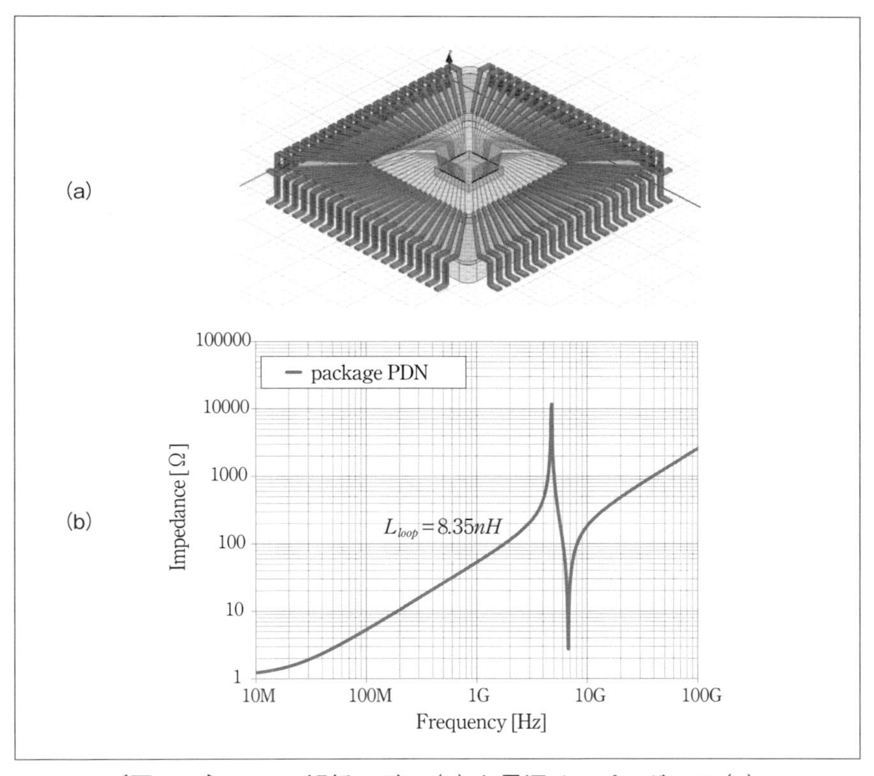

〔図 5.14〕QFP の解析モデル (a) と電源インピーダンス (b)

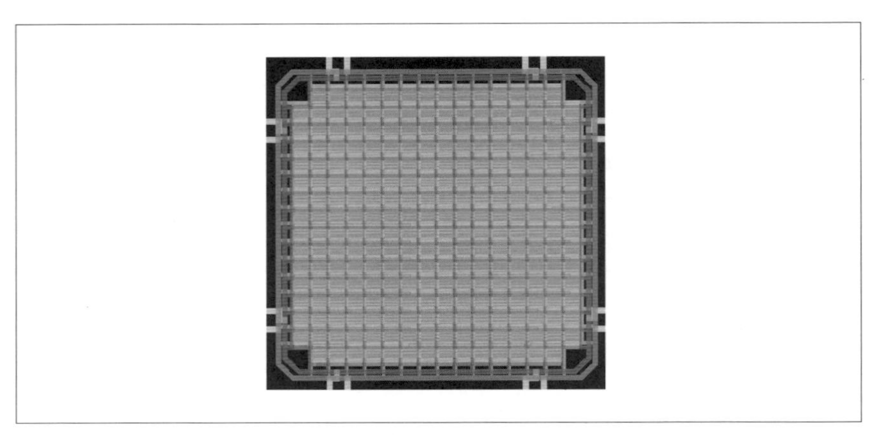

〔図 5.15〕チップ電源網解析レイアウト図

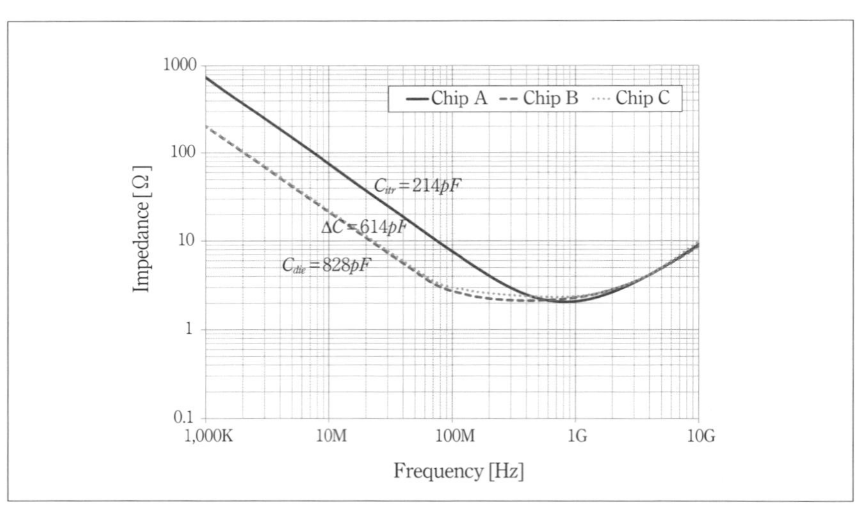

〔図 5.16〕3 チップ電源網のインピーダンスの解析結果

6. 電源ノイズの測定と解析結果

6－1　電源ノイズの評価

電源ノイズの測定は、ディジタルオシロスコープ（Agilent DSO90254S）を使用し、オンチップノイズモニタ回路の出力端子に差動プローブ（Agilent 1131A）を当てて行った。図 5.17 は 1024 段の貫通ノイズ発生回路を 10MHz で動作させたとき、VDD 側の電源ノイズを示す。実線は測定波形、破線は解析波形である。図 5.17 (a) は A チップ、(b) は B チップ、(c) は C チップである。A チップでは大きなリンギング波形が生じており、キャパシタのみを付加した B チップではノイズピーク値は大きく低減できたが、リンギングは残っていることが分かる。臨界制動領域を意図した C チップではピーク値は少し大きくなったものの、リンギングは抑えられ、尾引きが抑えられていることが分かる。また実測結果と解析結果は良く一致していることが分かる。

また各チップの実測から求めたピーク - ピーク値と整定時間を比較したものを図 5.18 に示す。整定時間とは電圧変動が 1% 以内に落ち着くまでの時間である。ピーク - ピーク値では、B チップ（振動領域）が最も電源ノイズを低減できていたが、整定時間も考慮すると、臨界制動領域とした C チップが最もノイズ低減効果があったといえる。

6－2　電源ノイズの周波数スペクトラム

図 5.17 で測定した電源ノイズ波形を FFT を用いて周波数スペクトラムを求めた。図 5.19 に 3 チップの測定した電源波形の周波数スペクトラムを示す。それぞれのスペクトラムのピーク周波数をみると、A チップは 218MHz、B チップは 120MHz、C チップは 140MHz であった。スペクトラムピーク値は、臨界制動領域とみなされる C チップが最も小さくなっていることが分かった。

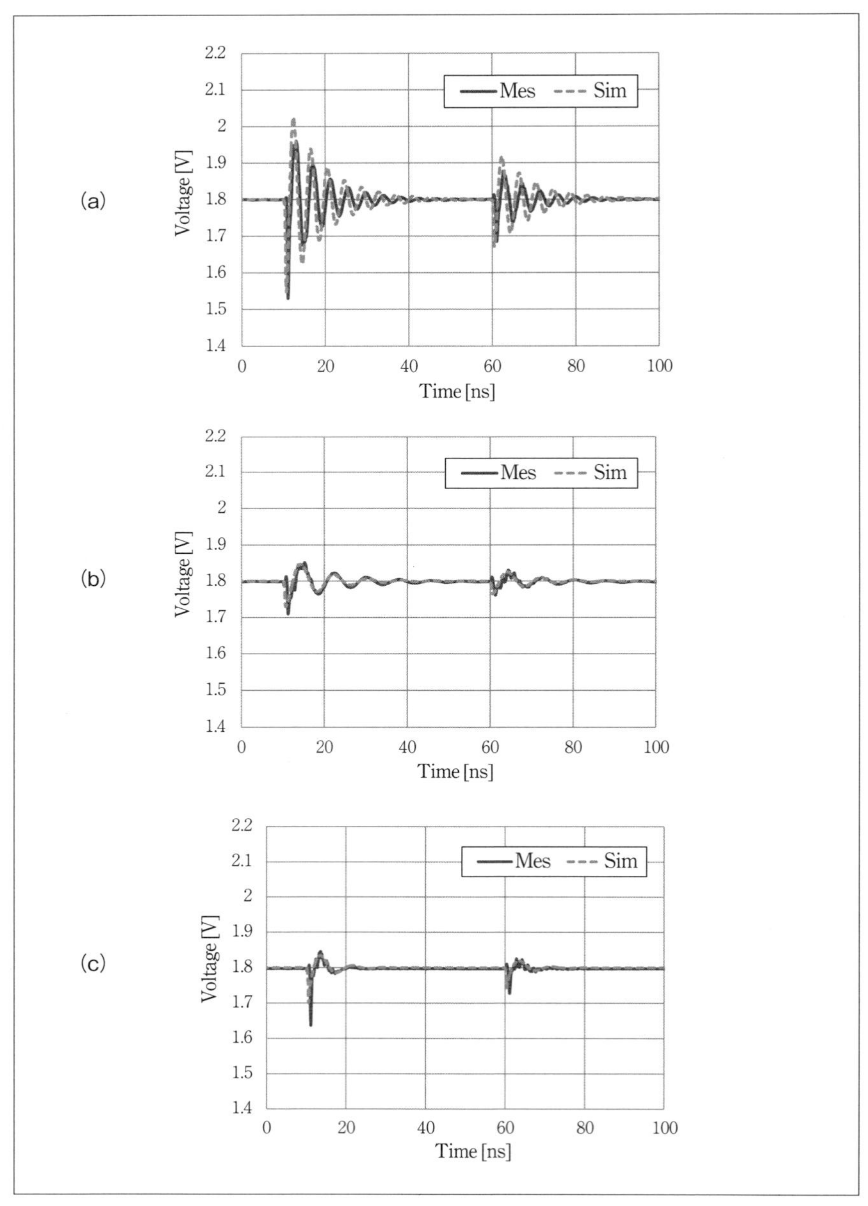

〔図 5.17〕3 チップの電源ノイズの測定と解析結果

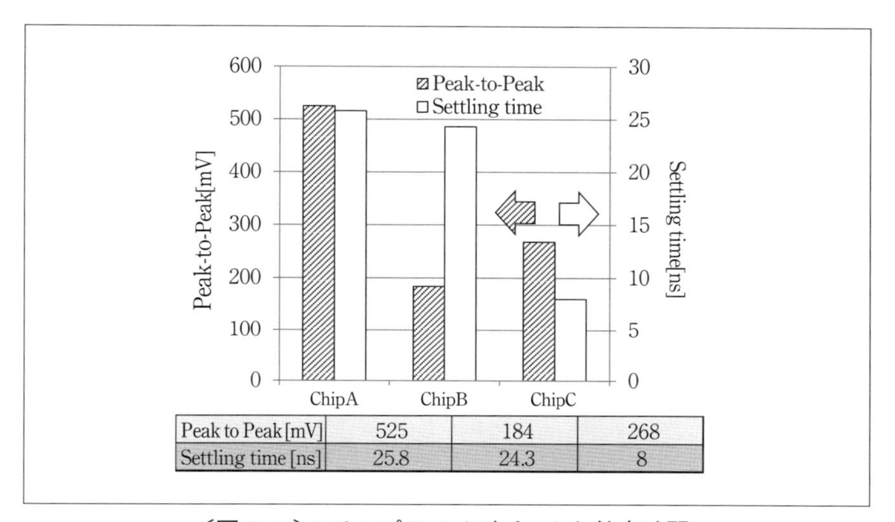

	ChipA	ChipB	ChipC
Peak to Peak [mV]	525	184	268
Settling time [ns]	25.8	24.3	8

〔図 5.18〕3 チップのノイズピークと整定時間

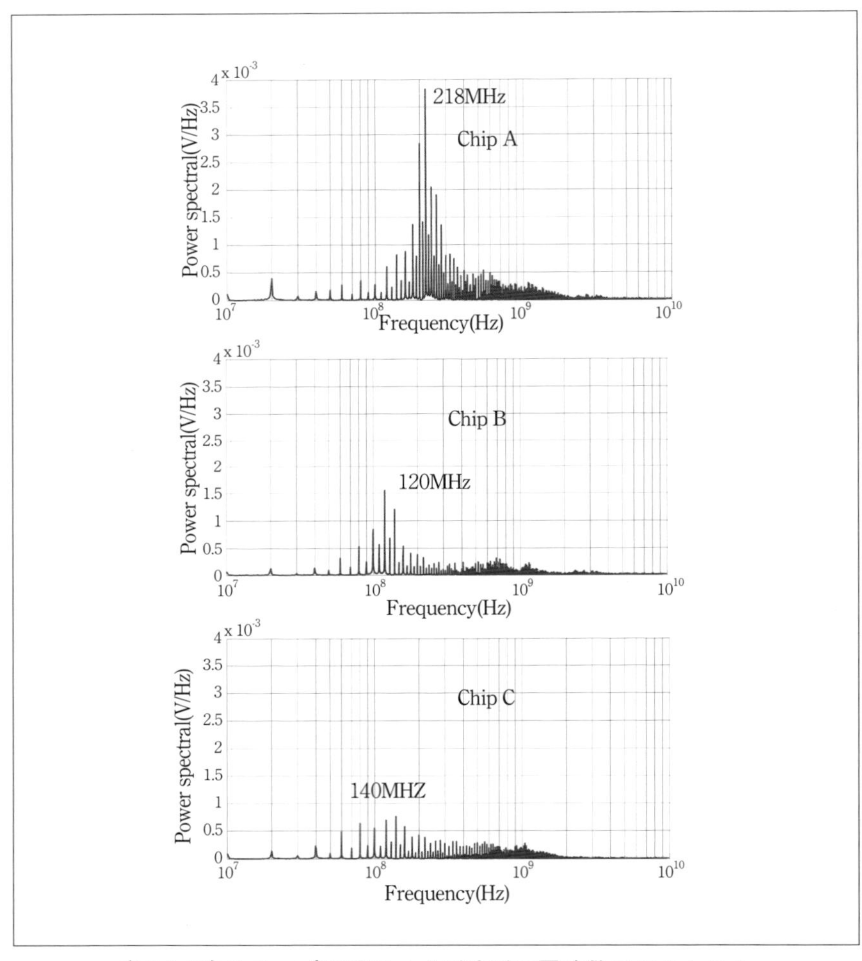

〔図 5.19〕3 チップの電源ノイズ波形の周波数スペクトラム

7. 電源インピーダンスの測定と解析結果

チップ単体の電源インピーダンスは、ベクトルネットワークアナライザ（Agilent8510C）を使用して図 5.20 に示すように高周波プローブ（Cascade）を直接当てて測定した。図 5.21 はベアチップ単体の電源インピーダンスの測定結果である。この右下がり特性からそれぞれの容量が

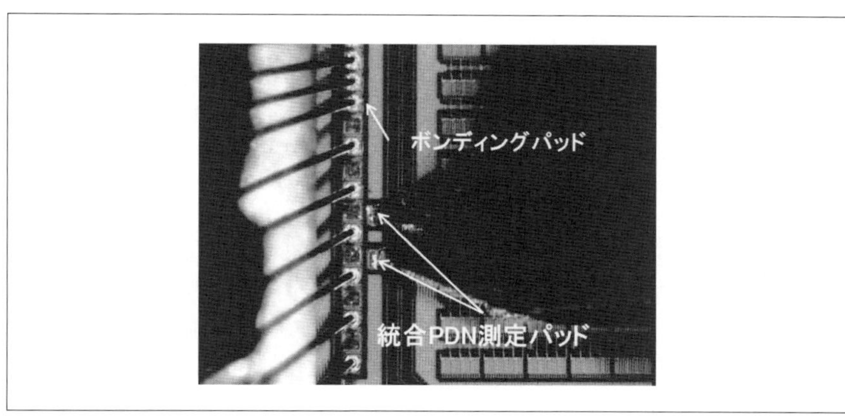

〔図 5.20〕オンチップ PDN の測定

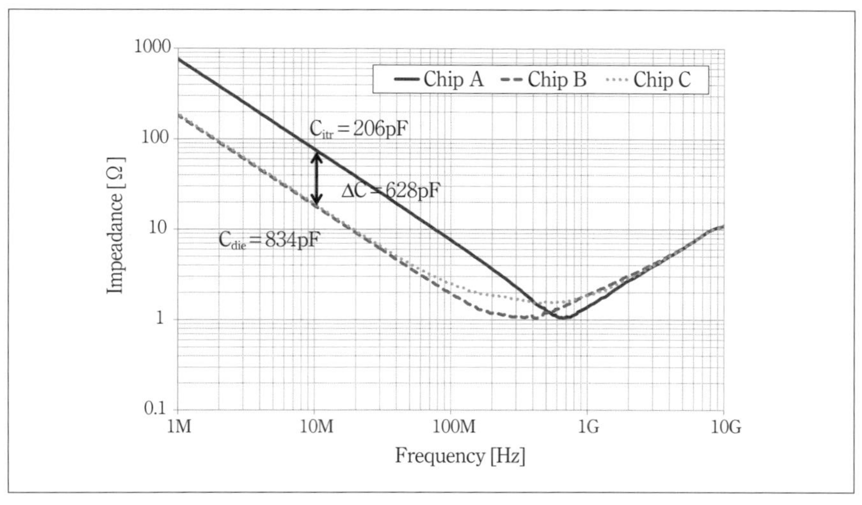

〔図 5.21〕3 種のベアチップ PDN の測定結果

求められる。意図した容量を形成していないAチップ（振動領域）の容量値は206pFで、B、Cチップの容量値はほぼ等しく834pFで、その間の容量差は628pFであった。これは意図的に付加した容量の設計値580pFより高い結果であった。また抵抗値の付加したCチップでは、A、Bチップのインピーダンスの底値が約1Ωに対して、1.6Ωに大きくなっていることが分かる。次に、図5.22に直接チップの電源網パッドに直接コンタクトして測定した統合電源インピーダンスを示す。この測定から、統合電源インピーダンスには確かに反共振ピークが観測されることを明らかにした。チップAの反共振ピーク周波数は230MHz、チップBでは124MHz、チップCでは104MHzであることが分かった。これは図5.19の電源ノイズ波形のスペクトラムピーク周波数とほぼ一致していると言える。図5.23は、第5節の個々の解析から得られた電源インピーダンスを合成して得られた統合インピーダンスの解析結果である。この解析結果から得られた反共振ピークについても、概ね図5.23のピーク値と相関が得られた。

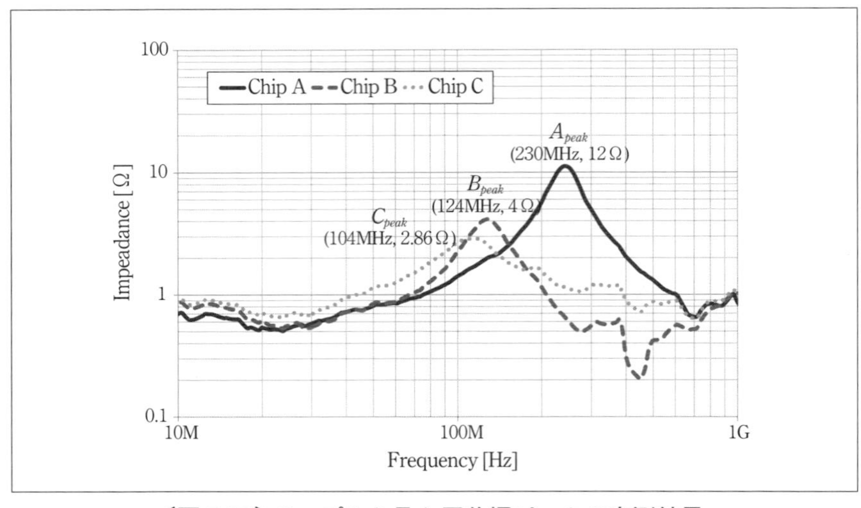

〔図5.22〕チップから見た反共振ピークの実測結果

８．まとめ

オンチップの電源インピーダンスが異なる３種類のチップを設計し、それぞれの電源インピーダンスの違いが電源ノイズに及ぼす影響を調べた。３チップの電源ノイズを比較すると、A、Bチップではリンギングが観測されていたが、臨界制動領域を意図したCチップではリンギングが抑えられ、電源ノイズピークが最も低減できることを明らかにした。またチップ・パッケージ・ボードの統合解析により、電源ノイズ波形を解析した結果は実測の波形と良く一致した。

さらに観測の難しい統合電源インピーダンスに生じる反共振ピークを、ベアチップに直接プローブをコンタクトして実測し、確かに反共振が生じていることを検証した。また実測と解析から求めた反共振ピークは互いにほぼ合致する結果が得られ、統合解析手法が反共振ピークを予測するために有効なことを示した。

謝辞

本研究は、半導体理工学研究所（STARC）のサポートにより実施され

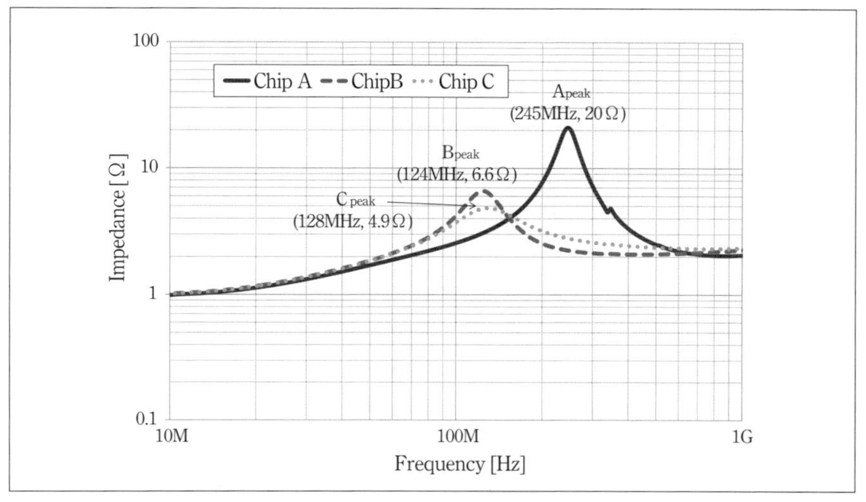

〔図 5.23〕解析から合成した反共振ピーク

た。活発な議論と助言を頂いた客員研究員の方々に感謝します。

参考文献

1) M. Swaminathan and A. Ege Engin, "Power Integrity Modeling for Semiconductors and Systems," Prentice Hall, 2007.

2) W. Kim, "Estimation of Simultaneous Switching Noise From Frequency-Domain Impedance Response of Resonant Power Distribution Networks," IEEE Trans. on CPMT, vol.1 no, pp.1359-1367, Sept. 2011.

3) P. Larsson, "Resonance and Damping in CMOS Circuits with On-Chip Decoupling Capacitance," IEEE Trans, on Circuits and Systems-I, vol.45, no.8, pp.849-858, Aug. 1998.

4) T. J. Gabara, W. C. Fischer, J. Harrington, and W. W. Troutman, "Forming Damped LRC Parasitic Circuits in Simultaneously Switched CMOS Output Buffers," IEEE J.　Solid-State Circuits, vol. 32, pp.407-418, March 1997.

5) Y. Uematsu, H. Osaka, M. Yagyu, and T. Saito, "Impulse response of on-chip power supply networks under varing conditions," Proc. of IEEE CPMT Symposium Japan, pp. 97-100, 2010.

6) H. Hashida and M. Nagata, "On-chip Waveform Capture and Diagnosis of Power Delivery in SoC Integration," Digest of VLSI Circuits Symposium, pp.　121-122, 2010.

7) 須藤俊夫 , "チップ , 半導体パッケージ給電特性の同時スイッチングノイズ、放射ノイズへの影響度評価 ," 電子情報通信学会論文誌 vol. J89-C, no.7, pp.429-439, July, 2006.

第6章

EMIシミュレーションとノイズ波源としてのLSIモデルの検証

富士通VLSI株式会社　山本 浦瑠那

1．はじめに

トランジスタの微細化プロセス技術の進展に伴い、近年の電気・電子機器はめざましい性能向上を遂げている。ただし、機器の性能向上に反して、EMCの品質は低下する傾向にある。表6.1に示すように、機器の動作周波数の高速化は、高周波電流の増加を招き、EMI（エミッション）品質を低下させる。また、小型化に伴う多機能・高集積化はノイズ電流密度の増加を招き、同じくEMI品質の低下につながる。さらに、省エネルギー化のため低電圧動作とすることは外来ノイズ耐性の低下を招き、EMS（イミュニティ）品質が低下する。

一方で、EMCに関する規格や国内外の規制も厳しくなってきており、電気・電子機器だけでなく、機器への搭載部品であるLSIに対しても、IEC（International Electro-technical Commission）の中で上限周波数の拡張や新規規格の審議が進められている。IECで国際標準化された規格は、各国が定めるEMC規格に引用され、製品に対する規制となる。

電気・電子機器メーカは、製品を出荷する相手国が定めるEMC規制を満たした製品開発を行う必要がある。そのため設計初期段階からのEMC対策が重要であり、対策効果を事前に、定量的に把握する手段として、EMCシミュレーションが活用されている。

本稿では、EMC対策とシミュレーションの活用事例、EMCシミュレーションにおけるノイズ波源モデルの重要性について述べる。さらに、EMCシミュレーションの中でも特にEMIに関して、ノイズ源となるLSIのモデリング方法、ノイズ源の種類やLSIの動作パターンがEMIシミュレーション精度に与える影響について詳述する。

〔表6.1〕電気・電子機器の性能向上とEMCの関係

機器の性能		実現方法		EMC品質への影響
高速動作	⇒	動作周波数の高速化	⇒	高周波電流の増加 (EMI品質の低下)
小型化	⇒	多機能・高集積化	⇒	電流密度の増加 (EMI品質の低下)
省エネルギー化	⇒	低電圧化	⇒	外来ノイズ耐性の低下 (EMS品質の低下)

2．EMCシミュレーションの活用

2－1　EMC対策とシミュレーションの活用

EMC対策には、LSI内部への作り込みによる対策と、個別部品による対策がある。

LSI内部への対策としては、複数の回路ブロックに供給するクロックに意図的にスキューを付けることで、瞬間的に流れる電源電流を分散する手法や、外来ノイズに対して特にケアが必要なリセット系信号に対して挿入するフィルタ回路などが挙げられる。

個別部品による対策としては、LSIが搭載されるボードに実装されるコンデンサや抵抗部品、クロック周波数をゆっくりと変動させることでエネルギーを分散させるSSCG（Spread Spectrum Clock Generator）[1)]などがある。

このようなEMC対策の効果を定量的に把握するには、シミュレーションが有効である。

図6.1は、DDR2 Interface電源の安定化に必要なLSI近傍のコンデンサ（0.1uF）の個数を検討する際に、シミュレーションを適用した事例であり、図6.1（a）はLSIとDDR2-SDRAMの概略配置を、図6.1（b）～（d）は、シミュレーション結果を示す。図6.1（b）はコンデンサ搭載数を最大搭載可能数から削減していった際の電源インピーダンスの推移を、独自の計算手法により、電源品質という指標で示した結果である。図6.1（c）と（d）は、そのときの電源ノイズとEMI（3m遠方界）ノイズを確認した結果を示す。この例では、コンデンサ搭載数を最大搭載可能数の25%に削減することができた。

このように、シミュレーションを活用することで製造前に最適・最良な対策法を検討でき、その結果として製品の早期市場投入や対策部品コスト削減を実現できる。

2－2　ノイズ波源モデルの重要性

EMIシミュレーションを実行するためには、EMIノイズ源となるLSIのモデル（以降、ノイズ波源モデルと記載する）と、それを供給電力として外部へ放射、または伝導するアンテナモデルが必要である。後者のアンテナモデルに関しては、これまでにも多くの研究機関などで議論がなされており、すでにシミュレーションの運用レベルに達しているとの認識である[2)]。しかし前者のノイズ波源モデルに関しては、現在でも活発な議論がなされている状況であり、IEC の TC47/SC47A/WG2 が主体となって検討を進めている（日本ではJEITA 半導体EMC サブコミッティが主導している）[3)]。

ノイズ波源モデル自身の精度を上げることは、EMI シミュレーションの精度向上に不可欠である。今回、複数のノイズ波源モデルを用意し、それらがEMI シミュレーション精度に与える影響を検証したので、以下で詳述する。

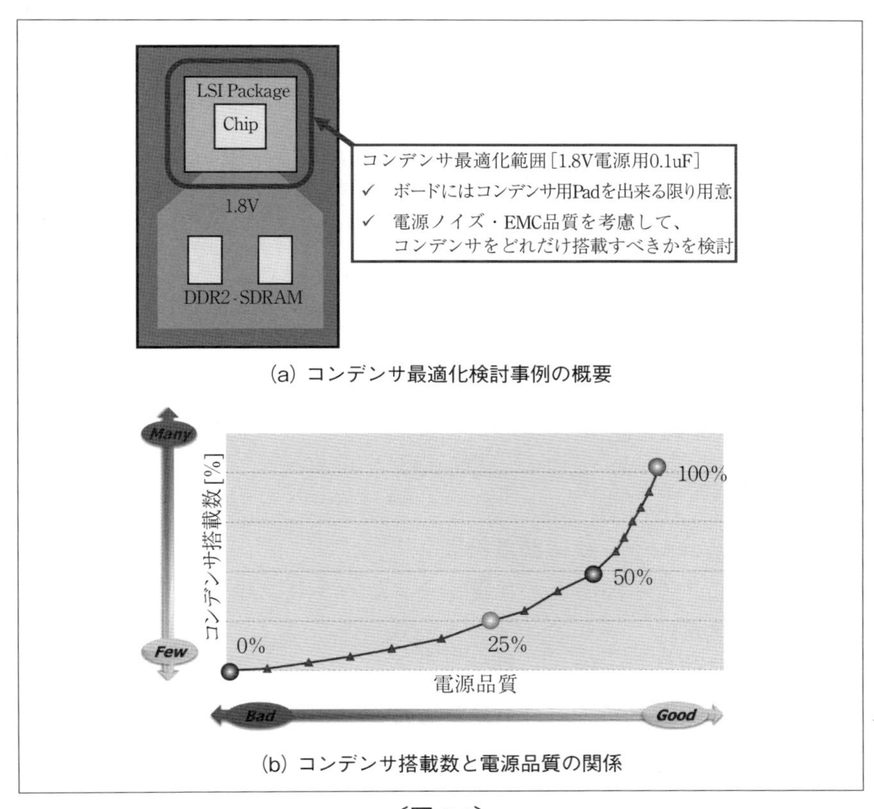

(a) コンデンサ最適化検討事例の概要

(b) コンデンサ搭載数と電源品質の関係

〔図 6.1〕

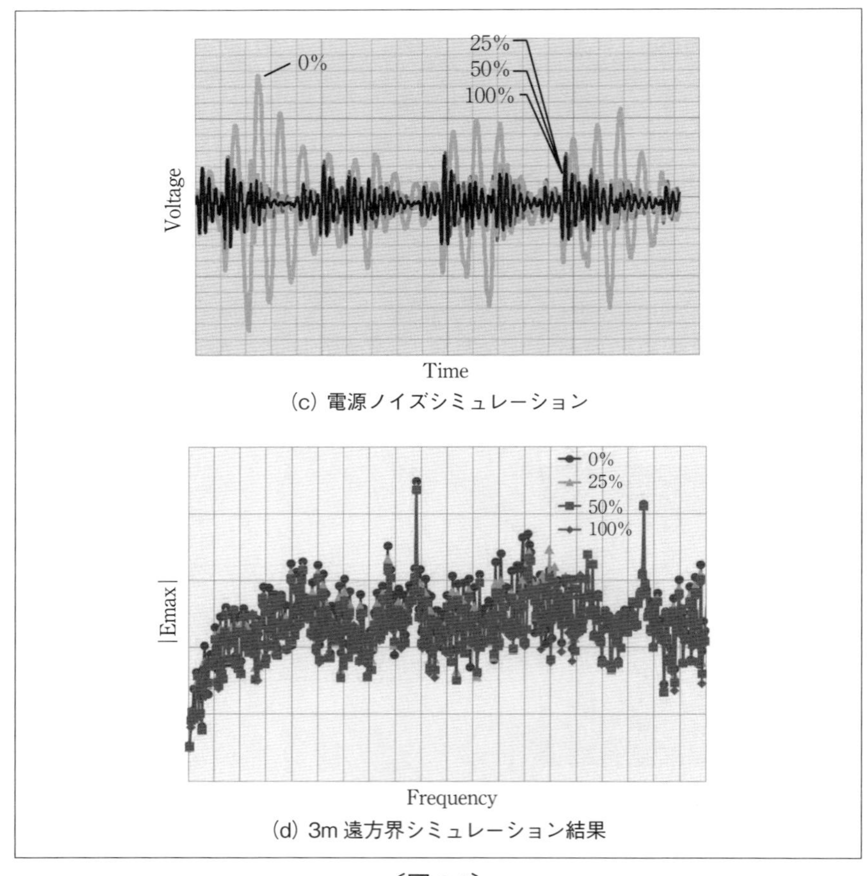

(c) 電源ノイズシミュレーション

(d) 3m遠方界シミュレーション結果

〔図6.1〕

3．EMIシミュレーション精度検証

ここでは、ノイズ波源モデルがシミュレーション精度に与える影響について検証する。

3－1　検証項目・内容

検証項目には以下の2項目を設定した。

項目①：ノイズ源の種類

項目②：波源作成時の動作パターン

項目①はノイズ波源モデルに考慮されるべきノイズ源の種類であり、ここでは電源および信号の2種類について、影響の度合いを検証する。

項目②はノイズ波源モデル作成時に想定するLSIの動作パターンであり、パターンの内容および長さの影響を検証する。

検証は､実測とシミュレーションの相関調査により進める。まず電源、信号に対して、初期条件として設定した動作パターンを与えてノイズ波源モデルを作成し、それを使用して得られたシミュレーション結果と実測結果を比較する。比較の結果現れる誤差に対して、上記2項目の視点で考察するという流れで検証を進める。

本検証では富士通セミコンダクター社製のLSIを使用した。このLSIに搭載されている主な外部Interface回路はDDR2とLVCMOSであり、DDR Interfaceの転送レートは333Mbpsである。また、検証時は実際の製品動作時よりも内部回路をより活性化して、ノイズが出やすい状態としている。

評価指標には3m遠方界を採用し、周波数範囲は30MHz～1GHzとした。なお、放射の分析をできるだけ簡単化するため、放射ノイズの観測対象はLSIのみとしている。言い換えると、評価ボードの信号配線や基板端、周辺デバイスなどからの放射は測定されないような仕組みを取り入れている。この具体的な方法については、以降の実測およびシミュレーション条件の中で説明する。

3－2　実測条件

実測時には、LSI単体の放射を観測するため、シールドボックスを使用した。図6.2はシールドボックスを使用した3m遠方界の測定風景を示す。

シールドボックスの上部には、評価ボードを取りつけるための開口部があり、評価ボードをシールドボックス内部から、LSIが外側を向くように固定する。LSIを動作させるのに必要な周辺機器類もすべてシールドボックス内に収める。

図6.3はシールドボックス上部に固定した評価ボード部を示す。評価ボードはIEC 61967-2 TEM-Cell法[4]に準拠して作成した。TEM-Cell法ボードのLSI実装面は全面GNDプレーンで、信号配線は内層または裏面

で配線している。またLSI以外の実装部品はすべて裏面に実装されている。この評価ボードをシールドボックス内部からLSI実装面を外側に向けて取り付けることで、LSI単体の放射を観測可能になる。

測定に使用したアンテナはバイログアンテナであり、上下1～2mの範囲で動かし、水平・垂直偏波成分を測定した。また、放射電界の最大値の測定漏れを防ぐため、ターンテーブルは2回転させている。

3－3　シミュレーション条件

図6.4はシミュレーションフローを示す。

シミュレーションにはCadence社PowerSIを使用した。PowerSIで

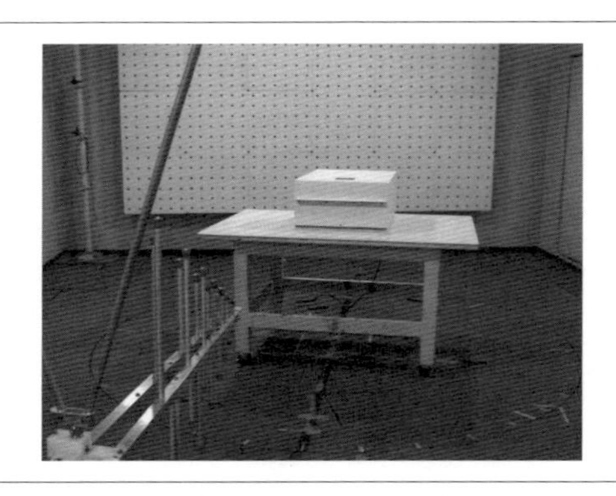

〔図6.2〕3m遠方界の測定風景

〔図6.3〕評価ボード取り付け部

EMIシミュレーションを実行するための入力データは、Chipモデルと LSI Packageおよび評価ボードのCADデータである。Chipモデルがノイズ波源となり、LSI Packageと評価ボードが放射アンテナとなる。

なお、今回は実測条件と合わせるために評価ボードからの放射は観測対象から除外し、LSIからの放射のみを観測した。

3－3－1　Chipモデル

図6.5はChipモデルの概略図を示す。ChipモデルはCORE電源と、DDRおよびLVCMOSの電源・信号で構成される。

CORE電源は、Chip内部の電源網をモデル化したLCR Networkと内部回路の動作電流をモデル化した電流源で構成される。

DDRおよびLVCMOSの電源・信号は、電源網をモデル化したLCR NetworkとIOモデルで表現する。ただし、PowerSIは周波数軸の解析ツールであり、時間軸でのふるまいを特性化したIOモデルは直接取り扱うことができないため、今回は事前にIOモデルを使ったSPICEシミュ

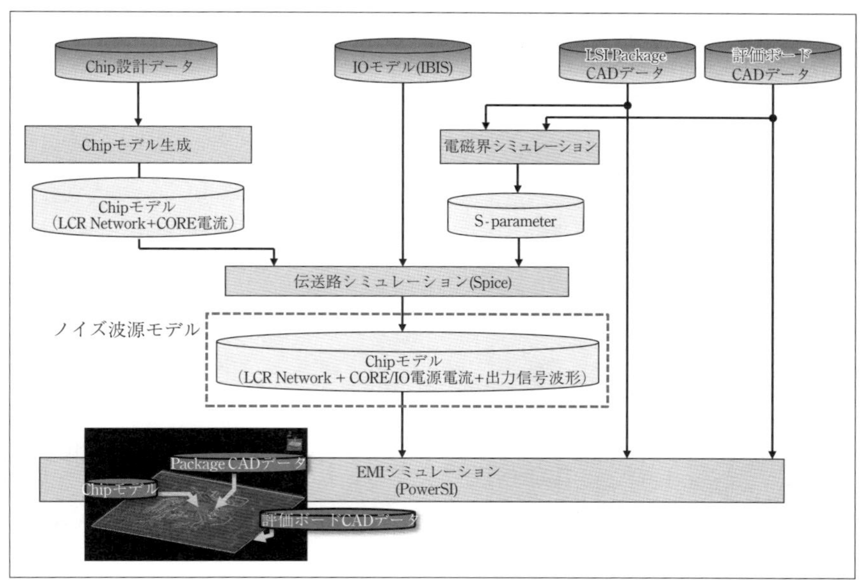

〔図6.4〕シミュレーションフロー

レーションを実施し、DDR と LVCMOS の電源電流と出力信号波形を取得して使用している。

なお今回は、IO モデルに IBIS5.0 を使用した。IBIS5.0 は IBIS4.2 および SPICE IO Model と比較して、以下の特長がある。

・Pre Buffer の動作電流が考慮されるので、電源／GND 電流の精度が向上する（対 IBIS4.2）

・同時スイッチングノイズの影響を反映できるため、信号波形の精度が向上する（対 IBIS4.2）

・シミュレーション時間を短縮できる（対 SPICE IO Model）

3－3－2　ノイズ波源特性

図 6.6（a）と（b）は Chip モデルの電源電流波形とそのスペクトラムを示す。電源電流について、電流量が最も多いのは CORE 電源で、次いで DDR 電源である。今回 LVCMOS は出力動作させておらず、入力動作のみであるためほとんど電流が流れていない。スペクトラムも、CORE 電

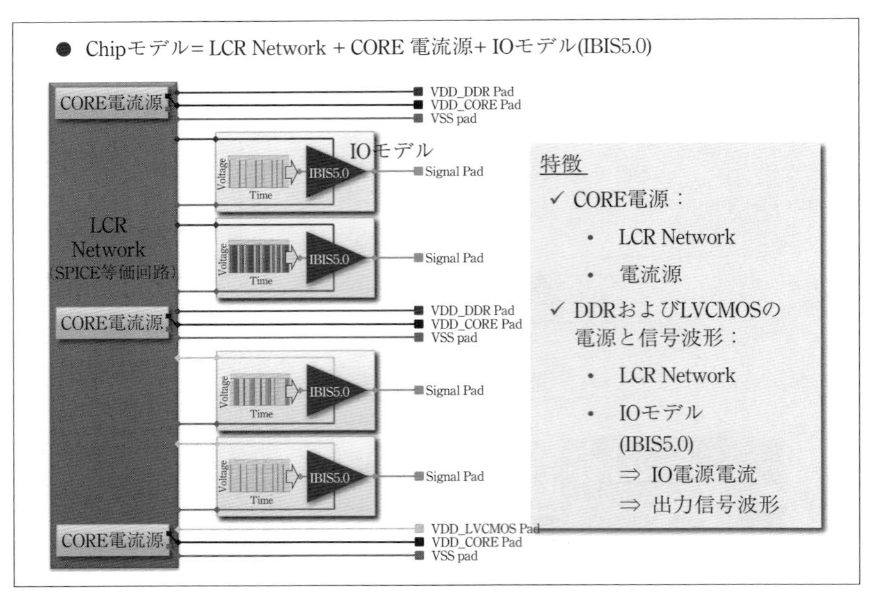

〔図 6.5〕Chip モデル概略図

流とDDR電流に関して特定の周波数に強いピークが見られる。

図6.7 (a) と (b) は信号の時間軸電圧波形とそのスペクトラムを示す。信号の時間軸電圧波形についてはLVCMOSのCLK信号が最も特徴的で、3.3Vと振幅が大きく一定周期で動作している。そのため、スペクトラムを見ても基本波とその奇数次の高調波成分に強いピークが確認できる。DDRのCMD (Command) /ADD (Address) 信号も周期的な動作が多く、スペクトラムでもそのピークを確認できる。一方、DDRのData信号は動作のランダム性が強いため、スペクトラムは広帯域に分散した特

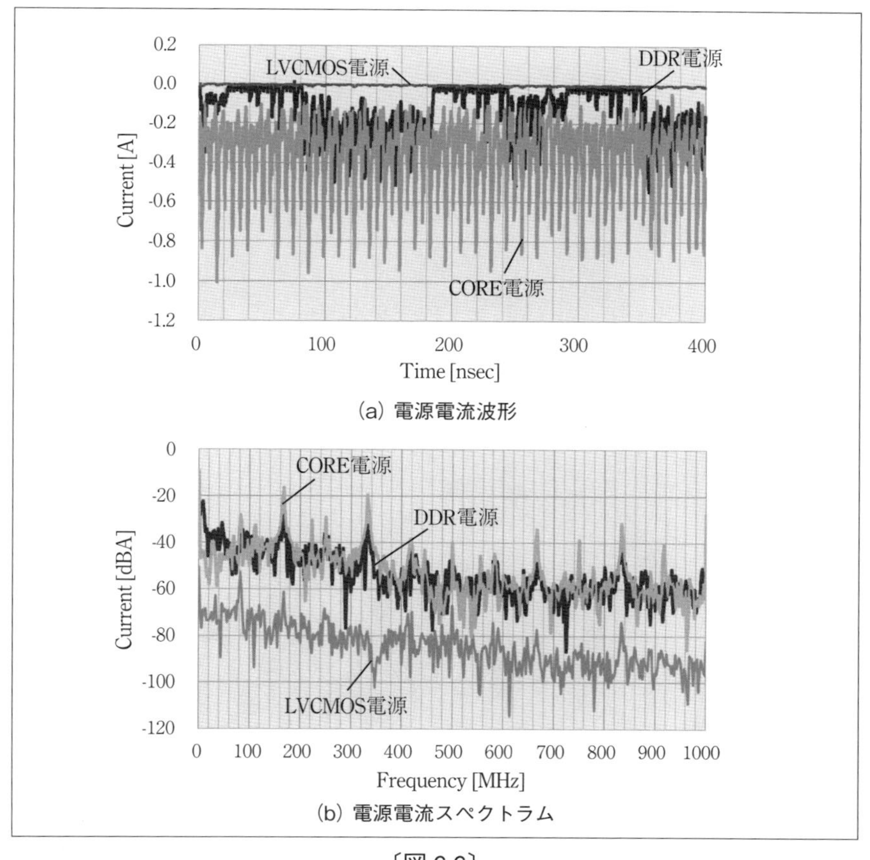

〔図6.6〕

性になっている。

3－4　検証結果

図6.8は3m遠方界の実測とシミュレーションの比較結果を示す。

特徴的なピーク位置については、実測とシミュレーションで一致する周波数帯が複数見られるが、全体的に誤差は大きく、シミュレーションの方が強めに放射しているように見える。

このシミュレーション結果について、以下2つの視点で考察する。

①電源および信号それぞれの放射強度

②動作パターンとシミュレーション精度の関係

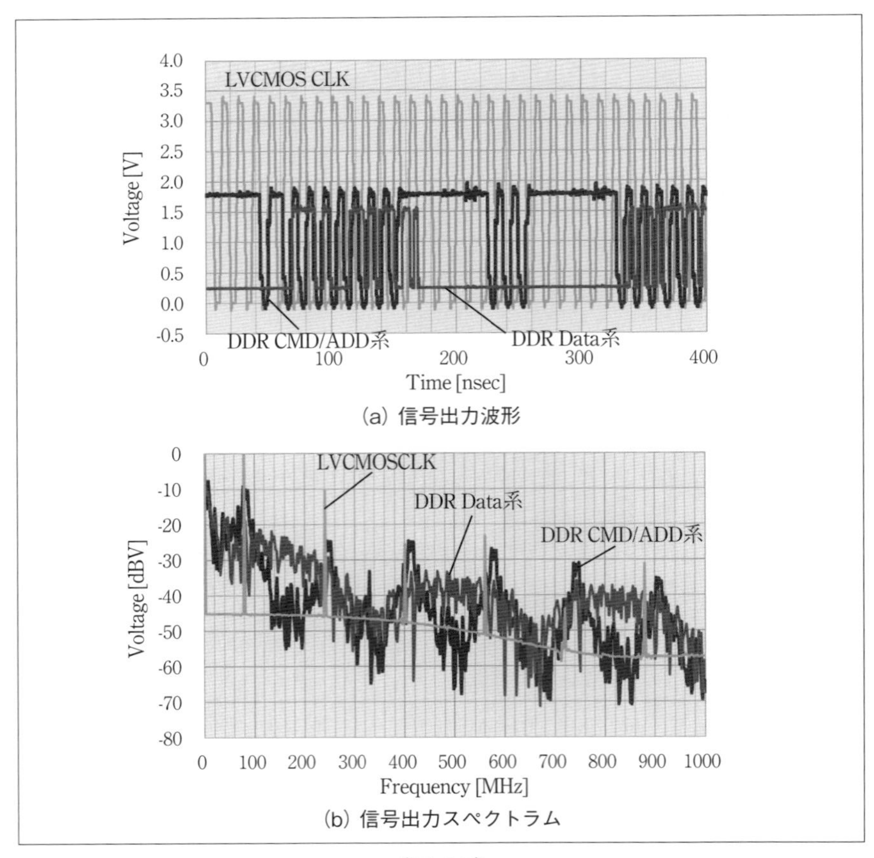

(a) 信号出力波形

(b) 信号出力スペクトラム

〔図6.7〕

４．考察

４－１　ノイズ源の分離

Chip モデルに含まれるノイズ源は、電源系（CORE 電源、DDR 電源、LVCMOS 電源）と信号系（DDR CMD/ADD 信号、DDR Data 信号、LVCMOS 信号）がある。実測で観測された放射ピークがこれらのノイズ源のどの成分が支配的なのかを、シミュレーションにより特定する。

表 6.2 はノイズ源特定のために実施するシミュレーションのバリエーションを示す。Case 1 と Case 2 で電源系なのか信号系なのかを切り分ける。さらに Case 3 ～ Case 5 で信号種を特定する。

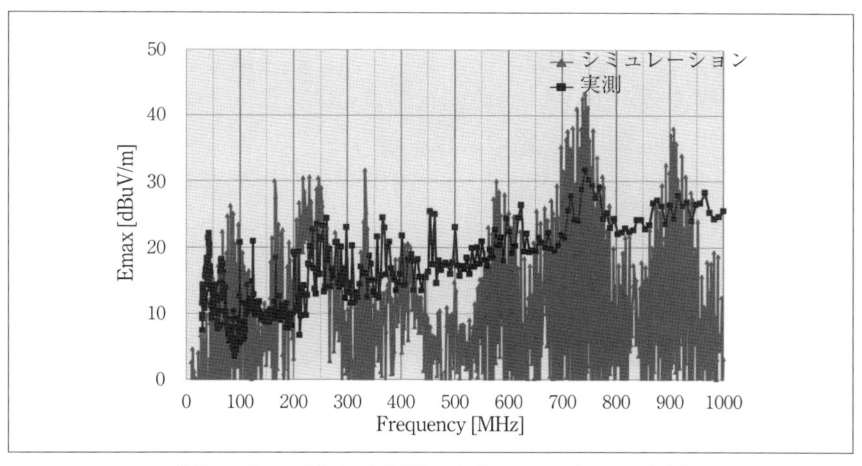

〔図 6.8〕3m 遠方界実測―シミュレーション結果

〔表 6.2〕ノイズ源分離シミュレーション条件

	電源系			信号系		
	CORE	DDR	LVCMOS	CMD/ADD	Data	LVCMOS
Case 1	●	●	●			
Case 2				●	●	●
Case 3				●		
Case 4					●	
Case 5						●

4－1－1　電源系からの放射

図 6.9 はすべてのノイズ源を考慮した場合と、電源系のみ考慮した場合の 3m 遠方界シミュレーション結果を示す。160M ～ 340MHz の放射ピークに着目すると、すべてのノイズ源を考慮した場合と電源系のみ考慮した場合がほぼ等しいことから、この周波数帯域における放射ピークは電源系に起因するものであると考えられる。

図 6.6（b）に示した電源電流スペクトラムにおいても、160 ～ 340MHz 帯域に電流ピークは存在していることがわかる。しかし、放射結果に見られるような、広帯域な電流スペクトラムにはなっていないことから、別原因があると推測される。

図 6.10 は Chip から見た CORE 電源、DDR 電源、LVCMOS 電源のインプットインピーダンス（Z11）のシミュレーション結果を示す。DDR 電源の反共振周波数が 160M ～ 340MHz 帯域にあることから、この帯域の放射ピークは、電源供給経路の共振に起因しており、さらにその電源は DDR であるということが判明した。DDR 電源以外の 2 電源についても

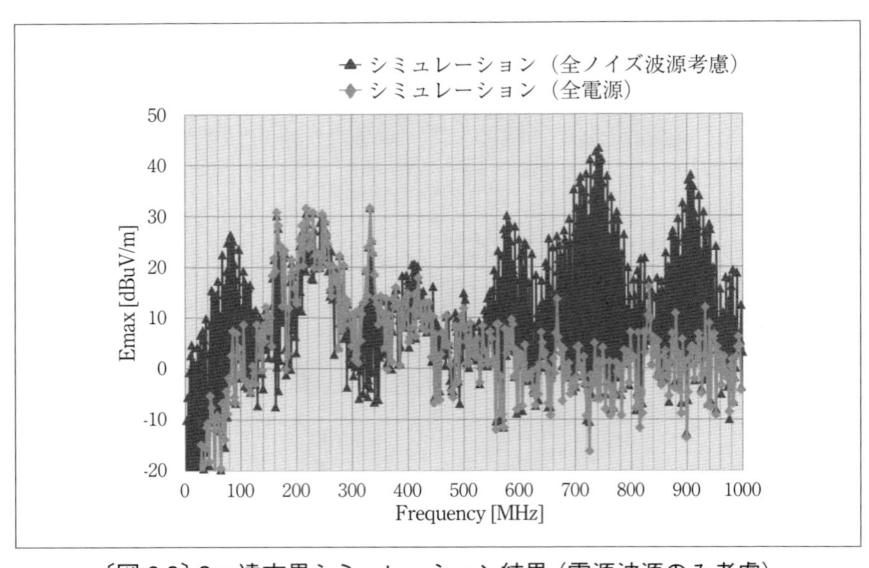

〔図 6.9〕3m 遠方界シミュレーション結果（電源波源のみ考慮）

見てみると、まずLVCMOS電源では、共振周波が370MHz付近に見られ、共振時の電源インピーダンスもDDR電源と同等の値である。しかし強い放射が発生しなかった理由は、ノイズ波源であるノイズ電流が小さかったためと考えられる。次にCORE電源については、LVCMOSとは逆にノイズ電流は大きいが、共振時の電源インピーダンスが低かったことが、強い放射とならなかった理由と考えられる。

この結果は、LSI動作安定化の指標となるZ11のケアが、延いては電源系の放射対策にもつながる可能性があるということを意味している。

ただし今回の検証では、CORE電源、DDR電源、LVCMOS電源を分離した検証ができておらず明確にZ11と放射結果の関係性を分析できていないため、この点は今後の課題である。

4－1－2　信号系からの放射

図6.11はすべてのノイズ源を考慮した場合と、すべての信号系のみを考慮した場合の3m遠方界シミュレーション結果を示す。放射ピークは、図6.9に示した160～340MHz帯域の電源系放射を除き、全周波数帯域にわたり信号に起因するものであったことがわかる。

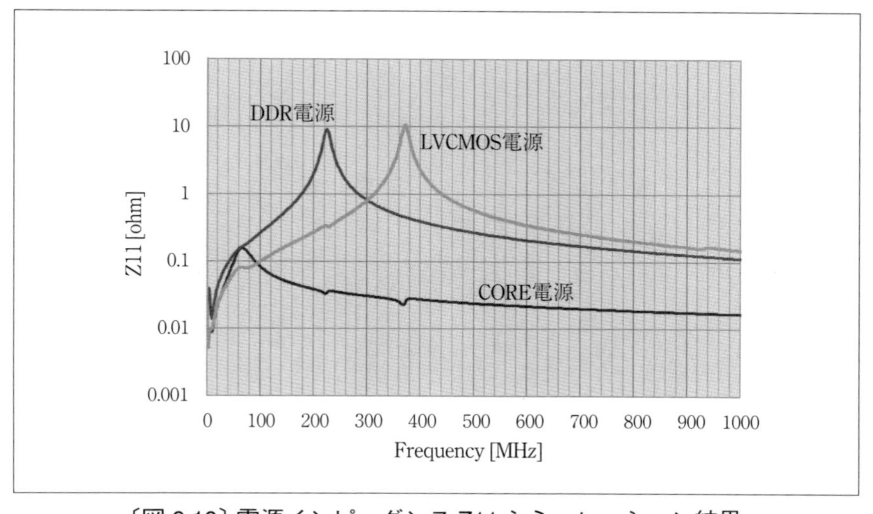

〔図6.10〕電源インピーダンスZ11シミュレーション結果

図6.12はすべてのノイズ源を考慮した場合と、DDRのCMD/ADD系信号のみを考慮した場合の3m遠方界シミュレーション結果を示す。この結果から、500MHz付近のピークを除き、信号系放射のピークすべてがCMD/ADD系信号の影響であったことがわかる。図6.7（b）に示す信号波源のスペクトラムと比較しても、ピークとなる周波数は放射結果と一致していることが確認できる。

CMD/ADD系信号の周波数は約83MHzとそれほど高くないが、高周波まで強い放射を示した理由に、信号本数が十数本と多いことが考えられる。類似した動作パターンの信号が集まることで、特定周波数の電流密度が高くなり、結果的に放射強度も合成されて見えているのではないかと考えている。

図6.13はすべてのノイズ源を考慮した場合と、DDRのData系信号のみを考慮した場合の3m遠方界シミュレーション結果を示す。CMD/ADD系信号とは異なり、特徴的な放射ピークは確認できない。唯一500MHz付近がCMD/ADD系よりも高い。これは図6.7（b）に示す信号

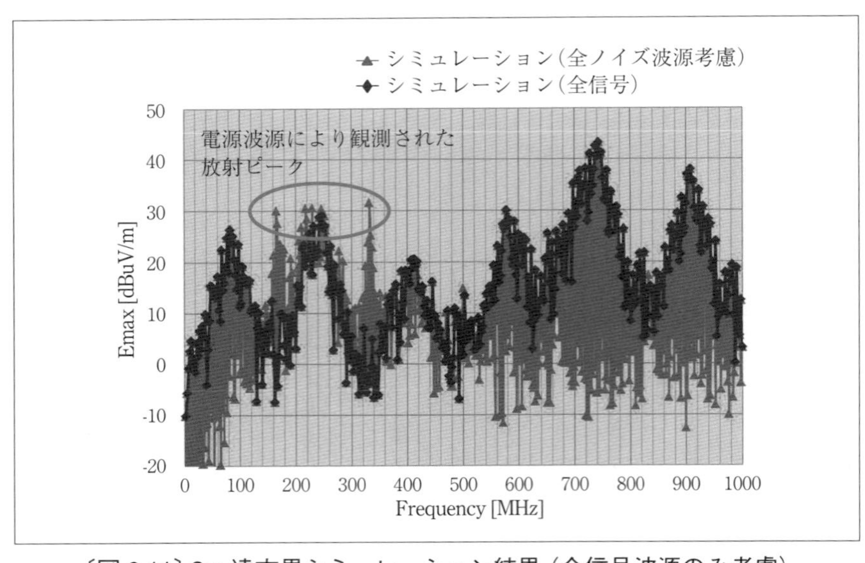

〔図6.11〕3m遠方界シミュレーション結果（全信号波源のみ考慮）

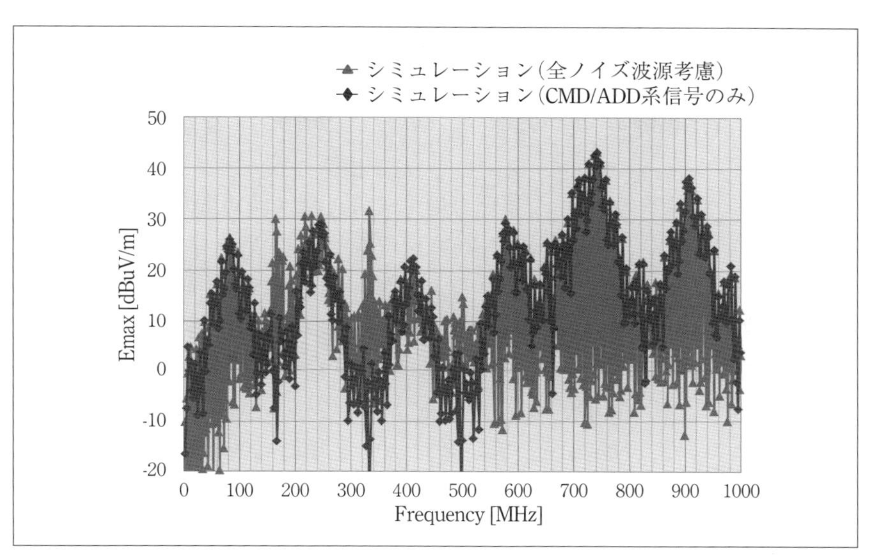

〔図 6.12〕3m 遠方界シミュレーション結果（CMD/ADD 信号波源のみ考慮）

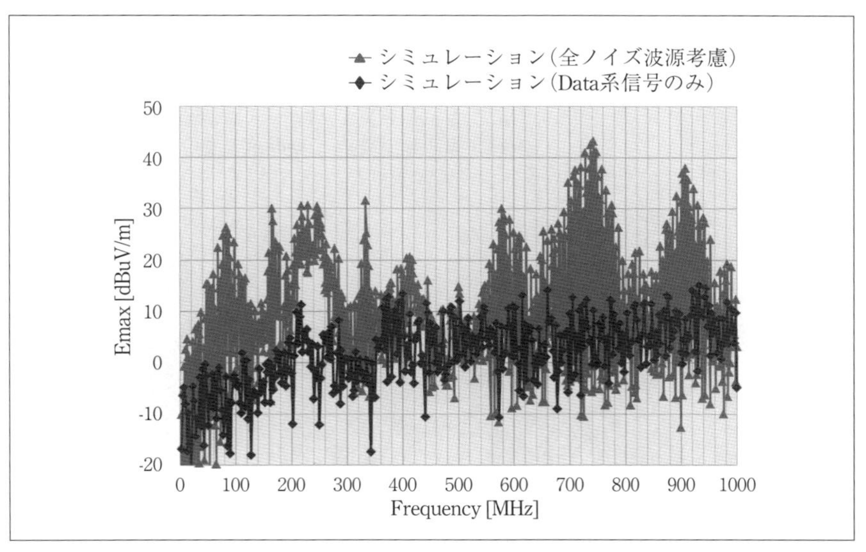

〔図 6.13〕3m 遠方界シミュレーション結果（Data 信号波源のみ考慮）

波源のスペクトラムと同じ傾向であり、理由としてData信号はランダム性が高いことがあげられる。つまり、動作周波数はCMD/ADD系よりも高いが、動作パターンの影響で、強い放射が発生しなかったと考えられる。

図6.14はすべてのノイズ源を考慮した場合と、LVCMOS系信号のみを考慮した場合の3m遠方界シミュレーション結果を示す。図6.7 (b)に示すノイズ源のスペクトラムのように、CLKに起因する放射ピークが観測されている。信号振幅が大きく周期性のある信号のため、特定の周波数で強い放射となっている。ただし、信号本数自体が1本と少ないこともあり、CMD/ADD系からの放射よりも少ない結果になったと考えられる。とはいえ、振幅が大きいクロック信号は高周波まで強い放射源となるということがわかる。

4－1－3　ノイズ源の分離まとめ

電源系、信号系の各ノイズ源が要因となる放射ピークを分離した結果、それぞれに起因する放射ピークが存在することがわかった。このことか

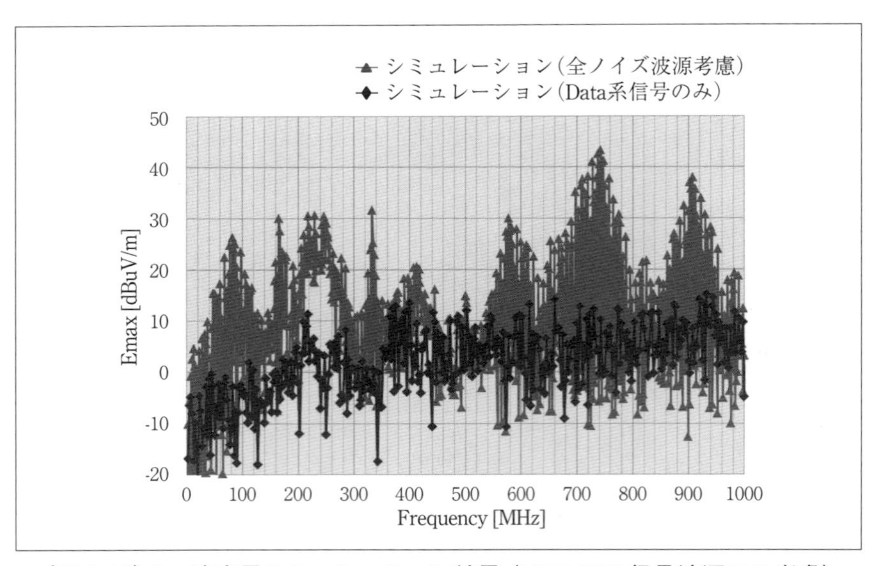

〔図6.14〕3m遠方界シミュレーション結果（LVCMOS信号波源のみ考慮）

ら、やはりEMIシミュレーションに使用するノイズ波源モデルは、電源系、信号系ともに不可欠であることをあらためて確認できた。

4－2　動作パターンの影響

本節では、LSIの動作パターンがシミュレーション精度に与える影響を検証する。

図6.15は実測時の動作パターンとノイズ波源モデル作成時の動作パターンの違いを直感的なイメージで図示したものである。

実測時の動作は、数msecのパターンの繰り返し（Loop#1, Loop#2, …）である。その動作によって発生する電界は、スペアナによって数百usecオーダでサンプリングされ、Max Holdで周波数プロットされていく。

一方シミュレーションでは、数msecはおろか数百usecオーダでさえ、シミュレーション時間の面で難しい。そのため今回の検証では初期条件として、実測時の動作パターンの中から、DDR Interfaceが最も活性化すると思われる400nsec区間を選定してノイズ波源モデルを作成している。

このように、シミュレーションは実測のほんの一部しか考慮できないため、特定周波数で過剰だったり、ピークが再現できなかったりする。今回の結果を見ると、全体的に過剰放射している周波数帯が多いことがわかる。そこで、想定した動作パターンの妥当性を以下で確認する。

4－2－1　動作パターン選択区間

図6.16（a）はDDRのあるADD信号の出力波形を示す。この出力波形を400nsec毎に区切り、それぞれ区間A、区間B、区間C、区間Dとし

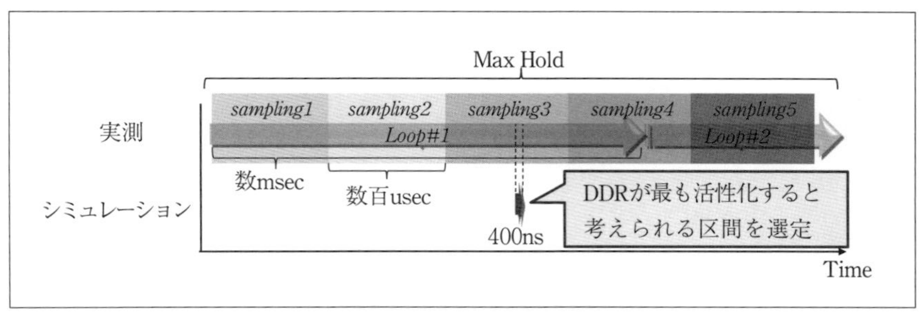

〔図6.15〕実測とシミュレーションの動作パターン

て各区間のRise/Fall遷移回数をカウントした結果を図6.16（b）に示す。シミュレーションで使用したのは区間Aであり、最も遷移回数が多く回路の活性化率が高い。ただし見方を変えると、最も少ない区間Cに比べて遷移回数は19%多く、全区間の平均遷移回数と比べても14%多いため、シミュレーションは特定周波数の放射ピークが過剰になる状態になっていたと言える。

4－2－2　動作パターン長さ

図6.17は、ある出力波形のスペクトラムが動作パターンとして選択する区間の長さによってどのように変化するかを確認した結果を示す。初期条件として想定した0～400nsec区間（動作パターンShort）のスペ

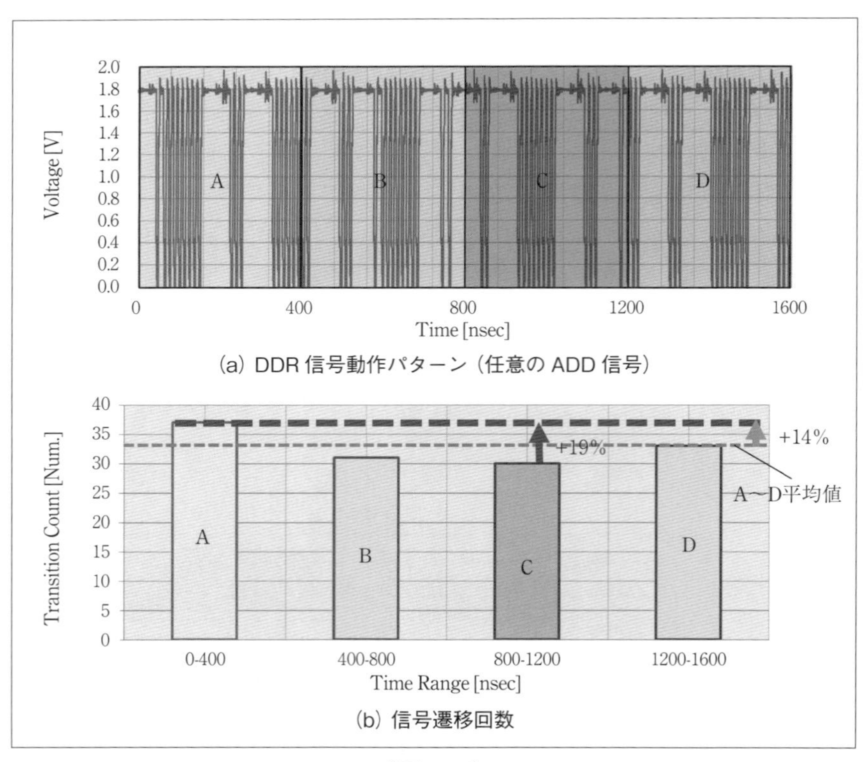

(a) DDR信号動作パターン（任意のADD信号）

(b) 信号遷移回数

〔図6.16〕

クトラムと、その4倍の長さである0～1600ns区間（動作パターンLong）のスペクトラムを比較すると、動作パターンLongでは全体的にスペクトラムが減少することがわかる。これは、動作率が低い区間も考慮することで、周波数成分のエネルギーが平均化された効果と考えられる。

このように、動作パターン長さを延ばす方向、言い換えれば考慮される動作パターンを増やす方向が実測時の条件に近づくことから、ノイズ波源の特性としてもこれが適正化される方向であると言える。

4－2－3　動作パターン見直し効果

図6.18はノイズ波源モデルの動作パターン長さを、400nsec（ノイズ波源Short）から4倍の1600nsec（ノイズ波源Long）に延ばした場合の

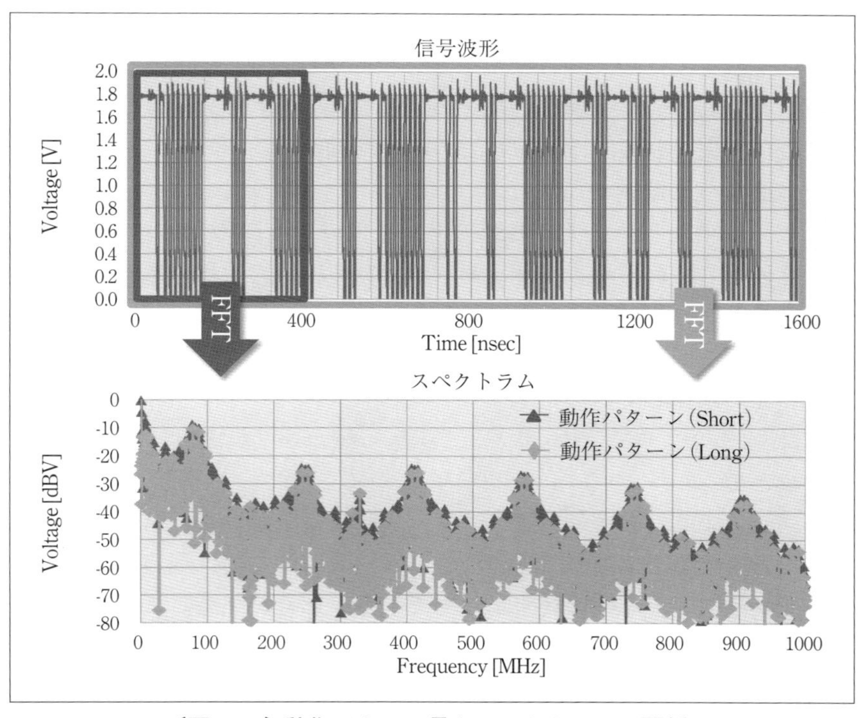

〔図6.17〕動作パターン長とスペクトラムの関係

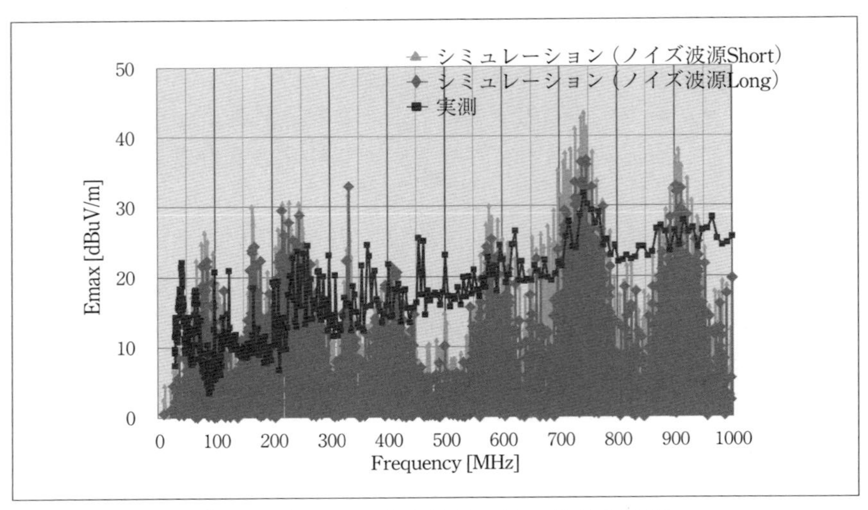

〔図 6.18〕ノイズ波源特性の適性化効果確認

3m 遠方界シミュレーション結果を示す。動作パターン長さを延ばすことで全体的に放射強度は低減し、より実測に近づく。今回のケースでは、最大 7dB 程度の改善が見られた。

上記の結果から、ノイズ波源モデルを作成する際の動作パターンは、それを使用して得られるシミュレーションの結果に大きく影響を与えることをあらためて検証できた。これは、動作パターンを適切に選定することで、特徴的な放射ピークはシミュレーションで十分に予測し得るということを意味している。

5. まとめ

本検証により、ノイズ波源モデル作成時には電源および信号の両ノイズ源を考慮する必要性と、その動作パターンに関して、選定区間および長さがシミュレーション結果に対して大きな影響を与えることを確認した。

これは、より精度の高いシミュレーションを実行する場合には、ノイズ波源を漏れなく考慮し、できるだけ実測に合わせた動作パターンを考慮する必要があることを意味している。ただし、動作パターンを長くすることは、ノイズ波源モデル作成時間およびシミュレーション時間の増加につながるため、目的に応じた使い分けが必要になると考える。

今後は、LSIの動作パターンが用意されていないような、設計初期段階におけるノイズ波源モデリング手法の開発を進め、より早期にEMIシミュレーションを活用できる環境を構築する予定である。

参考文献

1)「スペクトラム拡散技術を活用したEMI対策」、富士通セミコンダクターマガジン「FIND」、Vol.29、No.1、pp.20-23、2011年

2)「ノイズインテグリティ（EMC）解析」、CST Workshop Series資料、2010年

3) 半導体EMCサブコミッティ活動状況
<http://semicon.jeita.or.jp/hp/spt/sc_pg/emc.html>
（2014/03/27 アクセス）

4) IEC 61967-2 ed1.0: 2005, Measurement of radiated emissions - TEM cell and wideband TEM cell method

5) 山本浦瑠那、住永伸：「システムボードのEMI解析とノイズ源としてのLSIモデル」、システムJisso-CAD/CAE研究会公開研究会論文集、pp.21-28、2013年

＊本文中に記載したシミュレーションツールPowerSIは、Cadenceの商標です。

第7章

電磁界シミュレータを使用した EMC現象の可視化

アンシス・ジャパン株式会社　五十嵐 淳

1. はじめに

電子機器の高機能化・高密度化に伴い、EMC 対策の難度は高くなってきている。

この状況を打破する選択肢の一つとして電磁界シミュレータの利用が挙げられる。これを用いることにより電磁界分布を可視化できるため、EMC 問題の原因究明および対策が可能となる。

本稿では、電磁界シミュレータがEMC対策で活用されている背景を述べるとともに、電磁界シミュレータを利用する上で理解しておくと便利なマクスウェルの方程式やZパラメータについて紹介する。最後に電磁界シミュレータを利用した電磁界の可視化例と共にその効果を紹介する。

2. EMC 対策でシミュレータが活用されている背景

この章では、EMC 対策でシミュレータが利用されている背景をソフトウェア、ハードウェア性能向上という観点で述べる。

2－1　ソフトウェア性能向上

EMC 対策に使用されるソフトウェアにはプリント基板CAD に実装されている EMC ノイズチェッカーや電磁界シミュレータ等がある。

EMC ノイズチェッカーはCAD に入力されている配線パターンや実装部品の情報をパラメータ化し、解析者があらかじめ設定したルールと照らし合わせることで設計の合否の判定を行うソフトウェアである。設計ルールは日々更新されており、現在も様々な設計者により活用されている。

また、電磁界シミュレータは入力された構造と材料定数に基づいてMaxwell の方程式を解析するソフトウェアであり、解析結果として電磁界分布やSパラメータ、3m/10m 放射電界強度等が出力可能である。解析手法はFDTD 法、有限要素法、モーメント法等様々である。電磁界シミュレータの手法については第1章にて浅井先生が記された通りである。

当社でも電磁界シミュレータを開発している。その一つの3次元電磁界シミュレータ HFSS について簡単に紹介する。もともと HFSS は有限要素法を使用したシミュレータとして知られているが、現在では、モーメント法[8)]や DGTG 法（Disconntinuous GalerKin Time Domain）[9)]、PO 法（Physical Optics）[10)]も実装されている。

HFSS で使用される有限要素法の Solver は 20 年以上開発が続けられており、近年は大規模な構造に対して安定かつ高速にメッシュ生成を行うアルゴリズムの開発や、行列演算を高速に行うためのアルゴリズム開発が進められている。

図 7.1 が、ここ 5 年の HFSS の有限要素法 Solver の高速化の変遷である。この図では、携帯電話の解析モデルを用いて、同スペックの PC 上で HFSS Ver10 ～ Ver15 の解析比較を行っている。

この図より、バージョンが上がるにつれて解析速度が向上していることがわかる。また、Ver10 と Ver15 を比較すると約 10 倍程度高速化していることがわかる。

２－２　ハードウェア性能向上

コンピュータ上で行われる数値計算処理は CPU（Central Processing Unit）、物理メモリ、ハードディスク、GPGPU（General-Purpose Computing On GraphicsProcessing Units）等、様々なハードウェアの最新技術を用い

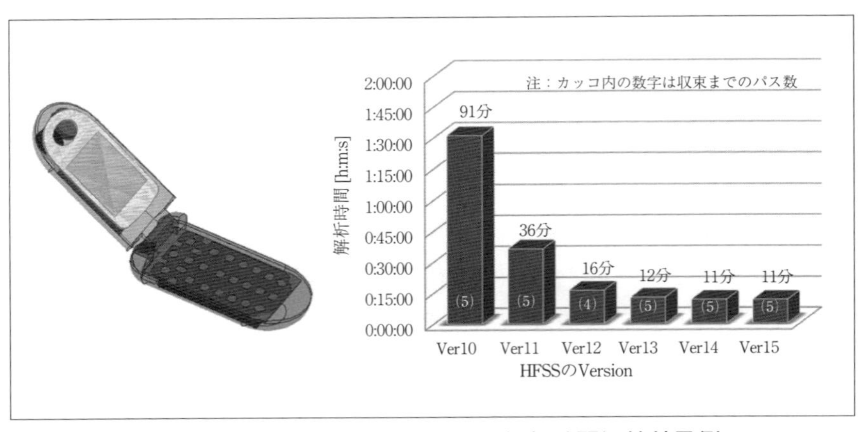

〔図 7.1〕携帯電話の内蔵アンテナ解析時間短縮効果例

て行われる。この中からまずCPUの進化を示す。CPUのクロック周波数の高速化が限界を迎えたものの、CPU技術のトレンドがクロック周波数向上からマルチコア実装へシフトしたことにより、処理能力の向上はさらに進化を続けている。

製造プロセスルールは10年前の2004年は90nmあるいは65nmであったが、2006年には45nm、2008年には32nm、そして現在2014年には22nmが採用されている。

この製造プロセスルールの進化によりトランジスタの集積密度が向上した結果、一つのダイの上に多数のトランジスタを実装できるようになったため、クロック周波数は向上しなくともCPUの処理能力が進化している。

次にハードウェアの進化を物理メモリの観点から述べる。数年前まで主流であった32ビットOS上でソフトウェアが使用できるメモリ上限は4GBであったが、OSの64ビット化によりその壁が取り払われた。現在では表7.1に示しているOSの搭載可能なメモリ量は100GB以上となっている。

この他にもGPGPUやSSD（Solid State Drive）の進化も挙げられるが、いずれの進化も複雑で大規模なEMC問題を電磁界シミュレータで解くことに貢献している。

3. 電磁界シミュレータが使用するマクスウェルの方程式

高周波電磁界を説明するためにはマクスウェルの方程式が出発点となる。

このマクスウェルの方程式には図7.2のように基本となる4つの式が

〔表7.1〕OSが認識できるメモリ最大値

OS	認識可能なメモリ最大値
Windouws Xp Professional×64Edition	128GB
Windows7 Professional	192GB
Windows Server 2008 R2 Enterprise	2TB
Red hat Enterprise Linux6	3TB

ある。この４つの方程式の意味について以下に示す。

第①式の $rot\ \mathbf{E}$ は、図 7.3 のように磁束の周りに電界の渦ができていることを示している。$\partial\mathbf{B}/\partial t$ は磁束密度の時間変化を示すから、第①式は“磁束密度に時間変化があると、その周りにその変化を妨げるように渦状に電界ができる”ということを意味している。

第②式は図 7.4 のように“電流が流れるとその周りに磁界の渦が生じるということと、電束密度に時間変化があるとその周りに磁界の渦が生じる”ということを意味する。電流が流れるとその周りに磁界ができる

$$rot\mathbf{E}=-\frac{\partial\mathbf{B}}{\partial t}\quad\cdots①\qquad div\mathbf{D}=\rho\quad\cdots③$$

$$rot\mathbf{H}=\frac{\partial\mathbf{D}}{\partial t}+\mathbf{J}\quad\cdots②\qquad div\mathbf{B}=0\quad\cdots④$$

E：電場　**D**：電束密度　**H**：磁場　**B**：磁束密度　**J**：電流密度
ρ：電荷密度　ε：誘電率　σ：導電率　μ：透磁率

$$\mathbf{D}=\varepsilon\mathbf{E}$$

$$\mathbf{B}=\mu\mathbf{H}$$

〔図 7.2〕マクスウェルの方程式

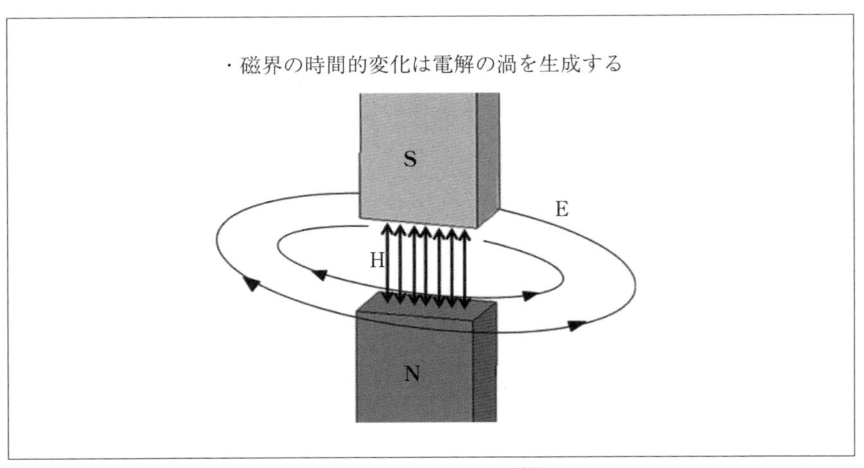

〔図 7.3〕$rot\mathbf{E}=-\frac{\partial\mathbf{B}}{\partial t}$

ということは中学生の理科等で出てきた右ねじの法則を想像すれば容易に理解できる。空間上を通る電束密度の時間変化が電流と同様の効果をもたらす。**J** が伝導電流であるのに対し、$\partial \mathbf{D}/\partial t$ を変位電流という。

第③式 $div\mathbf{D}=\rho$ は図 7.5 のように "電荷があればそこから電束が湧き出す" ことを意味している。

第④式 $div\mathbf{B}=0$ は図 7.6 のように "磁束には湧き出す源がない" ことを表す。磁荷には、真電荷に対する真磁荷がなく、必ず対になってあらわれる分極磁荷のみである。

従って磁石の N から S 極に流れる磁束のように磁束は分極磁荷によ

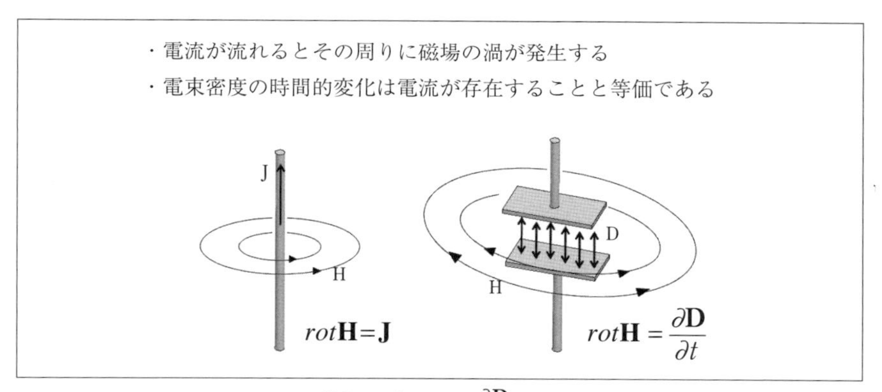

〔図 7.4〕$rot\mathbf{H}=\frac{\partial \mathbf{D}}{\partial t}+\mathbf{J}$

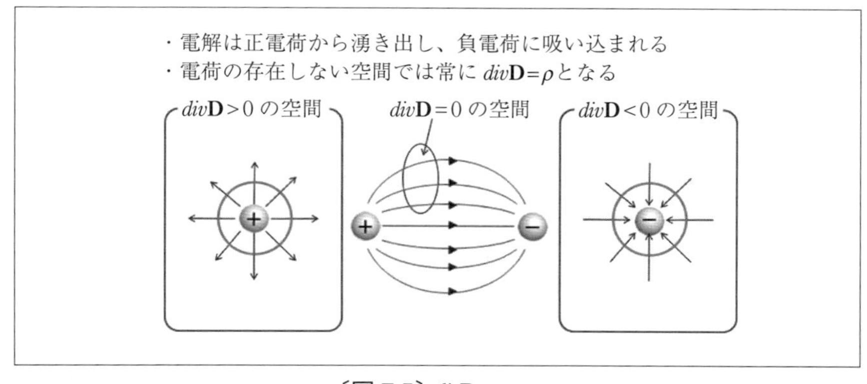

〔図 7.5〕$div\mathbf{D}=\rho$

って閉じた関係となっている。

電磁界シミュレータはこれら４つの方程式が同時に満足されるような電磁界の振る舞いを自動的に計算できるように設計されており、電磁界シミュレータ利用者はこれらの方程式を一切意識する必要がない。従って解析者は、マクスウェルの方程式を知らなくともソフトウェアの使い方がわかれば解析結果を確認することができるのである。

このように電磁界シミュレータは電磁界の振る舞いを確認するのに便利なツールであるが、今回示した式の基本的な振る舞いがわかれば、さらに解析結果の考察を深めることができる。

４．部品の等価回路

前節まで電磁界シミュレータが使用するマクスウェルの方程式について示した。ここで少し話を変え部品の等価回路について説明をする。一般的によく利用される抵抗、コンデンサ、インダクタは図 7.7 のような集中定数回路で示されるが、分布定数で考えなければならない周波数帯でこれらを使用する場合には、図 7.7 のようにその寄生成分等を考慮する必要がある。

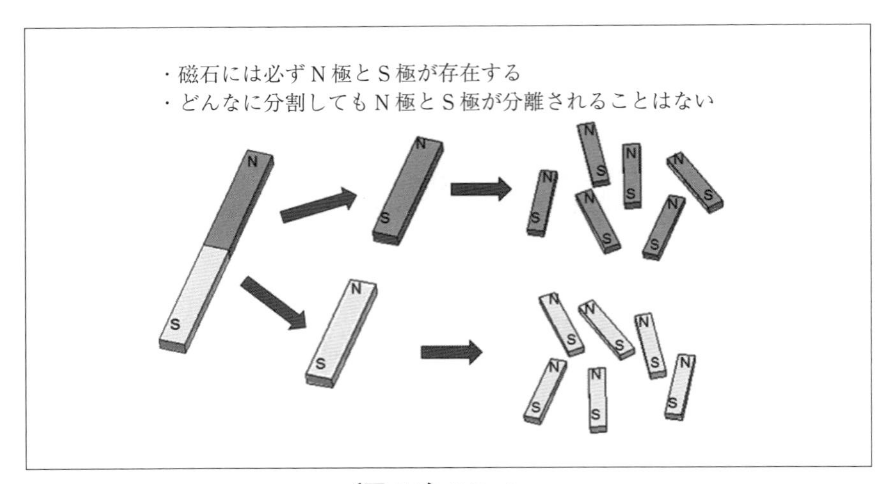

〔図 7.6〕 $div\mathbf{B}=0$

具体的な例として図7.8のトランスの等価回路を見てみる。このような構造の場合、本来使用する周波数帯では相互インダクタンスのみを考慮すればその特性の説明ができるものの、周波数が上がると巻線部の線間容量や他の寄生成分も考慮しなければならなくなる場合がある。

このように周波数が高くなると等価回路も複雑化してくる。等価回路の複雑化は部品だけでなくプリント基板等の伝送線路も同様である。このような分布定数特性を示すのに便利な量の一つとしてZパラメータが挙げられる。次節でZパラメータについて紹介する。

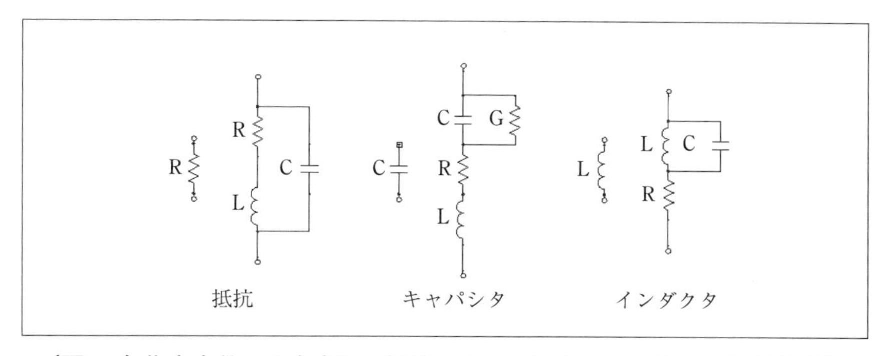

〔図7.7〕集中定数と分布定数の抵抗、キャパシタ、インダクタの等価回路
（それぞれ左が集中定数、右が分布定数）

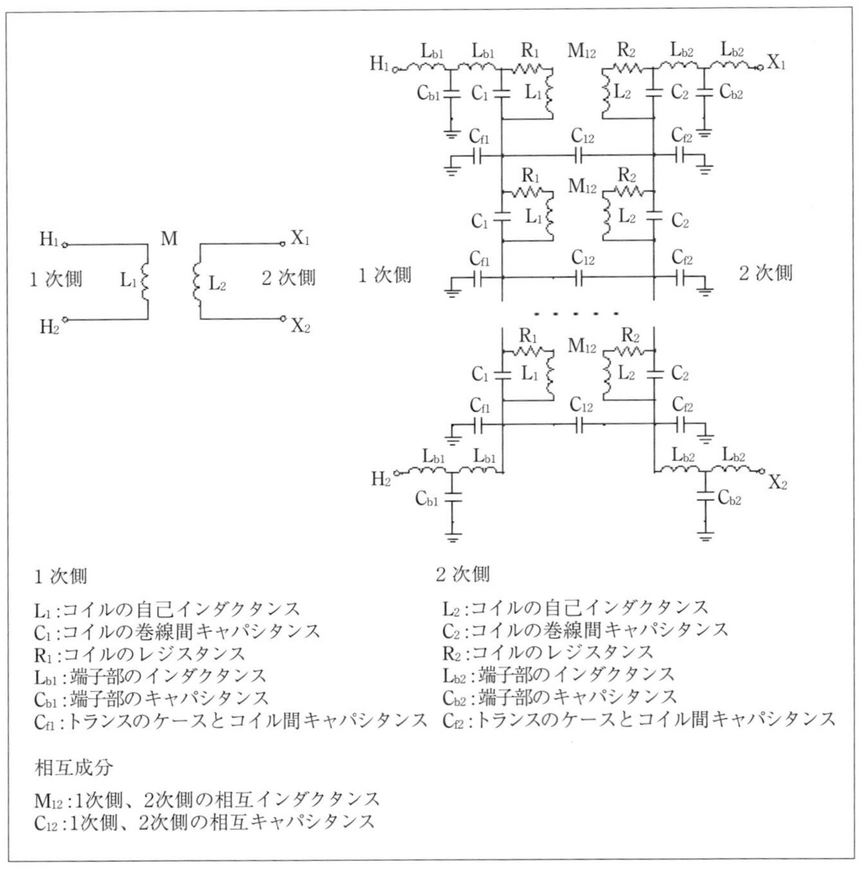

〔図 7.8〕トランスを例にした集中定数、分布定数等価回路例

5．Z パラメータ

図 7.9 に 2 端子対における Z/Y パラメータの定義を示す。

Z パラメータは入力または出力端子を開放したときの電圧と電流の比でインピーダンスパラメータとも呼ばれる。Zii は他端子を開放し、i から見たインピーダンスで出力端開放駆動インピーダンスという。Zij は i から j の入力端開放伝達インピーダンスという。

Y パラメータは入力または出力端子を短絡し、電圧を 0 にしたときの

$$\begin{pmatrix} I_1 \\ I_2 \end{pmatrix} = \begin{pmatrix} Y_{11} & Y_{12} \\ Y_{21} & Y_{22} \end{pmatrix} \begin{pmatrix} V_1 \\ V_2 \end{pmatrix}$$

$Y_{11} = \dfrac{I_1}{V_1} |_{V_2=0}$ 出力端開放駆動点アドミタンス

$Y_{12} = \dfrac{I_1}{V_2} |_{V_1=0}$ 入力端開放伝達アドミタンス

$Y_{21} = \dfrac{I_2}{V_1} |_{V_2=0}$ 出力端開放伝達アドミタンス

$Y_{22} = \dfrac{I_1}{V_2} |_{VI_1=0}$ 入力端開放駆動点アドミタンス

(a) Z パラメータ

$$\begin{pmatrix} V_1 \\ V_2 \end{pmatrix} = \begin{pmatrix} Z_{11} & Z_{12} \\ Z_{21} & Z_{22} \end{pmatrix} \begin{pmatrix} I_1 \\ I_2 \end{pmatrix}$$

$Z_{11} = \dfrac{V_1}{I_1} |_{I_2=0}$ 出力端開放駆動点インピーダンス

$Z_{12} = \dfrac{V_1}{I_2} |_{I_1=0}$ 入力端開放伝達インピーダンス

$Z_{21} = \dfrac{V_2}{I_1} |_{I_2=0}$ 出力端開放伝達インピーダンス

$Z_{22} = \dfrac{V_1}{I_2} |_{I_1=0}$ 入力端開放駆動点インピーダンス

(b) Y パラメータ

〔図 7.9〕2 端子対における Z/Y パラメータの定義

パラメータでアドミタンスパラメータとも呼ばれる。対角成分 Yij は他端子を短絡して、端子 j から見たアドミタンスである。

本稿では Y パラメータを使用した評価は行っていないが、Z パラメータ同様インピーダンス評価で使用する重要な量であるため参考まで紹介した。

第 6 節で評価している Z パラメータは 1 端子で評価しており、この量は Z_{11} である。Z_{11} は先に示した通り出力端開放駆動点インピーダンスで、アンテナで評価する入力インピーダンスと同じ量である。ちなみにいずれの量も S パラメータ評価で必要な給電側の特性インピーダンスには依存しない。

６．Ｚパラメータと電磁界

６－１　解析モデル

プリント基板上の伝送路の特性インピーダンスは基本的に 50 Ω整合であるが、その伝送経路と始終端のインピーダンスミスマッチングにより、伝送路上で定在波が発生する場合がある。

今回はその現象に着目し、先に紹介したＺパラメータと電磁界を使用した解析例を示す。インピーダンスミスマッチングによる共振現象を見やすくかつできるだけシンプルにとらえるため、空気以外の誘電体による波長短縮効果の影響を受けない CISPR 25[7)]で規定されているケーブル形状を使用する。

解析モデル全体図を図 7.10（a）、解析モデル寸法の上面図、側面図で出力側開放の場合、側面図で出力側短絡の場合、および断面図をそれぞれ図 7.10（b）～（e）に示す。図 7.10（e）のケーブルと地板の断面形状における特性インピーダンスは約 300 Ohm となる。

この解析モデルにおいて、入出力端のインピーダンスを伝送路に対しハイ／ローインピーダンスに変更することで、特性がどのように変化するのかを確認する。入力端の特性インピーダンスは伝送路の特性インピーダンス 300 Ohm に対して 100 倍のハイインピーダンス（30000 Ohm）と 100 分の 1 のローインピーダンス（3 Ohm）の 2 条件で評価する。一方、出力端のインピーダンスは、ケーブルと地板の間を開放とした条件をハイインピーダンス、ケーブルと地板の間を短絡した条件をローインピーダンスとして評価する。

解析周波数範囲は 0 ～ 200MHz とし、解析結果としてＺパラメータと 10m 放射電界強度最大値、そしてケーブルの近傍電界強度を確認する。Ｚパラメータは共振／反共振特性がみやすいよう対数で表示する。

６－２　解析結果

最初に出力側の条件をローインピーダンスとした場合の結果を確認する。図 7.11 にＺパラメータの解析結果を示す。48MHz、143MHz で反共振特性、94MHz、187MHz で共振特性が見られる。入力側の特性インピーダンスをローインピーダンスにしても、ハイインピーダンスにしても

Zパラメータ特性は変化しない。この理由は前節で述べたとおり入力側の特性インピーダンスに依存しない量だからである。

各周波数に対応する波長を計算すると、48MHzの波長は約6m、94MHzは約3m、143MHzは約2m、そして186MHzは約1.5mとなる。各波長とケーブル長の比率をみると波長が6mの場合、ケーブル長は1.5mであるから、波長対ケーブル長は4対1、3mの場合は2対1、2mの場合は4対3、そして1.5mの場合は1対1となっており、ケーブルの長さと波長に対応する共振周波数で共振／反共振特性が得られていることが考えられる。

次に10m放射電界強度最大値を確認する。ここで示す10m放射電界強度の定義は以下の通りである。ケーブルから10m遠方に観測位置を置き、その観測位置をθとϕであらわす極座標系を用いて決定する。

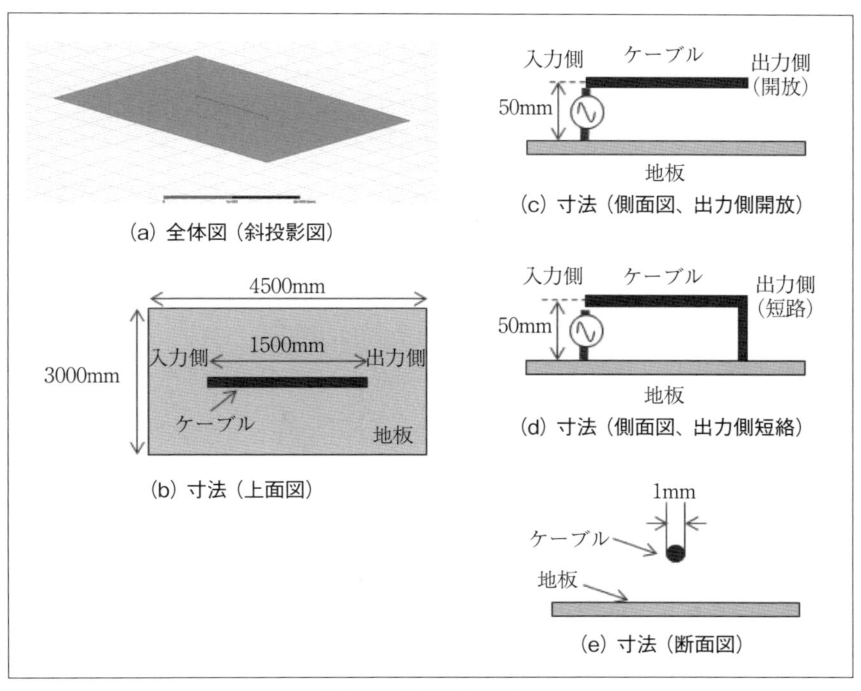

〔図7.10〕解析モデル

極座標の θ と ϕ、直交座標のX、Y、Zの関係を図7.12に示す。

θ と ϕ で示される各方向の放射電界強度値は θ 成分、ϕ 成分をそれぞれ算出する。さらにこれらの結果を用いて2乗和の平方根を計算し、10m放射電界強度最大値を出力する。そしてこの処理を解析周波数ごとに行う。

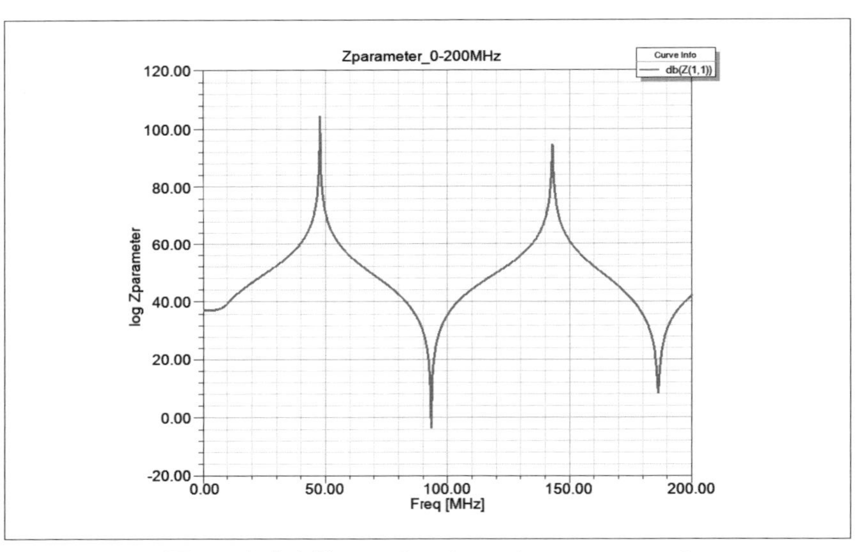

〔図7.11〕出力端インピーダンス時のZパラメータ

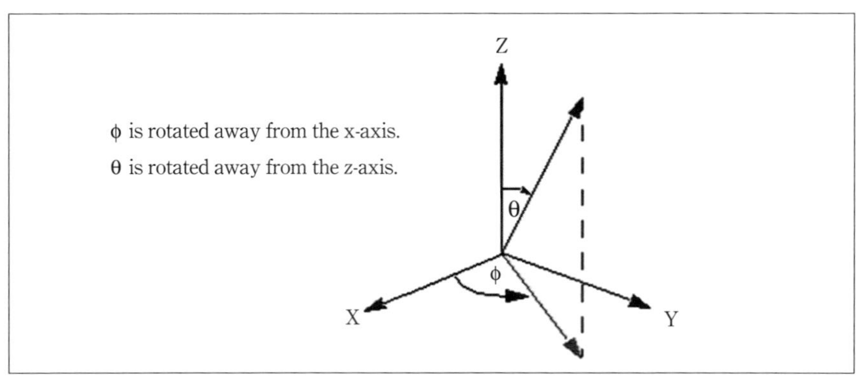

〔図7.12〕波源と観測点の位置関係

図 7.13 に 10m 放射電界強度最大値の解析結果を示す。(a) は入力端がハイインピーダンスの場合、(b) は入力端がローインピーダンスの場合の解析結果を示す。ハイインピーダンスの時の 10m 放射電界強度の周波数極大値の 2 点は Z パラメータの反共振周波数と一致する。一方、ローインピーダンスの時の 2 点は Z パラメータの共振周波数と一致する。

Z パラメータはどちらの共振現象も確認できるが、入力端のインピー

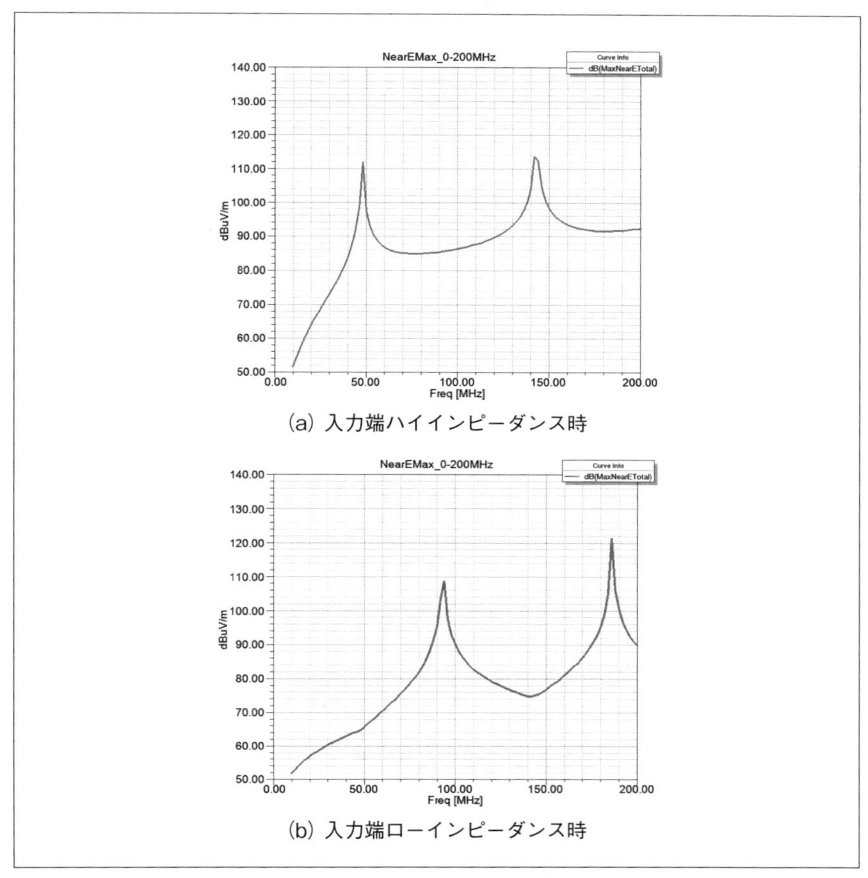

(a) 入力端ハイインピーダンス時

(b) 入力端ローインピーダンス時

〔図 7.13〕10m 放射電界強度最大値の解析結果

ダンスを考慮できない。従って10m放射電界強度と比較すると得られる共振の数に差があることに注意が必要である。

次に入力端を変更した際の近傍電界強度特性を確認するが、その前に近傍電界強度の共振現象をわかりやすくとらえるため、比較的身近な電圧に置き換えて考えてみる。

図7.14に共振時の伝送路上の電圧特性の一例を示す。伝送路端は片側開放、もう片側を短絡としている。また同図の上部に伝送路上の位置と電圧の関係を示す。共振時、開放側では入射電圧に対し反射電圧の電圧振幅も位相も等しく反射されるため、電圧が強めあうように働く。この結果、開放端側の電圧は伝送路上で最大となる。

一方、短絡側は入射電圧に対し反射電圧の振幅は等しく反射するものの位相は反転するため電圧が打ち消し合うように働く。この結果、短絡側の電圧は伝送路上で最小となる。

ここで示している電圧は信号とグランド２点間の電位差である。電位差は図7.14のケーブルと地板の間に示す伝送路各所の２点間の電界の線積分値である。電界が強ければ積分値も大きくなるため電位差は大きくなる。従って電圧が大きいということになる。このことから電圧と電界の大小関係は相関性を持つ。

次に上記を踏まえて入力端、出力端変化により電界がどのように変化をするのか近傍電界強度特性で確認する。

図7.13 (a)、(b) に示されている10m放射電界強度で共振現象が見ら

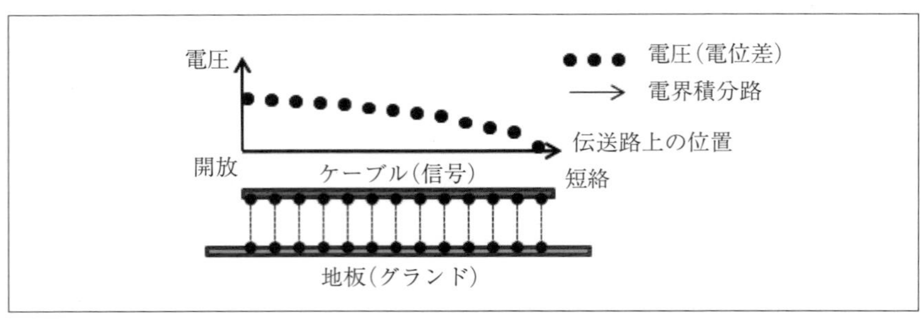

〔図7.14〕共振時の伝送路上の電圧特性の一例と電圧算出のための電界積分路

れる周波数の代表としてハイインピーダンス側は48MHz、ローインピーダンス側は94MHzの結果を確認する。

近傍電界強度特性は、図7.15の(a)上面図および(b)側面図であらわされる平面上で観測する。なお、ここでは各周波数同振幅値のSin波を入力側に印加し、定常状態の近傍電界強度を観測する。

図7.16(a)に48MHzにおける近傍電界強度特性を示す。この結果、入力端が伝送路に対してハイインピーダンスの場合、入力側は電界が強く、出力側は電界が弱くなっており、波長の1/4で共振している振る舞いがわかる。

図7.16(b)が94MHzにおける電界強度特性である。この結果、入力端が伝送路に対してローインピーダンスの場合、入力側、出力側共に電界が弱く、ケーブルの中点は電界が強くなっており、波長の1/2で共振している振る舞いがわかる。図7.14の解析結果の説明でも述べたが、共振現象は波長の関係で周期性を持つことがわかる。

図7.17に伝送路上の電界と共振の関係の例を示す。このように波長

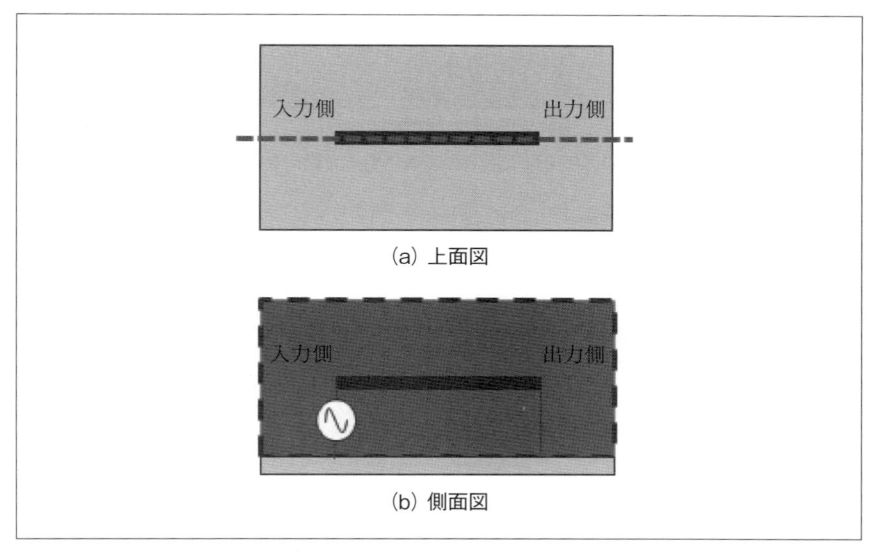

〔図7.15〕電界強度観測領域

の関係で電界の共振現象が周期的に電磁場の振る舞いを変えて発生する。その振る舞いは周波数と先に述べた伝送路端の条件によって変わる。

次に出力端をハイインピーダンスとした場合の結果を確認する。図7.18がZパラメータの結果である。実線が出力端をハイインピーダンスとした結果である。先の出力端をローインピーダンスとしたZパラメータを対比のため点線で示す。反共振／共振特性の結果がほぼ反転した結果となっていることがわかる。

Zパラメータの結果は出力端をローインピーダンスとした場合と同様、入力端をハイ／ローインピーダンスいずれにしても結果は変わらない。

次に図7.19に、10m放射電界強度最大値の解析結果を示す。ここで(a)

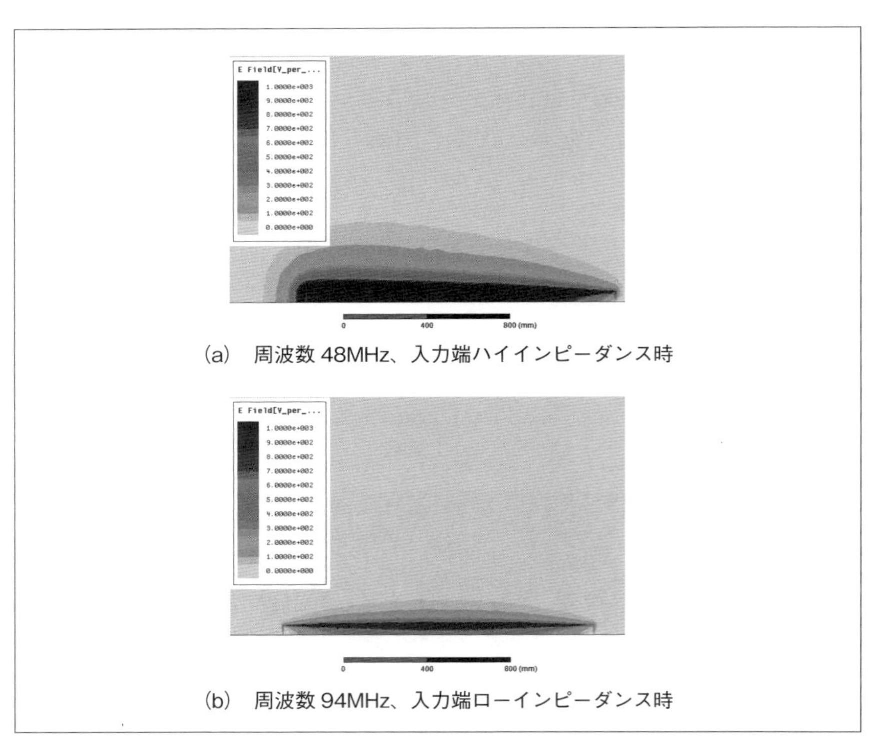

(a)　周波数48MHz、入力端ハイインピーダンス時

(b)　周波数94MHz、入力端ローインピーダンス時

〔図7.16〕電界強度振幅値

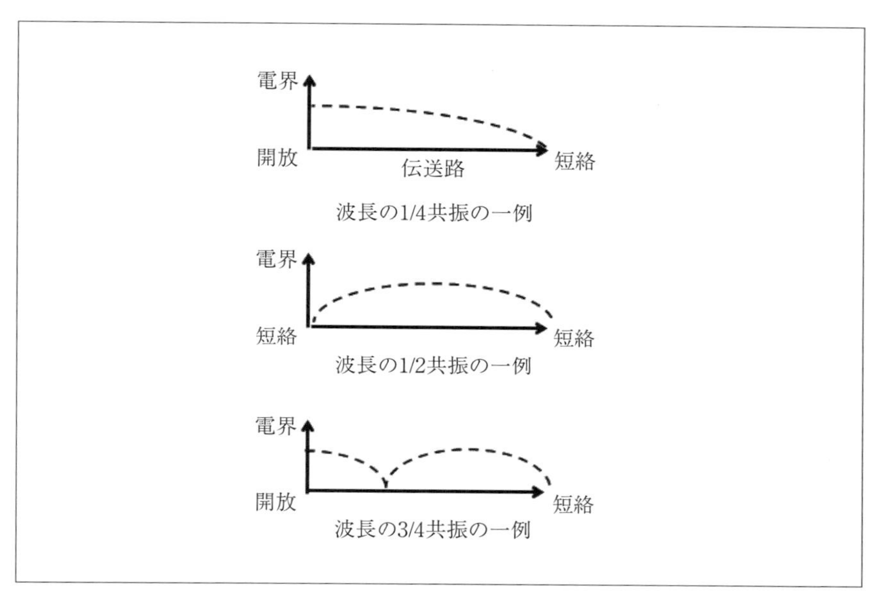

〔図 7.17〕共振時の伝送路上の電界特性と波長の関係例

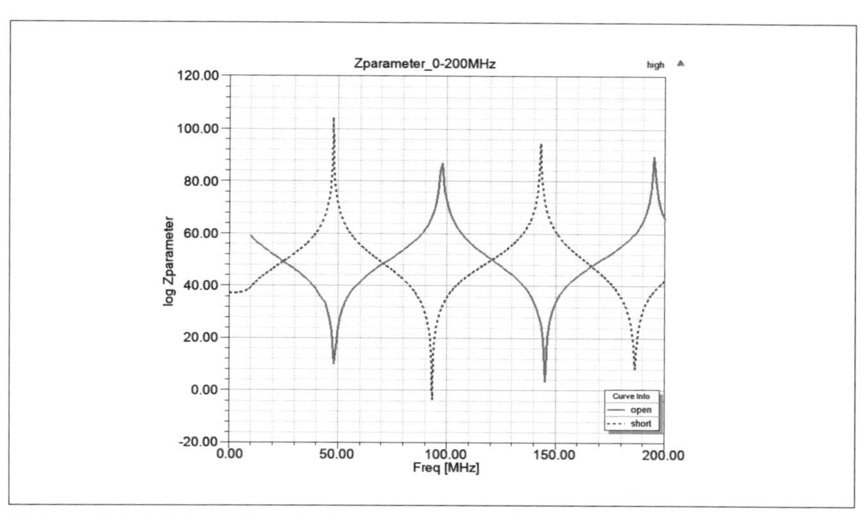

〔図 7.18〕出力端ハイインピーダンス／ローインピーダンス時の Z パラメータ比較

は入力端がハイインピーダンスの場合、(b) は入力端がローインピーダンスの場合の結果である。それぞれ出力端がハイインピーダンスの結果を実線で示す。図 7.19 も図 7.18 同様、出力端をローインピーダンスと

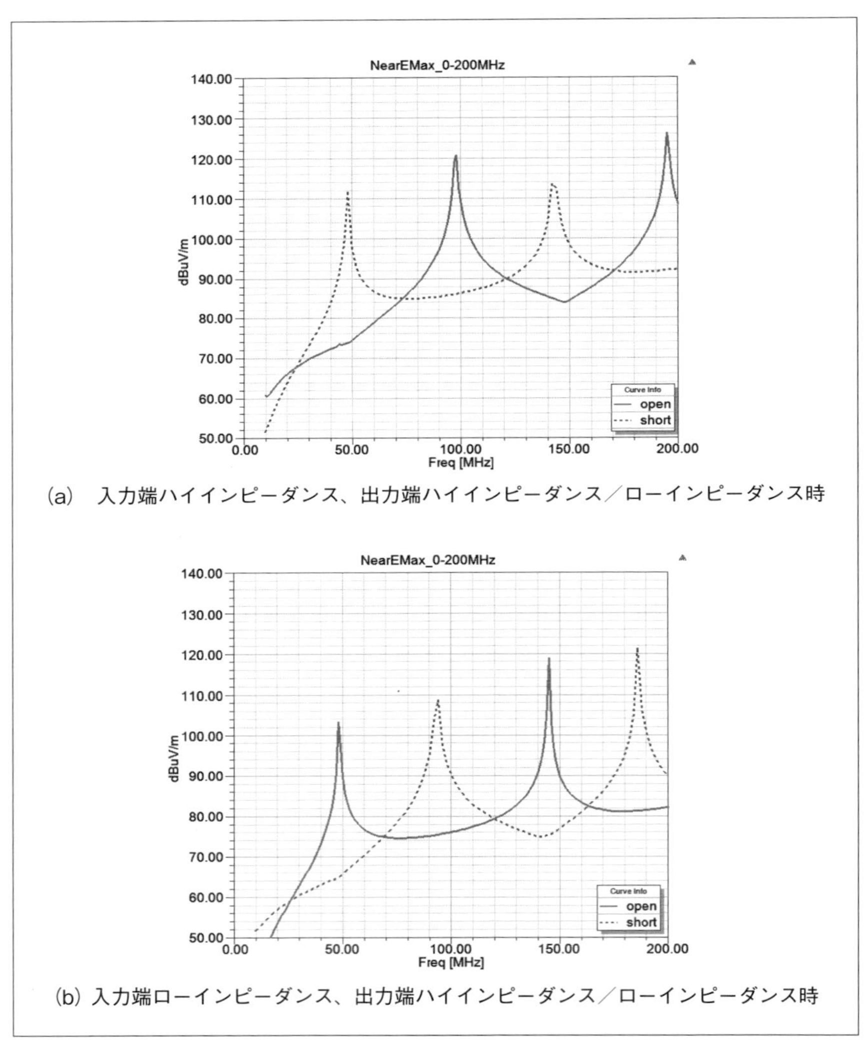

(a)　入力端ハイインピーダンス、出力端ハイインピーダンス／ローインピーダンス時

(b) 入力端ローインピーダンス、出力端ハイインピーダンス／ローインピーダンス時

〔図 7.19〕10m 放射電界強度最大値比較

した結果を点線で示す。

いずれの10m放射電界強度の結果も、出力端がハイインピーダンスの結果は出力端がローインピーダンスの結果と極大極小の関係が逆になっていることが確認できる。そして各結果の極大値、極小値はZパラメータ反共振／共振いずれかに一致していることがわかる。

次に出力端がローインピーダンスの時と同様に電磁界分布を確認する。ここでは10m放射電界強度で共振現象が見られる周波数の代表としてハイインピーダンス側は94MHz、ローインピーダンス側は48MHzの結果を確認する。

図7.20 (a) に94MHzにおける近傍電界強度特性を示す。この図より

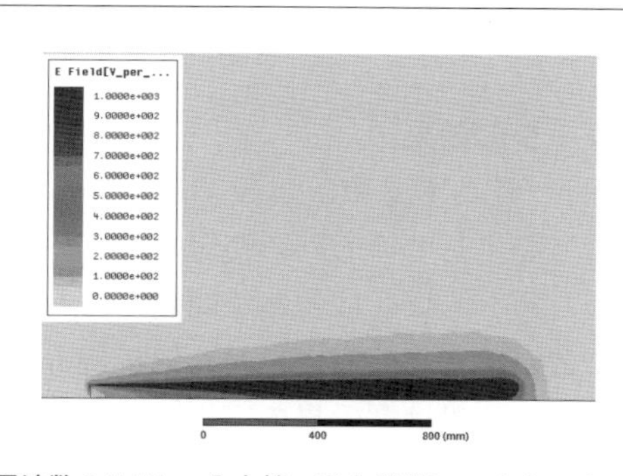

(a) 周波数94MHz、入力端、出力端共にハイインピーダンス時

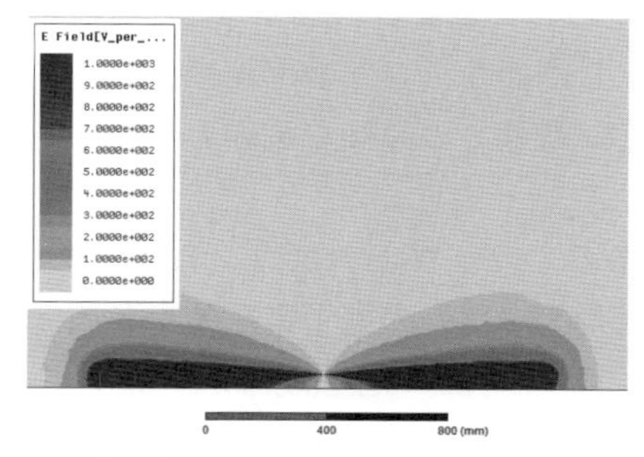

(b) 周波数48MHz、入力端ローインピーダンス、出力端ハイインピーダンス時

〔図7.20〕電界強度振幅値

入力端、出力端共にハイインピーダンスのため、各端の電界が強くなっていることが確認できる。そしてケーブル中点は電界が弱くなっており、また波長の 1/2 で共振していることがわかる。

図 7.20 (b) に 48MHz における近傍電界強度特性を示す。

入力端がローインピーダンス、出力端がハイインピーダンスのため入力端の電界が弱く、出力端が強くなっており、また波長の 1/4 で共振していることがわかる。

今回、伝送路と入力／出力端インピーダンス違いによる現象の違いを示した。このような現象を覚えておけば共振現象を評価するにあたり、Z パラメータと入力／出力端インピーダンスの関係で共振現象を推測することができる。さらに電磁界の可視化により近傍界、遠方界のノイズの振る舞いについて理解を深めることができる。

７．電磁界シミュレータの効果

実際の EMC 問題はプリント基板、実装部品、筐体のいずれかあるいは複数の要素によって発生しているため複雑となる。

問題の原因特定のため、しばしば複雑な問題から基本的な構造に立ちかえり評価を行うことがある。前節で示した解析例も同様であるが、このような評価で得られる結果は電磁界の可視化を行うことでノイズの振る舞いの理解を深めることができる。そして得られた結果は、次の EMC 対策を講じるための貴重な材料とすることができる。

また、第 2 節で示した通り、ソフトウェア、ハードウェアの進歩により、実際の構造に近い状態での評価を電磁界シミュレータで行うことも可能となっている。

例えば図 7.21 にある、ラップトップコンピュータに電磁波を照射し、内部のプリント基板やケーブルの端子電圧値を各周波数で確認する評価や、図 7.22 にある自動車内部の電子機器から放射されるノイズの解析も実評価で利用されている。

このように様々な側面で電磁界シミュレータは利用され、EMC 問題の中でも活用の幅が広がっている。

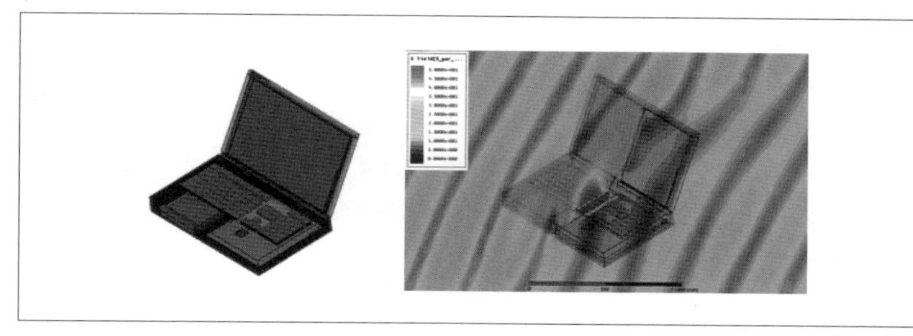

〔図 7.21〕ラップトップコンピュータに平面波を照射した解析

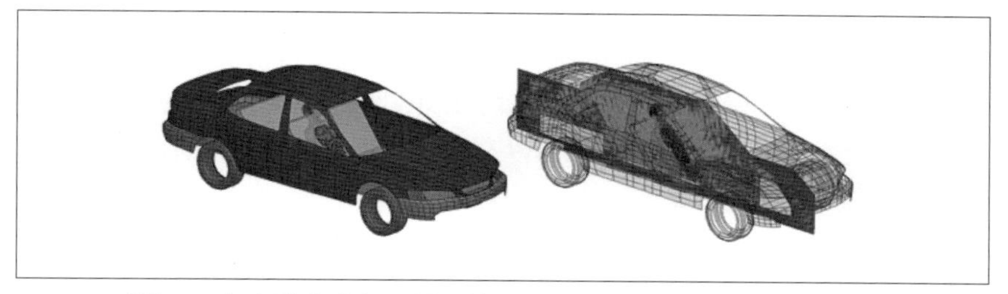

〔図 7.22〕自動車内部の電子機器から放射されるノイズの解析

8．まとめ

今回、電磁界シミュレータを使用したEMC現象の可視化というテーマで、電磁界シミュレータがEMC対策で活用されている背景や電磁界シミュレータを利用する上で理解しておくと便利なマクスウェルの方程式、Zパラメータ、そして電磁界の可視化例を紹介した。

特に第6節のZパラメータと電磁界では、伝送路モデルを利用し、Zパラメータと電磁界の関係を用いて電磁界の可視化の重要性を述べた。

Zパラメータは共振現象をインピーダンスとして捉えることができる便利な量である。今回は伝送路上に電磁界が定在する現象を共振／反共振特性として確認し、Zパラメータでも伝送路が共振する周波数を検出できることを確認した。

電磁界シミュレータを用いることで対象とするモデルのZパラメータのみならず、具体的な電磁界現象を10m放射電界強度最大値や近傍電界強度で確認することができる。今回はＺパラメータの共振周波数における電磁界の振る舞いを確認した。入力端、出力端と伝送路のインピーダンスの関係により、10m放射電界強度最大値が大きくなる周波数に違いがあること、そして近傍電界強度特性もそれぞれの共振周波数によって共振の仕方が変化することを確認した。

一例としてＺパラメータと電界強度を利用したが、電磁界シミュレータはその他に磁界強度や電流密度を出力し、これを考察や対策に用いることも可能である。

以上、電磁界シミュレータを利用することで電磁界を可視化することができるため、様々なEMC問題の原因究明および対策が可能となる。

我々シミュレーションベンダーは、EMC問題に対してより良いソフトウェアとそれらを活用する仕組みを提供し、製品開発に貢献できるよう努力を続けていきたい。

参考文献

1）鈴木誠、五十嵐淳：「EMC・ノイズ対策技術シンポジウム2011ここまでできる！EV/HEVのノイズ解析と仮想ノイズ試験」、社団法人日本能率協会、pp.G2-2-5～G-2-2-7、2011年
2）三輪進：「高周波電磁気学」、東京電機大学出版、pp.11-90、1992年8月
3）小西良弘：「高周波・マイクロ波回路 基礎と設計」、ケイラボ出版，pp.11-16，2003年11月
4）阿部栄太郎：「マイクロ波」，東京大学出版会，pp.2-39，1983年3月
5）インテルミュージアム
http://japan.intel.com/contents/museum/hof/index.html
6）Frederick M. Tesche, Michel Ianoz, Torbjon Karlsson: “EMC Analysis Methods and Computational Models” , John Xiley and Sons, Inc., “CHAPTER3 Lumped-Parameter Circuit Models” , 1997.
7）Cispr25 “VEHICLES, BOATS AND INTERNAL COMBUSTION ENGINES RADIO DISTURBANCE CHARACTERISTICS LIMITS AND METHODS

OF MEASUREMENT FOR THE PROTECTION OF ON-BOARD RECEIVERS" pp.40-49, 2008.

8) Andrex Peterson, Scott Ray, Raj Mittra: " Computational Methods for Electromagnetics " , IEEE Press, 1998.

9) B. Cockburn, G. Karniadakis, and C.-X Shu: " Discontinuous GalerKin Methods: Theory, Computation and Applications" , Lecture Notes in Computational Science and Engineering, Vol.11, 2000.

10) Constantine A. Balanis: " Advanced Engineering Electromagnetics, 2nd Edition" , Xiley, 2012.

第8章

ツールを用いた設計現場での
EMC・PI・SI設計

株式会社 NEC情報システムズ　矢口 貴宏

1. はじめに

電子機器の設計現場は忙しい。そしてEMI問題は製品納期ぎりぎりに、これまで培った設計者のノウハウをフル活用して対策されるケースが多い。しかしそのノウハウの裏づけを取っているケースは少ない。これまで多くの設計者とお話しさせていただいた感想である。

本書「新／回路レベルのEMC設計」の第1章～第7章（掲載済項目を参照）で示された技術的な内容を初め、放射ノイズの原因や対策方法が明らかになってきている。しかしこれを忙しい設計者がすぐに設計・対策に盛り込むことはなかなか難しい。

一方、設計現場で利用するためのツール（ソフトウェア）はいくつかの形態が市販されており、それらを用いて設計段階で可能な限り放射ノイズ対策を行おうとしている企業も増えてきている。

EMI用ツールの形態としては、電磁界等を解析するシミュレータと設計ルールをソフトウェア化したデザインルールチェッカに大別できる。さらに、EMIだけではなく、シグナルインテグリティ（以下SI）やパワーインテグリティ（以下PI）向けのシミュレータも市販されている。

SIは概ねシミュレータで設計を行うことが可能となっている。その大きな要因として、LSIのシミュレーションモデル、例えばIBIS等が提供されていることにある。

しかしPI解析用のLSIシミュレーションモデルはほとんど提供されていない。そのため、設計者は得られる限りの情報を基になんとかPIのシミュレーションを行っているという状況である。

それに比べEMIは、設計現場で高精度なシミュレータを使いこなすことはほとんどできていない。例えば、フルウェーブの電磁界シミュレータはEMIの基礎研究やポイントを絞っての放射ノイズ原因探求、デザインルールの閾値決めなどでは非常に有効であるが、製品レベルの電子機器のプリント基板全体を解析することは時間的にもシミュレーション規模的にも非常に難しい。解析時間や解析規模を小さくするために解析ポイントを絞ることも高度なスキルを要し、またLSIのEMI用シミュレーションモデルもほとんど供給されていないことも装置全体の解析を困難にしている要因である。

そこで本稿では、本書第5章の「チップ・パッケージ・ボードの統合設計による電源変動抑制」と第4章の「幾何学的に非対称な等長配線差動伝送線路の不平衡と電磁放射解析」を基に、設計現場で運用可能なツールを用いた設計の概念と流れを紹介する。

2．パワーインテグリティとEMI設計

図8.1は本書第5章「チップ・パッケージ・ボードの統合設計による電源変動抑制」の図5.1、図5.2を基に、チップ・パッケージ・ボードの電源・GNDの等価回路とPIとEMIの問題要因となる電流ループを示したものである。

LSIのチップの容量成分（Cchip）対、ICパッケージのインダクタンス成分（Lpkg）+プリント基板のインダクタンス成分（Lpcb）+プリント基板上のデカップリングキャパシタのインダクタンス成分（Lcap）との共振（同図のPIループ）により、特定の周波数でLSIのチップの電源・GND端子からみたインピーダンスが上昇してしまう[3)]。この状態で、共

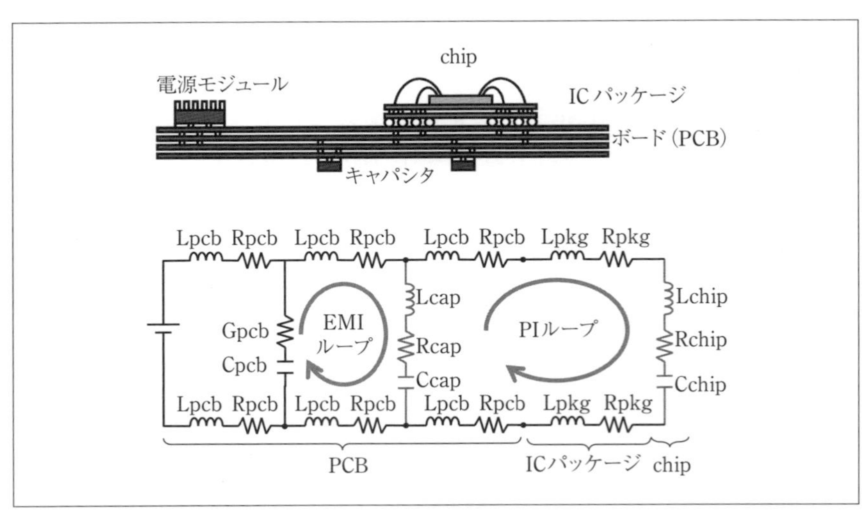

〔図8.1〕チップ・パッケージ・ボードの電源・GND等価回路

振の周波数とLSIの動作の高調波がほぼ一致すると、LSIのチップの電源電圧が一時的に低下する。その結果LSIが誤動作する危険性がある。これがPIに関する誤動作の一要因である。

一方、プリント基板の電源・GND間のRLGC（同図のRpcb・Lpcb・Gpcb・Cpcb）とプリント基板上のキャパシタが共振（同図のEMIループ）する。この共振は主に放射ノイズの原因となる。

この図のPIループとEMIループを見ると、プリント基板上の電源・GND間キャパシタが両方に関与していることがわかる。つまり、このキャパシタがPIとEMIの両方に影響を与える。従って、装置設計では、PIとEMI両方を考慮したキャパシタの値や配置位置を行うことが重要となる。

2－1　PI設計

最初にPIを考慮してキャパシタの値・配置位置を決定する。本稿でのPIは、LSIが電流を消費する際に、LSIのチップ部の電源・GND間の電圧が変動することでそのLSIの動作が不安定になり、装置が誤動作することに着目する。

図8.2は、LSIのチップ部の電源・GND間インピーダンスの解析を、シミュレーションツールを用いて行った結果である。このツールはPEEC法を用いており、プリント基板の電源・GND間の等価回路を作成して回路シミュレータで解析する。その特長はモデリングおよび解析速度が速いことであるため、装置の設計現場でも利用しやすい。上図はLSI周辺の伝達インピーダンス（Z_{21}= プリント基板上の電圧÷LSIの動作電流）であり、プリント基板の左下位置にあるLSIが動作することで、その周辺、特にLSIの電源ピンの位置でZ_{21}が高くなっていることがわかる。

また、下図はLSIのチップ部の電源・GND間インピーダンスの周波数特性を示しており、①はPI設計前の状態で、②はPI設計後の状態である。①を見ると、78MHzでインピーダンスが高くなっている。これが、LSIのチップの容量成分（Cchip）対、ICパッケージのインダクタンス成分（Lpkg）+ プリント基板のインダクタンス成分（Lpcb）+ プリント基板上のデカップリングキャパシタのインダクタンス成分（Lcap）との共振によるものである。そこでこの共振のピークを抑えるために、LSIの電源ピン近くにキャパシタを追加する。今回は78MHzに共振点（引出し線とヴィアのインダクタンス成分考慮）を持つキャパシタとして1000pF、2200pF、4700pFのキャパシタを1個ずつ追加すると、②のイ

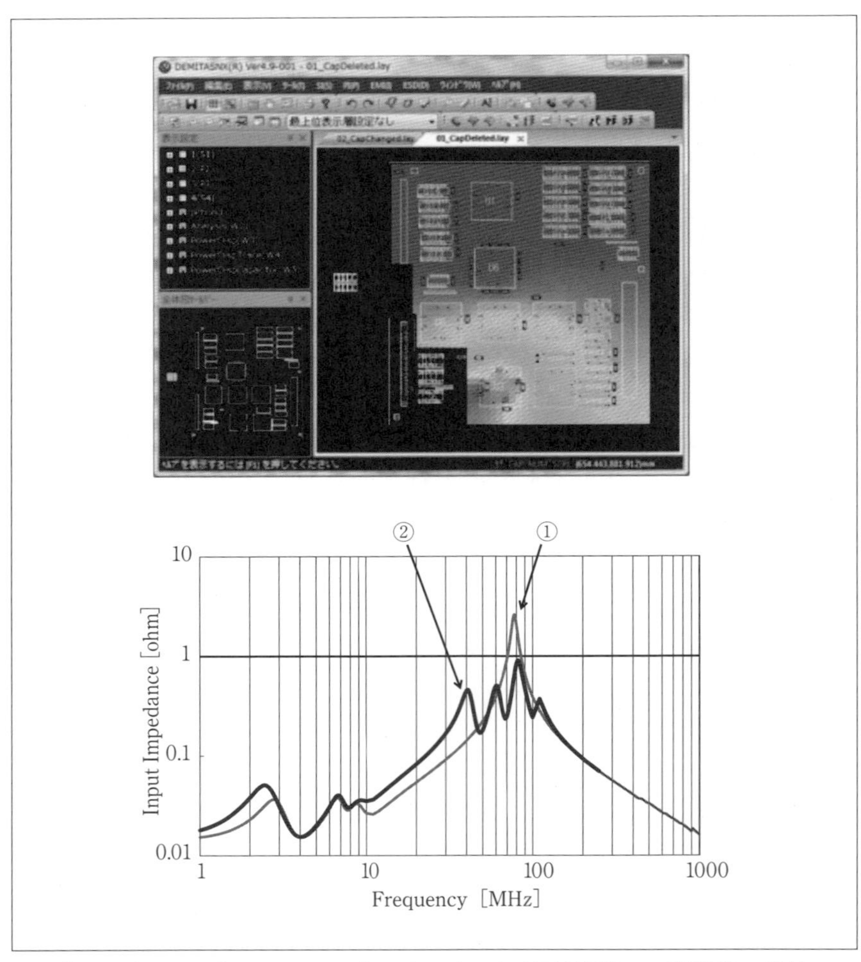

〔図8.2〕チップ・パッケージ・ボードによる反共振とPI設計後の特性

ンピーダンスとなり、広い周波数でLSIのチップ位置での電源・GND間インピーダンスを下げることができる。

このように、LSIのチップとパッケージの特性、およびプリント基板の特性がわかれば、その共振（反共振）を抑えるためのキャパシタの選定が可能となる。

2－2　LSIモデルが入手できない場合の設計

前節のとおり、PIに関する不具合の一因はLSIとプリント基板の共振によるもので、PI解析を行う場合LSIのシミュレーションモデルが必須となる。しかし現状では、LSIのPI用シミュレーションモデルはほとんど入手することができない。

そこで、半導体ベンダからLSIのPI用シミュレーションモデルを入手できない場合の『回避的』PI解析手法を紹介する。半導体ベンダから得られる情報の内容によって数種類の方法が考えられているが、今回はその内の一つである「IBISモデルがあり、かつ、シリコンチップのかなりおおよそな容量値がわかっている場合」について説明する。

前述の通り、PI解析に必要なLSIの情報は、LSIのチップの容量値とICパッケージのR・L・C値である。

そこでICパッケージの情報をIBISモデルから類推する。IBISモデルには1ピン当たりのICパッケージ情報が記載されている（IBIS内のRpkg、Lpkg、Cpkg値）。

対象となる電源（例えば3.3V）に接続するLSIの電源ピンがN個存在する場合、電源ピン全体のR・L・CをRpkg/N・Lpkg/N・Cpkg×Nとする。

次にシリコンチップの対象となる電源・GND間容量だが、これはざっくりの値を半導体ベンダから聞き出す必要がある。例えば半導体ベンダからの回答が「3.3V系の電源・GND間の容量はざっくり1nFオーダーでしょうか。でも保証できません。」だったとする。心の中では保証して欲しいと思いつつ、現実的な設計としてシリコンチップの容量（以下Cchipとする）を1nFと10nFと、10倍の誤差を考慮して2回の解析を行う。半導体ベンダの回答に対して10倍まで誤差を考慮できていれば、設計としてはほぼ問題ないであろう（そのため実機検証は必須である）。

図8.3は、横軸周波数で1MHz～1000MHz、縦軸はシリコンチップの位置で見た電源・GND間インピーダンスである。実線（120MHz辺りに共振ピークありの線）はCchipが1nFの場合、点線（48MHz辺りに共振ピークありの線）はCchipが10nFの場合の電源・GND間インピーダンスである。この2線を比べると、Cchipが10倍違った場合、共振周波数は$\sqrt{10}$倍、つまり約3倍違っていることがわかる。

なお、今回の仮定として、ターゲットインピーダンス（電源・GND間インピーダンスの許容上限値）を5Ωとする。図8.3では、Cchipが1nF時も10nF時も電源・GND間インピーダンスはターゲットインピーダンスを超えている。

そこで、まずCchipを1nFと仮定した場合のPI設計を行う。図8.4の通り、LSI付近にキャパシタを追加する前には、LSIのチップ位置で見た電源・GND間インピーダンスは約20Ωであった。そこに200MHz付近に自己共振周波数（キャパシタの引き出し線やヴィアも考慮）を持つキャパシタである100pF～0.01μFのキャパシタ12個を追加することで、電源・GND間インピーダンスをターゲットインピーダンス以下に下げることができた。

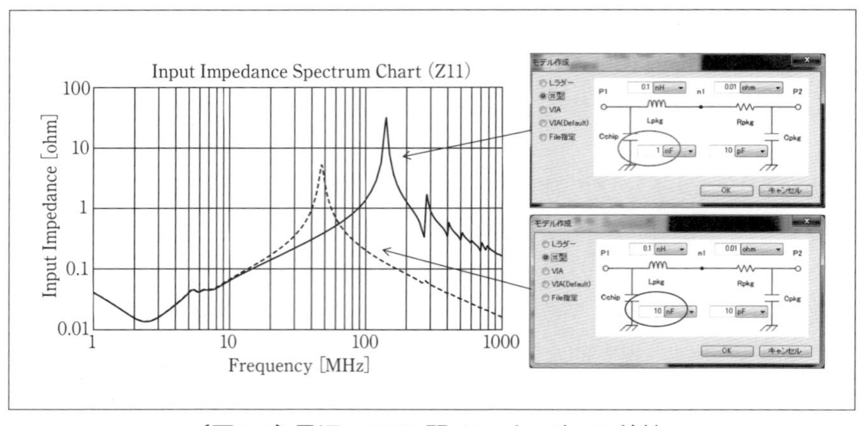

〔図8.3〕電源・GND間インピーダンス特性

次に、キャパシタを追加した状態で、Cchip を 10nF と仮定して PI 解析を行う。その結果が図 8.5 である。まず実線は Cchip が 1nF 時で、図 8.4 の図の通り電源・GND 間インピーダンスをターゲットインピーダンス以下にできている。一方点線は Cchip が 10nF の時で、こちらも電源・GND 間インピーダンスをターゲットインピーダンス以下になっており、これ以上のキャパシタの追加は必要ないと判断できる（今回の例では、

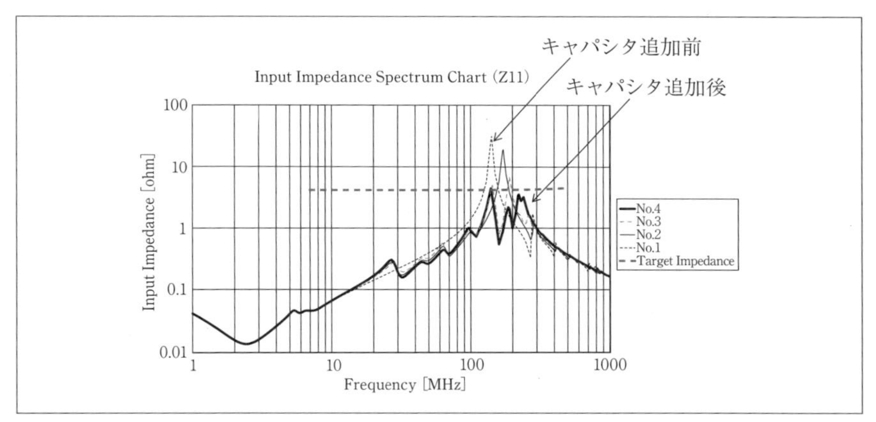

〔図 8.4〕Cchip を 1nF と仮定した場合の PI 設計

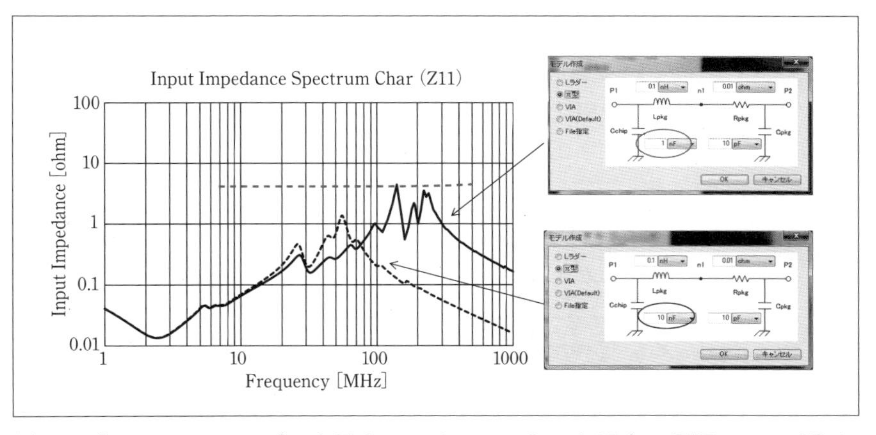

〔図 8.5〕シリコンチップの容量を 1nF と 10nF とした場合の電源・GND 間インピーダンス

2回目の解析であるCchip=10nF時はキャパシタの追加は不要であったがキャパシタを追加する必要がある場合もある)。

このように、Cchipが1nFでも10nFでも、適切なキャパシタの選定を行えば電源・GND間インピーダンスをターゲットインピーダンス以下にすることができるため、Cchipの正確な値が入手できていなくても、ある程度の値がわかればPI設計を行うことが可能である。

2－3　EMI設計（電源・GND間共振）

PI設計に続いてEMI設計を行う。図8.1におけるEMIループの共振はプリント基板の電源プレーンとGNDプレーン、および電源・GND間に接続するキャパシタにより発生する。この共振が発生すると、電源プレーンとGNDプレーンがパッチアンテナとして働き、放射ノイズを増大させる(図8.6)。

この共振を抑制するためにツールを利用する。PI解析時と同様、解析速度の速いPEEC法を用いたシミュレータで電源・GND間共振を解析した結果が図8.7である。

この左図は、共振の周波数特性を示している。横軸は1MHz～1000MHz、縦軸は共振の大きさを示している。この結果から、350MHz辺りに最も低い周波数での共振が発生していることがわかる。右図からは共振の腹節を示している。赤などの暖色系の位置が共振の腹で、電圧がバタバタ暴れている箇所である。

さて、PI設計ではLSIとプリント基板の共振周波数に合ったキャパシ

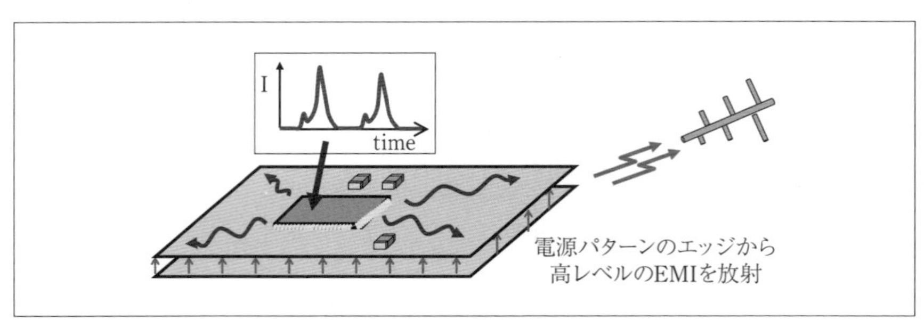

〔図8.6〕電源・GNDプレーン間共振

タの値を用いて電源・GND 間インピーダンスを低減させた。これと同じように、今回は 350MHz 辺りで最もインピーダンスの低くなるキャパシタを追加してみる。

図 8.8 は、キャパシタ、および引出し線とヴィアのインダクタンス成分を含めたインピーダンスの周波数特性である。350MHz 辺りで最もイ

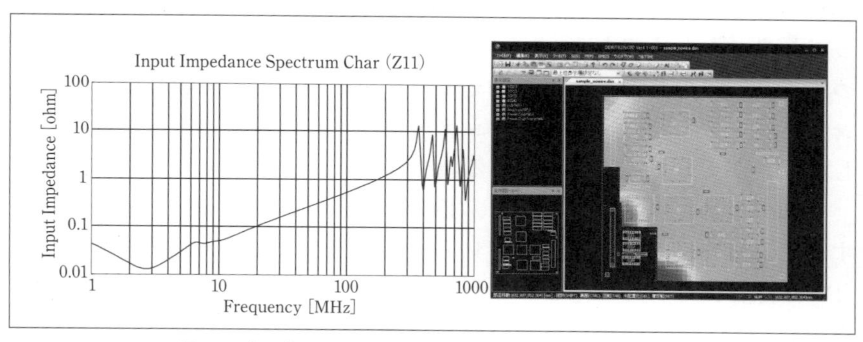

〔図 8.7〕プリント基板の電源・GND 間共振解析

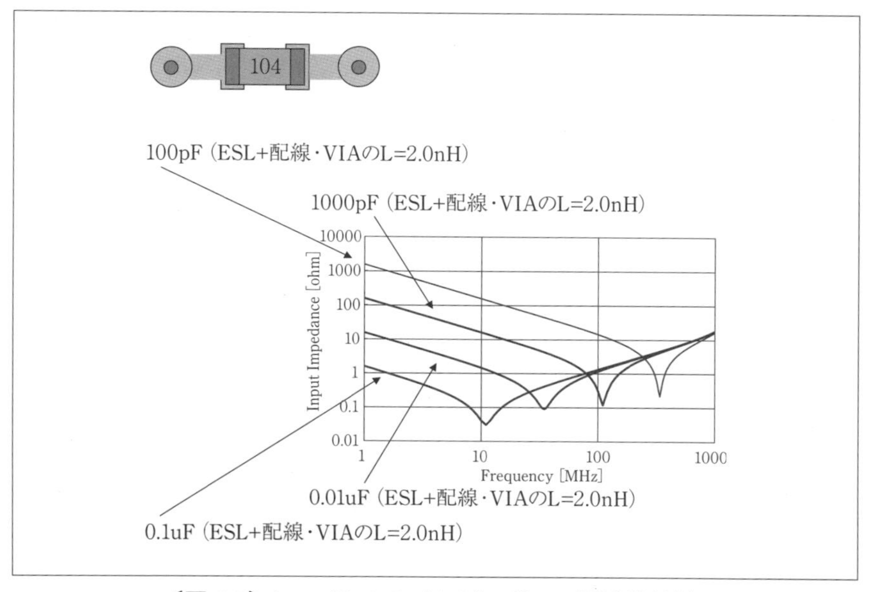

〔図 8.8〕キャパシタのインピーダンス周波数特性

ンピーダンスが低くなるものは100pFのキャパシタであることがわかる。

そこで、100pFのキャパシタを共振の腹（図8.9右図の○位置）に追加する。その結果が図8.9左下図である。確かに350MHzにあった共振ピークはかなり小さくなったが、280MHz辺りに新たな共振が発生していることがわかる。これは、追加した100pFのキャパシタと、プリント基板のインダクタンス成分（図8.1のLpcb）との共振が新たにできあがってしまったためである。さらに新たな共振は既存の共振よりも大きい。つまり、一つの共振ピークを抑えようと、その共振周波数で最も低いインピーダンス特性を示すキャパシタを追加すると新しい共振が発生してしまい、かえって危険性が高まる場合がある。

そこで改めて図8.8を見ると、350MHz辺りでは0.1uF～1000pFのいずれでもほぼ同じ特性を示している。つまり、350MHzの共振を抑えるという点ではこれらの内どれを用いても効果は変わらないと言える。また1000pFの場合キャパシタの共振周波数が100MHz付近にあるため、キャパシタをプリント基板に追加することでその周波数近辺で新たな共振を生んでしまう危険性がある。そこでできるだけキャパシタの共振周波数が低く、350MHz辺りではインピーダンスが低く、また単価が（一般的に）安い0.1μFのキャパシタを使うことがベターと言える。

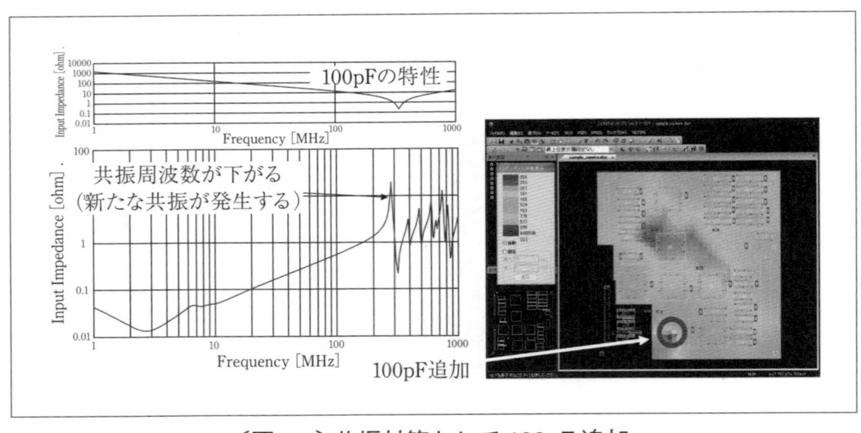

〔図8.9〕共振対策として100pF追加

このように、プリント基板の電源・GND間共振が抑制されるまで、シミュレーションにより得られた共振の腹の位置に0.1μFのキャパシタを追加することが電源・GND間共振の抑制になり、結果的に放射ノイズの低減につながる（これ以外にはRC直列回路であるスナバ回路を用いる方法もある）。

以上のような流れでPI設計とEMI設計を行うことで、電源・GND間のPI的およびEMI的ノイズを低減することができる。

3. SIとEMI設計

本書第4章の「幾何学的に非対称な等長配線差動伝送線路の不平衡と電磁放射解析」では、差動信号からの放射の危険性が説明されている。図8.10は、第4章の図4.1を模式化したものである。

本来差動信号は＋信号と－信号は180度の位相差のまま伝送されることが望ましいが、差動信号の片方（図4.1では上側の信号）に迂回経路（コブ）ができることで＋信号と－信号の位相差が180度からずれた状態ができる。しばらくこの状態が続いたあと、もう片方の信号（図4.1では下側の信号）に迂回経路ができて、＋信号と－信号の線長が等しく

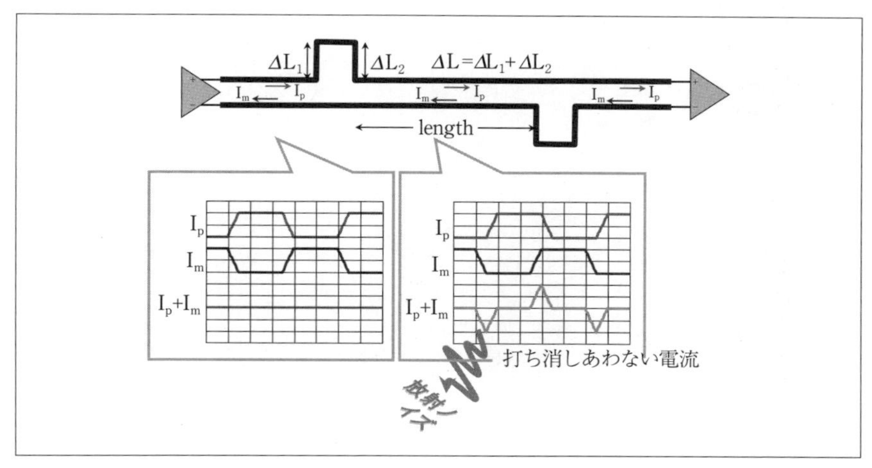

〔図8.10〕差動信号の不平衡

なる。差動信号の等長性という点では問題ないが、＋信号と－信号が180度からずれた状態が長くなると放射ノイズの原因となる[4)]。

さて、装置設計としては、差動信号は信号を正しく伝達すること、つまりSIがEMIよりも優先となる。SIとしては、差動信号は＋信号線と－信号線が極力等長でなければならない、という基本的な概念は理解されているが、「極力」が何mm以内を意味するかは不明確である。そこで、プリレイアウト、つまりプリント基板のアートワークを行う前にSI用シミュレータを用いて誤差の範囲を決め[5)]、これを基にプリント基板の設計が行われる。今回の例では＋信号と－信号の許容誤差は1mm以下とする。

図8.11は、許容誤差範囲を考慮し補正した後の差動信号の設計データである。補正前の段階では内側信号線は外側信号線に比べ長くなる。そこで内側信号線にコブ（ミアンダ）を作りこむことで、配線長差を

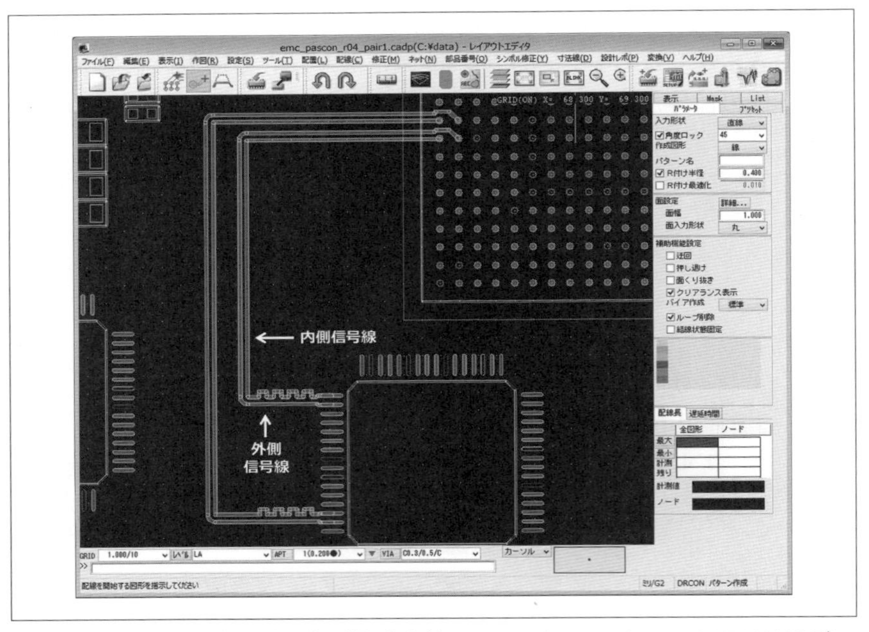

〔図8.11〕差動配線の等長化（株式会社 ワイ・ディー・シー　CADVANCE）

1mm 以下にでき許容誤差範囲内となった。

次に SI シミュレータで伝送特性を解析する。図 8.12 は IBIS ベースのシミュレータでの実行例である。この図の下図はレシーバ端での差動信

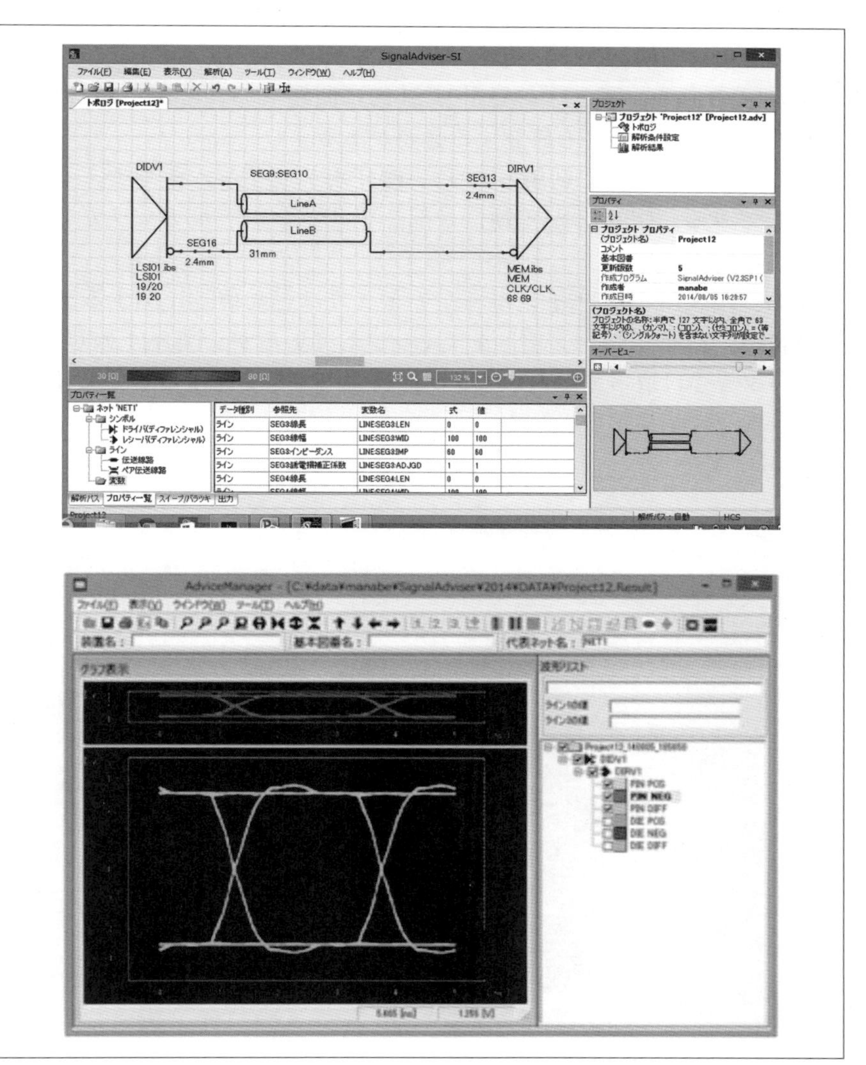

〔図 8.12〕SI シミュレーション（富士通株式会社　SignalAdviser-SI）

号波形であるが、アイパターンの開口も広く、正しく伝達されることがわかる。

図8.12のSIシミュレータと図8.11のCADはインターフェースが取れており、データ授受や設定等あわせても短時間で波形を得ることができ、設計現場で使いやすい環境となっている。

図8.12の通り、図8.11の設計はSI的に問題ないことがわかったが、EMI的には問題ないかを確認する必要がある。

そこで、設計現場で利用しやすいEMI用デザインルールチェッカを利用してみる。図8.13が差動信号部をデザインルールチェッカでチェックした例である。

なお、図8.13のデザインルールチェッカは差動信号に関するチェックを含め、13のチェック項目をチェックしているが、図8.11のCADからデータを受け取ってからチェック項目すべてを実行するまでに設定込みで、数分で結果が得られる。

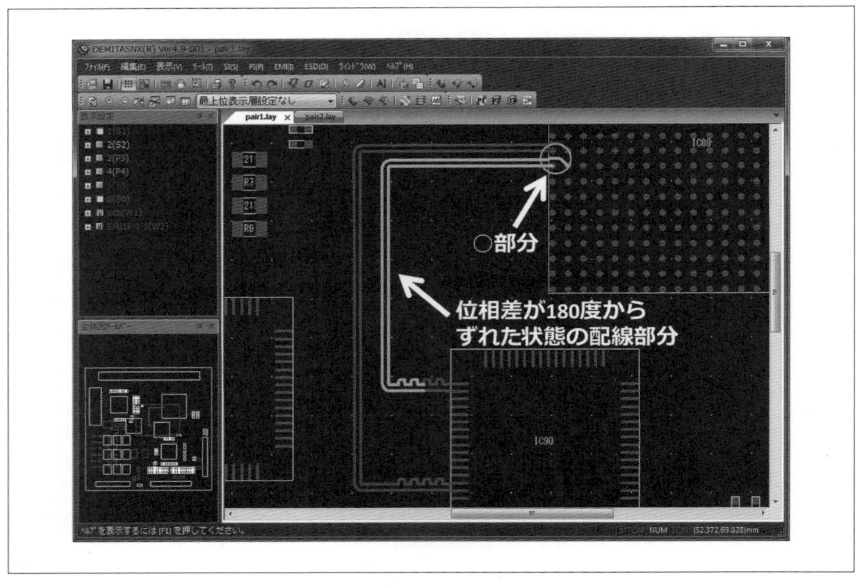

〔図8.13〕EMIデザインルールチェック（日本電気株式会社　DEMITASNX）

さて、図8.13を見ると○部分が差動信号のドライバであり、+信号と－信号のピン配置の関係で、片方の信号配線が長くなり、位相差が180度からずれた状態が始まっている。その後の差動信号線が矢印で示した差動配線部分が、位相差がずれた状態のままの線路長が規定値より長くなっていると指摘されている。これは図8.10の状態にあたる。以上から図8.11の設計は、伝送線路として信号は正しく伝送できるものの、放射ノイズ増大の危険性をはらんでいることがわかる。

そこで、レイアウトCADを用いてコブ（ミアンダ）の位置を変更する。大事なポイントは図8.14の+信号と－信号の長さがずれてしまっている箇所の近くで長さを補正することである。例えば、図8.14①では、ピン配置により上側の信号配線長が長くなっているが、その近くで下側の信号配線にコブを作り、狭い範囲で配線長のずれを矯正する。同様に②、③部でも、片方の配線が長くなってしまった近くでコブにより配線長差の矯正を行う。この状態でEMIデザインルールチェックにかけた

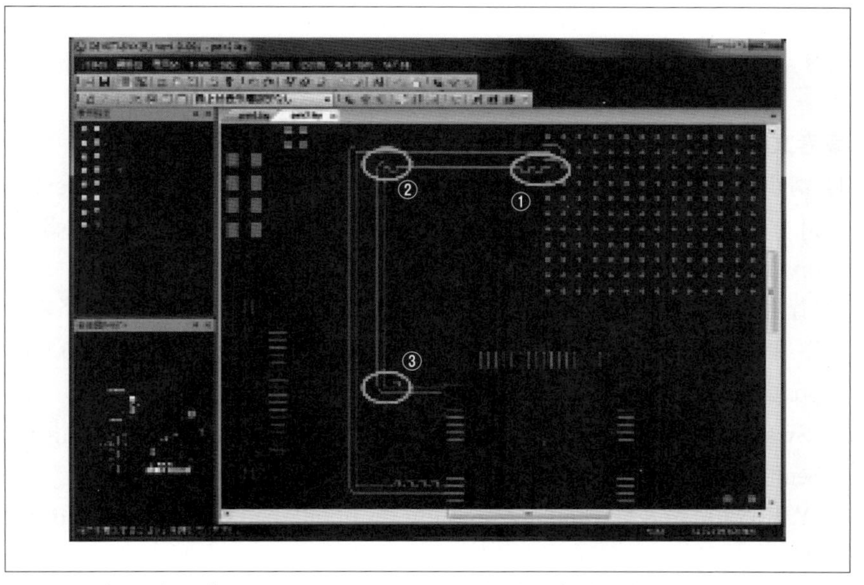

〔図8.14〕配線長ずれ矯正後のチェック結果（日本電気株式会社　DEMITASNX）

結果が図8.14で、対象とする差動信号ではエラーマークが付いておらず、EMIを考慮した設計として問題ないことがわかる。

以上からSIとEMIのシミュレーションやデザインルールチェックを用いることで、短時間で両方を考慮した設計を進めることができる。

4．まとめ

本稿では、PIとEMI両方を考慮した設計例と、LSIのPI用シミュレーションモデルがない場合にLSIのチップの容量値を振った方法での『回避的』PI解析の方法を紹介した。また、SIとEMI両方を考慮し、レイアウトCADと連携した設計現場で利用可能な設計の流れを紹介した。

謝辞

本稿のCADデータご作成、および解析の実行をしていただいた株式会社ワイ・ディー・シーの真鍋良明氏、松本明彦氏様、白鳥高之氏に感謝いたします。

本稿に記載のある社名およびツール名は、各社の商標または登録商標です。

参考文献

1）清重翔、市村航、須藤俊夫：「チップ・パッケージ・ボードの統合設計による電源変動抑制」、月刊EMC、2014年4月号、No.312、pp.122-131

2）萱野良樹、井上浩：「幾何学的に非対称な等長配線差動伝送線路の不平衡と電磁放射解析」、月刊EMC、2014年2月号、No.310、pp.128-137

3）Swaminathan and A. Ege Engin,M. : “Power Integrity Modeling for Semiconductors and Systems” , Prentice Hall, 2007.

4）Y. Kayano and H. Inoue : “A Study on Imbalance Component and EM Radiation from Asymmetrical Differential-Paired Lines with U-Shape Bend Routing” , 信学技報，EMCJ2012-75，Oct. 2012.

5）佐藤敏郎、折原広幸他：「LSI、PCB 一体ノイズ解析システム」、電子情報通信学会論文誌 C、エレクトロニクス J89-C（11）、pp.817-825、2006 年 11 月 1 日

第9章

3次元構造を加味した
パワーインテグリティ評価

日本アイ・ビー・エム株式会社　藤尾 昇平

1．はじめに

近年の電子システムにおいてはLSI等の半導体部品の高集積化がすすみ、製品は年々小型化している。これに伴って回路配線板も高密度となり、信号配線のみならずグランド・電源配線の微細化が進んでいるが、消費電力の増大に対処するために動作電圧は低下する傾向にある。このため、電源回路からのEMIノイズや、外来ノイズの影響が問題となっており、いわゆるSSN（Simultaneous Switching Noise: 同時スイッチングノイズ）を考慮して信号配線のSI（Signal Integrity）を実現する設計に加えて、LSIの安定動作のためのPI（Power Integrity）やEMI（Electromagnetic Interference）ノイズを考慮したPDN（Power Delivery Network）設計が重要な課題となっている。

PDNのPI評価を行うためには、一般に半導体チップ、パッケージ、そして電源を供給する回路配線板（PCB, Printed Circuit Board）の要素に分割して解析評価を行う[1),2)]。それぞれの要素について、デカップリングコンデンサや配線パターン等を個別に設計する手法[3)]に加えて、最近では3つの要素を同時に取り扱い協調設計する手法[4)]や、LSIのIBISモデルやデバイスモデルを用いてPIとSIを同時に評価する等の手法[5)]があるが、正確な解析評価を行うためには当該製品の設計データ（等価回路等）や構造情報が必要となる。このため、設計初期段階などの具体的なデータが存在しない場合については既存の類似製品の設計データを用いた評価手法等も提案されている[6)]。これらのPDN設計手法においては、チップ・パッケージから見込んだ電源回路のインピーダンス特性値を評価パラメータとし、安定動作のための目標値（ターゲットインピーダンス）を満たす様に設計を行う。

半導体チップ・パッケージ、配線板について協調設計を行う際に用いられる設計データとしては製品の配線板設計データ、パッケージ・チップの等価回路データが用いられることになるが、実際の製品では筐体内でそれぞれの部品が3次元的に接続されており、信号配線を経由する以外にも空間的な影響が存在する。例えば、配線板上に配置された半導体パッケージと配線板の間には寄生容量が存在するが、この結合がEMI

のコモンモード放射の要因になることがある[7]。このようにPDN設計評価においてPI特性と同時にシステムからのEMIノイズも考慮するためには、3次元的構造も加味した解析を行う必要がある[8]。本稿では、先に述べたEMIノイズ対策およびPIを考慮したPDN設計のための手法として、2枚の配線板を接続したモデルを例として3次元シミュレータを用いた解析評価の結果を紹介し、3次元構造がPI性能にあたえる影響について述べる。

2. PI設計指標

一般にPDNのPI設計における設計指標としてはターゲットインピーダンスが用いられる。これは電力を必要とする回路素子からみこんだPDNのインピーダンス特性であり、回路素子が安定動作するために必要な電源電圧を維持するために十分に低いインピーダンスを持つ必要があるためである。一例として、図9.1に示すように電源回路（電圧：Vcc）が実装された回路配線板（電源配線インピーダンス：Z）にLSI（パッケージと半導体チップからなる）が接続されており、安定動作するための許容リプル電圧率（r）が10%以下である場合のPI特性（ターゲットインピーダンス）を求めてみる。LSIに流入する電流をIとするとLSIの電源端子におけるリプル電圧は式(9.1)(9.2)の関係を満たす必要がある。

$$Z_{target} \times I \leq V_{cc} \times r \quad \cdots\cdots (9.1)$$

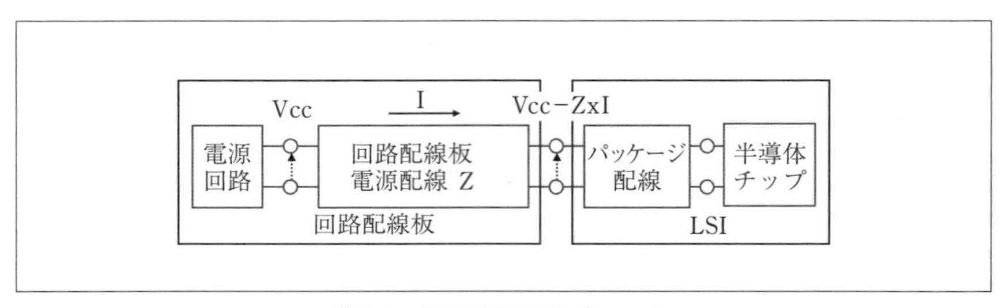

〔図9.1〕PDN解析ブロック

$$Z_{target} \leq \frac{V_{cc} \times r}{I} \quad \cdots\cdots\cdots\cdots\cdots\cdots\cdots\cdots \quad (9.2)$$

ここで、

Z_{target}：ターゲットインピーダンス[Ω]
V_{cc}：電源電圧[V]
r：許容リプル電圧率[%]
I：電源の最大電流値[A]

つまり回路に発生するリプル電圧（式9.1左辺）が許容リプル電圧（式9.1右辺）以下となる必要があり、これを満たすインピーダンスZの最大値をターゲットインピーダンス（Z_{target}：式9.2）と言う。

具体例として電源電圧V_{cc}=3.3V、LSIの最大電流：I=3A、許容リプル電圧率：r=10%の時、Z_{target}=0.11Ωとなる（式9.3）。

$$Z_{target} \leq \frac{3.3[V] \times 0.1}{3[A]} = 0.11\Omega \quad \cdots\cdots\cdots\cdots\cdots\cdots \quad (9.3)$$

3．システムの3次元構造における寄生容量

システムのPI解析を行う場合に、半導体チップ、パッケージ、配線板の要素に分割されると述べたが、実際には例えば図9.2（a）に示すような構造が考えられる。つまり配線板上に接続ピンあるいはBGAなどを用いて半導体チップが実装されたLSIパッケージが接続される構造であるが、この場合パッケージと配線板間には容量性の結合（CCM）が存在することになる。この容量性結合はシステムの回路図には表れてこないため通常のPI解析には含まれないが、実際にはPIやEMIノイズ放射に影響を与えることがある。本稿では図9.2（b）に示すような電源・グランドプレーンを持つ2枚の配線板がケーブルで接続された構成において、両者が平行に配置された構造（図9.2（b））および垂直に接続された

構造（図 9.2（c））について 3 次元電磁解析モデルを作成し電源インピーダンス・放射電磁界についてシミュレーション解析を行った。

4．3 次元 PI 解析モデル

図 9.2（b）に示した構造の 2 枚の配線板からなるシステムについて PI 解析を行うモデルとして、配線板全面にわたるグランドプレーンと島状の電源パターンを持つ厚さ 1mm の 2 枚の配線板モデル A、B を図 9.3、図 9.4 のように作成した。本解析では、負荷部品（LSI 等）からみこんだ PDN のインピーダンス特性を評価するため解析用電圧源（Rs=10Ω）を負荷部品位置に配置し、電源回路はその内部抵抗として Rv=0.1Ω とし

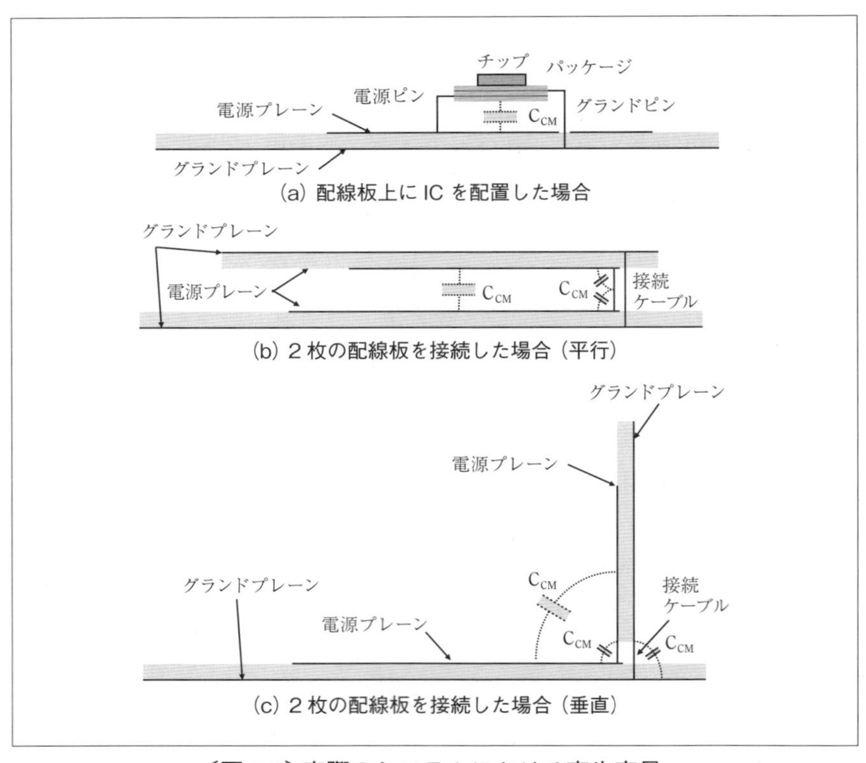

〔図 9.2〕実際のシステムにおける寄生容量

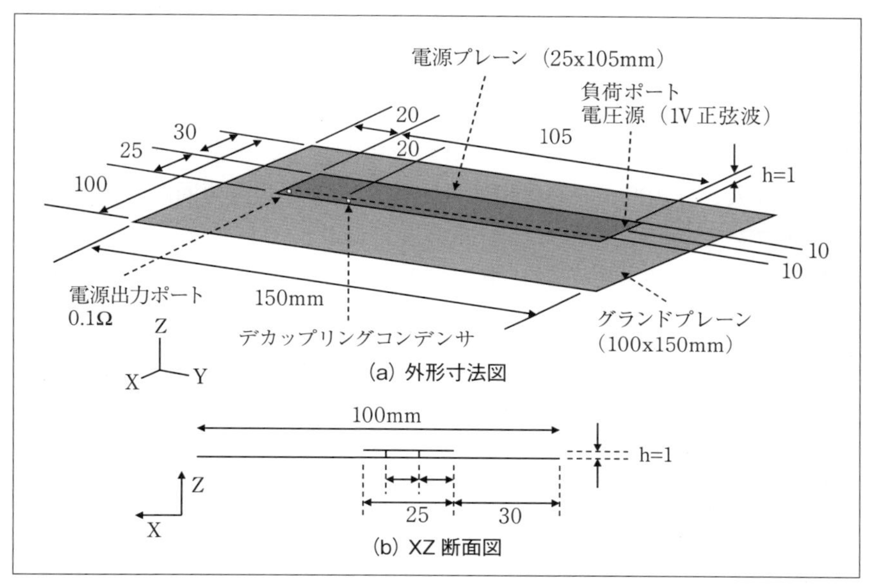

〔図 9.3〕解析モデル A

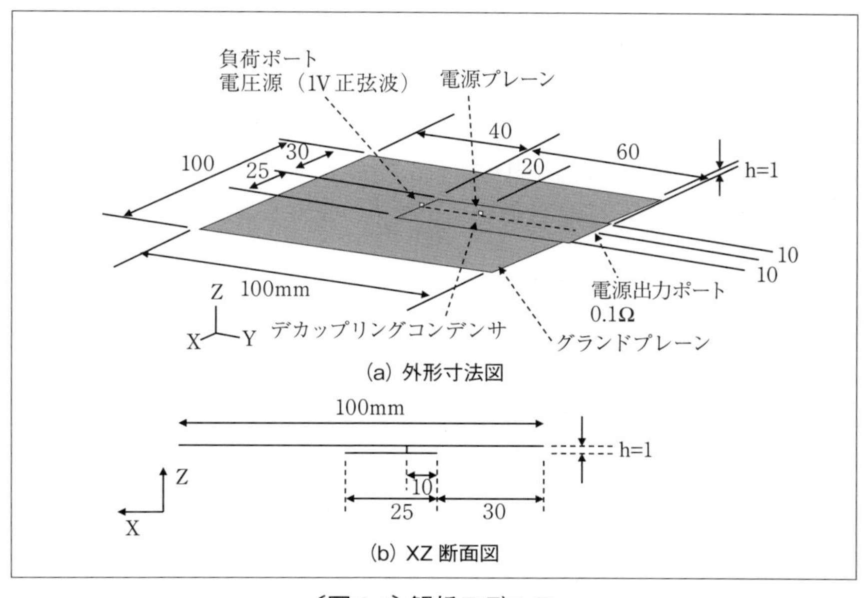

〔図 9.4〕解析モデル B

て表現した（図 9.5）。

モデル A は大きさ 100mmx150mm の配線板であり、電源回路の位置に Rv=0.1Ω を、負荷回路の位置に電圧源（1V 正弦波）を配置し、電源用デカップリングコンデンサ（10nF）を電源付近に配置した。同様にモデル B は大きさ 100mm×100mm の配線板に電源、負荷回路、デカップリングコンデンサをもつモデルである。なお、モデル B ではグランドプレーンに対して Z 軸下側に電源プレーンを配置した。さらに、モデル B を X 軸に対して 90 度回転させて配線板を Z 軸方向縦に配置したモデル C も作成した。

次に 2 枚の配線板と接続したモデルとして、モデル B をモデル A の上部平行に間隔 h=5mm で配置したモデル AB、およびモデル A とモデル C を間隔 h=5mm で接続したモデル AC を図 9.6、9.7 の様に作成した。モデル AB、AC に用いた配線板 B,C のグランド・電源パターンは同一である。配線板間はケーブル接続を想定して、幅 1mm、間隔 1mm で配置した平行 2 線（Zo=231Ω 相当、2 次元電磁解析シミュレータによる解析値）で接続し、解析に当たってはモーメント法による 3 次元電磁解析シミュレータ（IBM EMSIM[9),10)]）を用いた。なおデカップリングコンデンサはチップ部品を想定し、10nF のコンデンサは等価回路として直列に ESR=0.25Ω（等価直列抵抗）、ESL=0.6nH（等価直列インダクタンス）、C=10nF を持つ部品とする（図 9.5）。

さらに、モデル AB,AC において、デカップリングコンデンサの数を

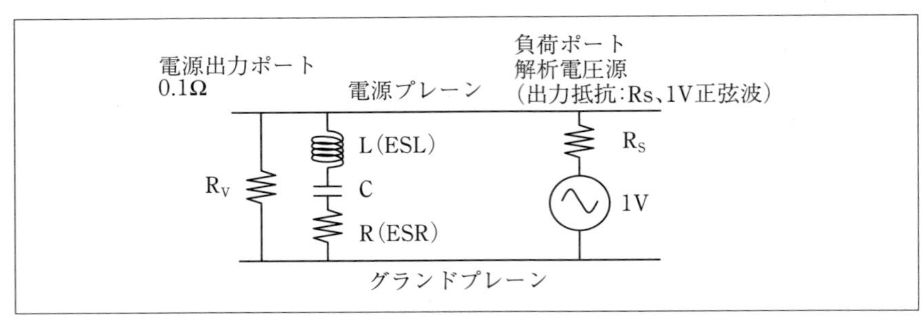

〔図 9.5〕回路図（モデル A, B, C）

変化させたモデル（図 9.8）、2 枚の配線板のグランド間にグランド接続点を設けたモデルも作成した（図 9.9）。これは実際のシステムにおける金属ねじやスタッドを用いた接続を想定したもので、筐体組立のための構造としての要素と同時にグランド回路の電気的接続を担うものとなる。なお、電磁解析シミュレーションに用いた各パラメータを表 9.1 に示す。また、30MHz 以下の放射は EMI 放射規制の対象となる周波数域には含まれないが、インピーダンス特性と同様に 1MHz ～ 1GHz までの周波数域について解析を行った。

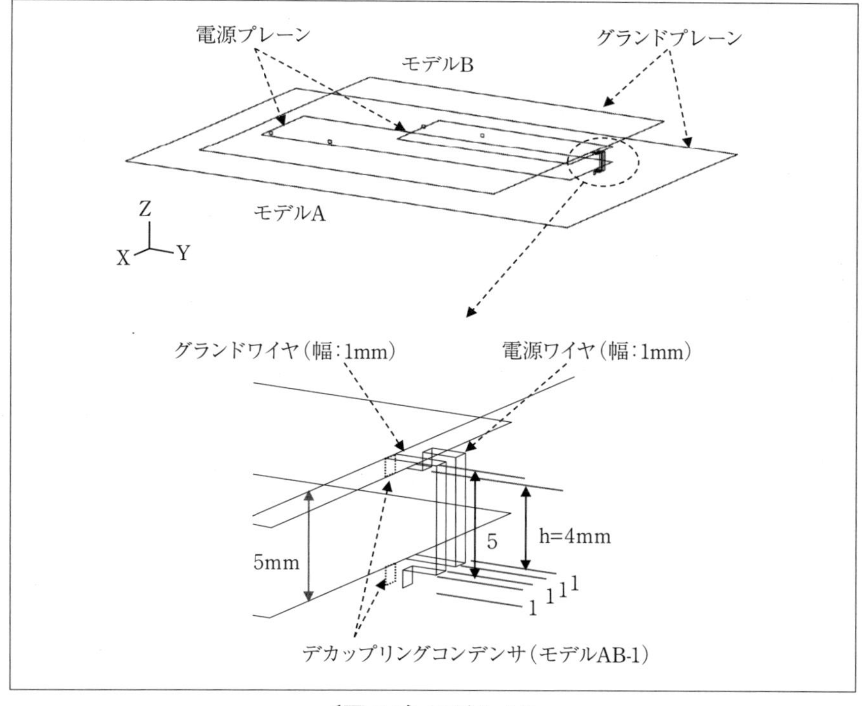

〔図 9.6〕モデル AB

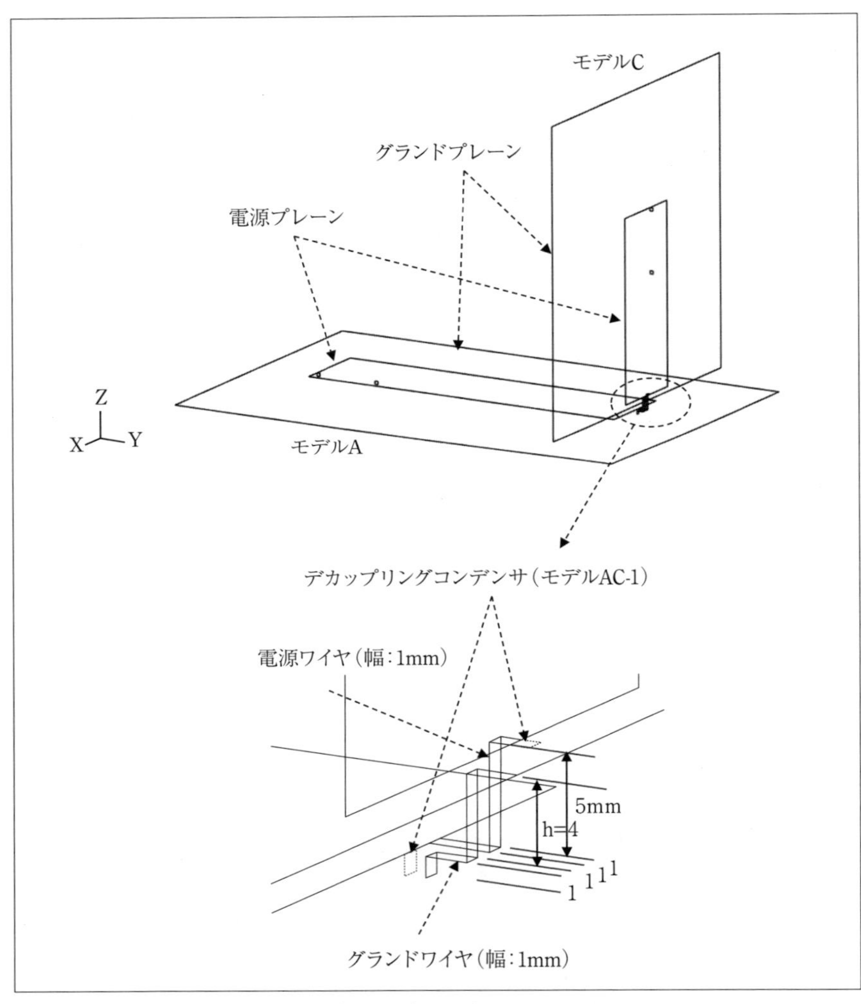
モデルC
グランドプレーン
電源プレーン
Z
X
Y
モデルA
デカップリングコンデンサ（モデルAC-1）
電源ワイヤ（幅：1mm）
5mm
h=4
1
1
1
1
グランドワイヤ（幅：1mm）

〔図 9.7〕モデル AC

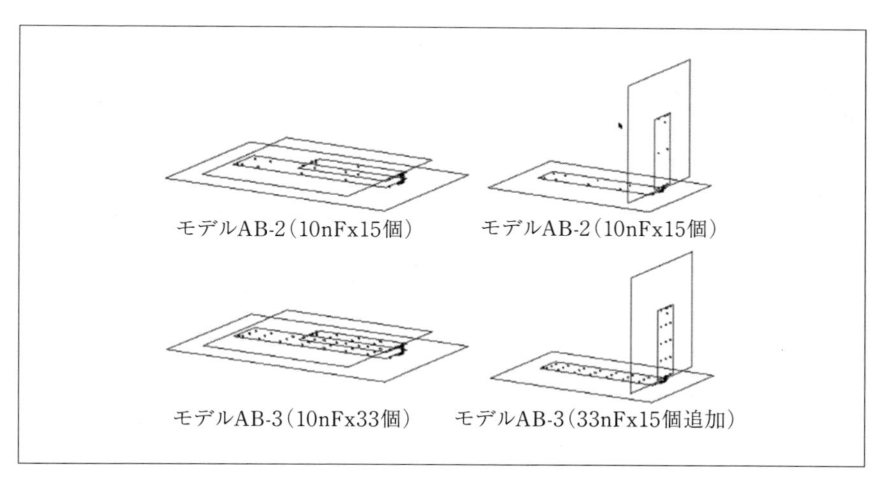

〔図 9.8〕モデル AB-2、AC-2、AB-3、AC-3　モデル AB-1、AC-1 にデカップリングを追加したモデル

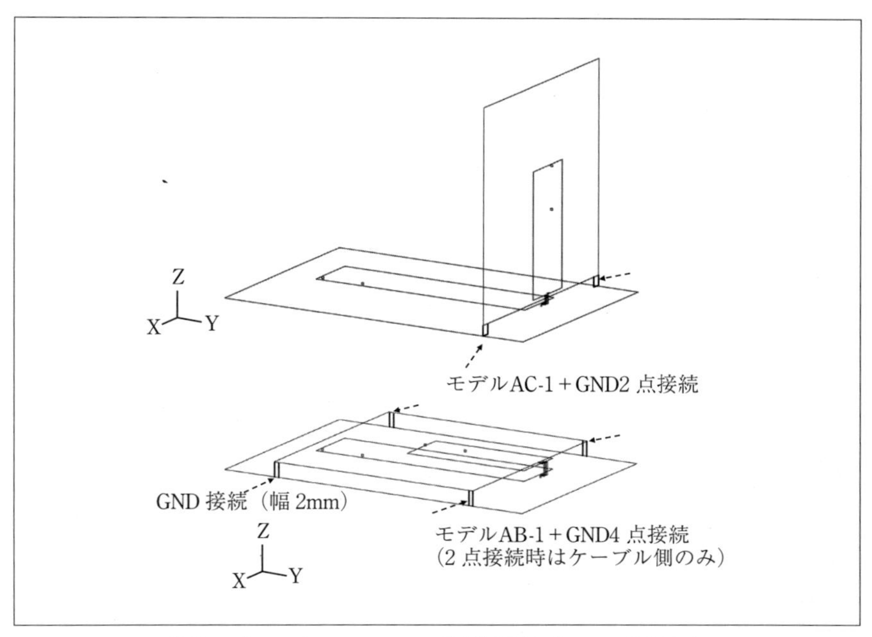

〔図 9.9〕モデル AB,AC の配線板間グランド接続点

〔表 9.1〕モデル各部のパラメータ

項目	パラメータ
配線板厚（2 層）	1mm
導体	抵抗率：1.74×10^{-6} Ωcm、導体厚無
配線板比誘電率	1.0（空気）
負荷ポート（ノイズ源）	1V 正弦波電圧源、Rs=10Ω
電源出力ポート	0.1Ω
コンデンサ（ESR、ESL、C 直列）	0.25Ω、0.6nH、10nF
電界観測点	自由空間、距離 3m の球面上 512 点
解析周波数	1MHz ～ 1GHz（109 点）を基本に アダプティブに周波数点を追加
ケーブル特性インピーダンス	231Ω

5．解析結果および考察

5－1　基本モデルの特性

まず、モデル AB, AC の基本特性の解析を行い、さらに電源回路をケーブル接続する場合の PI 及び EMI のノイズ対策の手法として用いられる、ケーブル接続点近傍にデカップリングコンデンサを配置する設計手法を採用したモデル AB-1, AC-1 について解析を行った。本モデルのデカップリングコンデンサ（10nF）はそれぞれの配線板のケーブル接続点近傍に配置した（図 9.6、図 9.7）。

これらのモデルの解析結果を図 9.10 に示す。2 枚の配線板を単純に接続したモデル（モデル AB, AC）においては約 250MHz 以上の高周波帯域にインピーダンス共振がみられる。これは電源出力ポートおよび負荷ポート以外にデカップリングコンデンサを持たないため配線の形状に起因する共振であり、モデル AB においては配線板間の寄生容量によって共振の間隔が短くなっていることから、物理的な配線板の配置によって電源グランド間のインピーダンス特性が変化している様子が分かる（図 9.10（a））。また、250MHz 以下の帯域に置いてはモデル AB の方がモデル AC に比べてインピーダンスが高くなっている。例えば、100MHz での値は、モデル AB の 13.5Ω に対してモデル AC は 12.5Ω とモデル AB の方が約 7%高くなっている。放射電界特性を見ると、全周波数域においてモデル AB の方が低い特性（AB<AC:7dB@100MHz）を示しているが（図 9.10（b））、これは 3 次元的に放射効率の高い構造となっているモデ

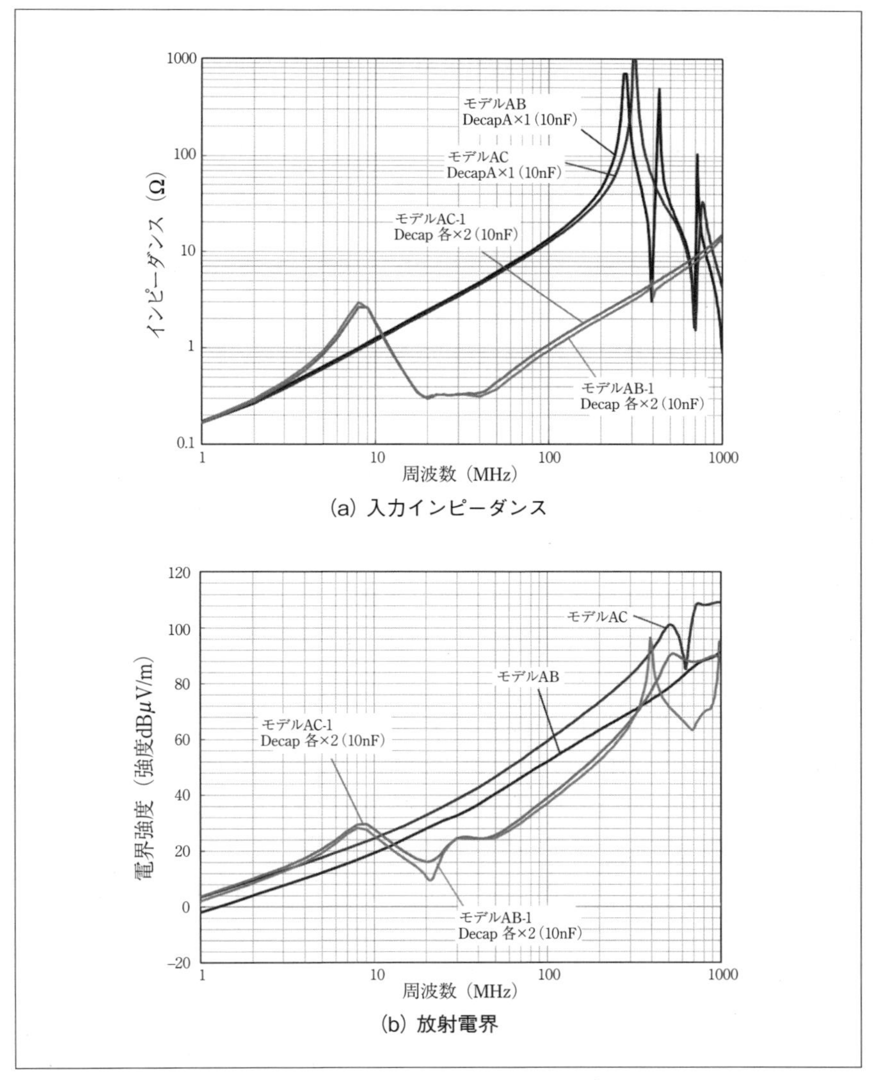

〔図 9.10〕モデル AB、AC の基本特性

ル AC のケーブル接続部分に高い電流分布をもつためと考えられる。

2 枚の配線板のケーブル接続点近傍にデカップリングコンデンサを設けたモデル AB-1, AC-1 の入力インピーダンス特性は 8MHz 付近にピーク特性を示した後、10MHz 以上の全周波数帯域でモデル AB, AC に比べて約 1/10 と低くなっており、250MHz 以上に見られた共振特性も抑えられている。また、30MHz 以上の帯域においてモデル AB-1 が低下傾向を示しており、100MHz においてはモデル AB-1 が 0.94Ω であるのに対してモデル AC-1 は 1.1Ω とモデル AB-1 が約 17%低い値を示している。これに対して放射電界強度の差異は 2dB 程度にとどまっている（AB-1 が約 −2dB @ 100MHz）。

この様にいくつかの共振点が残るものの、特に 10MHz 以上の周波数帯域におけるインピーダンス特性の改善のためには、ケーブル接続点近傍に適切にデカップリングコンデンサを配置することが重要であることが分かる。また、モデル AC が AB に比べて放射電界特性が増大するという構造に起因した特性を抑制することができる。これはケーブル接続点近傍に配置したコンデンサによってケーブルへの電流が抑制されたことによるものと考えられる。

5－2　デカップリングコンデンサの効果

次に、デカップリングコンデンサの配置による影響について解析する。図 9.8 に示す様にモデル AB-1, AC-1 の電源・グランド配線間にデカップリングコンデンサ（10nF）をそれぞれ 15 個、33 個追加したモデル AB-2, AB-3, AC-2, AC-3 を作成した。この時デカップリングコンデンサは電源プレーンにわたってほぼ均等に配置した（図 9.8）。得られたインピーダンス特性、放射電界の解析結果を図 9.11（a）（b）に示す。デカップリングコンデンサ数の増加に伴って、AB, AC モデルともに解析周波数帯域全域でインピーダンスが低下する傾向がみられ、10MHz 付近のインピーダンスピークは低域にシフトし、かつ減衰する傾向がみられる。ただし、インピーダンスの低下傾向はモデル AB の方がモデル AC に比べて顕著である。また、放射電界については、400MHz においてモデル AB が鋭い放射ピークを持ち、400MHz 以上の帯域では AC モデルの放射電界が高い傾向がある。さらに、400MHz 以下の周波数域においては、インピーダンス特性と同様にモデル AB，AC 共にデカップリングコンデンサの増加に伴って放射電界が減少する傾向がみられ、10MHz 付近に

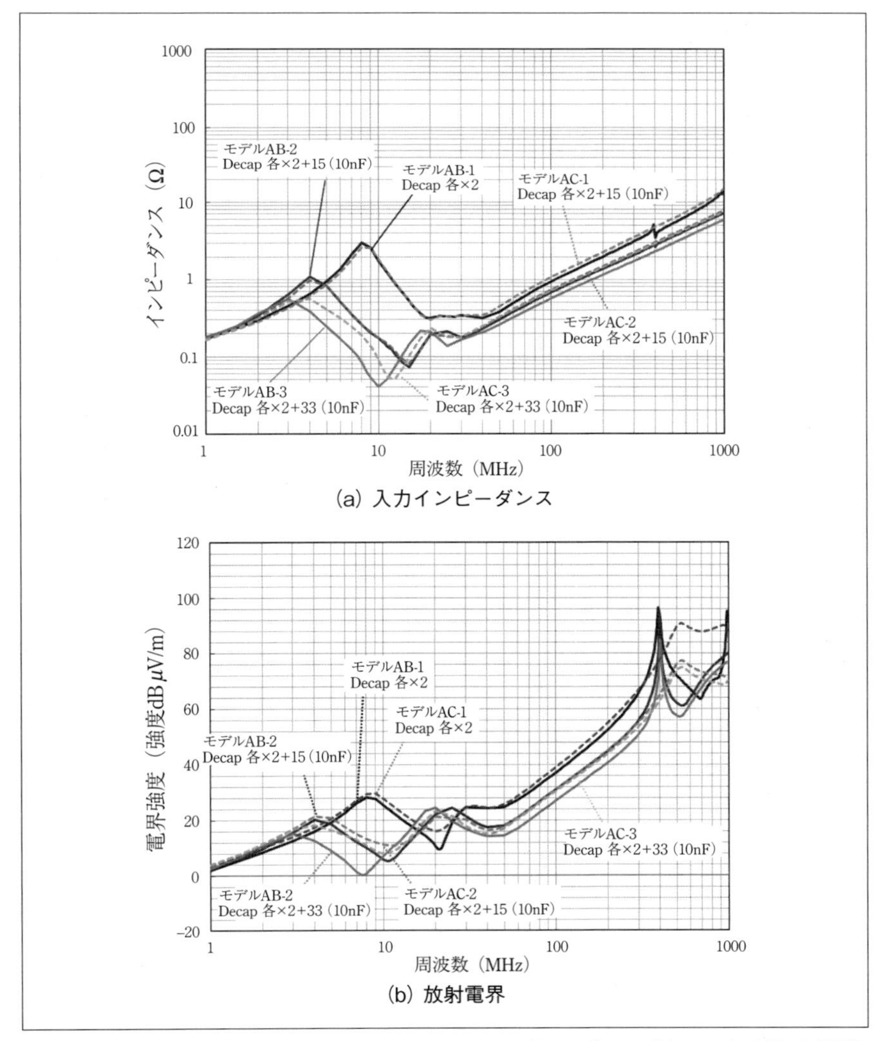

〔図 9.11〕モデル AB-2、AC-2、AB-3、AC-3　デカップリングキャパシタ数の影響

同様に表れる放射電界のピークも低域にシフトし、かつ減衰する傾向を持つ。この様に、モデルB、Cに同じ位置に同じ数のデカップリングコンデンサを配置した場合でも、モデルAとの位置関係の違い（平行・垂直）によって放射特性に加え電源のインピーダンス特性にも差異が生じていることが分かる。

５－３　配線板間グランド接続の効果

2枚の配線板を接続した構成においてEMI放射を抑制する手法として用いられる、配線板間にグランド接続を設けた場合の影響を評価するために、十分なデカップリングコンデンサを配置したモデルAB-3、AC-3のグランドプレーン間に接続点を設けた3種類のモデルを作成した。すなわち、モデルAB-4（AB-3+ケーブル側角2か所）、モデルAB-5（AB-3+モデルBのグランド4角4か所）およびAC-4（AC-3+モデルC下端角2か所）のモデルを作成し（図9.9）、解析を行った。結果を図9.12に示す。グランド接続を設けることで（モデルAB-4, AB-5,AC-4）、特に10MHz以下の周波数域においてインピーダンスの低下傾向がみられる。すなわち2カ所接続の場合のモデルAB-4では約19%（@ 3MHz）、モデルAC-4では約15%（@ 3MHz）低下しており、4カ所接続の場合のモデルAB-5では約20%（@3MHz）の低下がみられた（図9.12（a））。放射電界についてもインピーダンス特性と同様の低下傾向がみられた。特に4か所を接続したモデルAB-5においては2カ所接続モデルAB-4に比べて全周波数域にわたり電界強度の低下が見られた（6dB @ 100MHz）。この様に、ケーブル接続点近傍にグランド接続を設けた場合、インピーダンス特性と放射電界特性に相関が認められた。なお、本稿で用いた解析モデルリストを表9.2に示す。

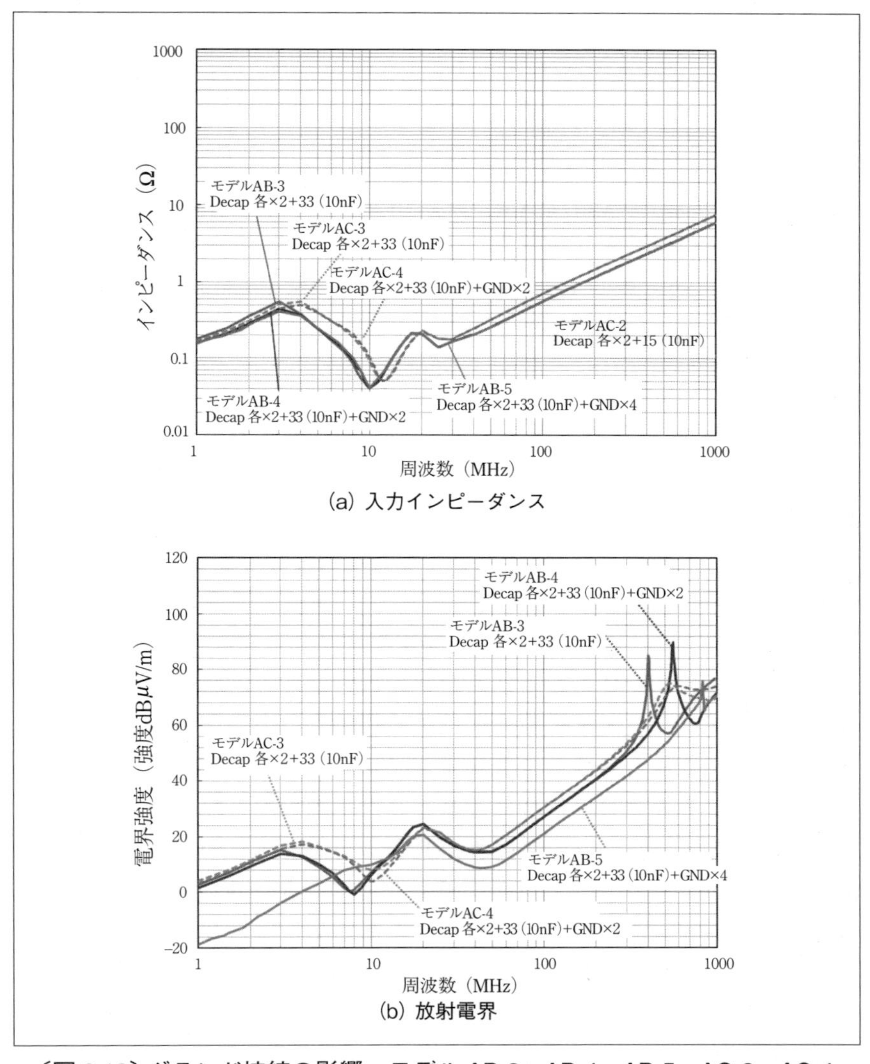

〔図 9.12〕グランド接続の影響　モデル AB-3、AB-4、AB-5、AC-3、AC-4

〔表 9.2〕解析モデル

モデル	構成
AB、AC	基本モデル。電源、負荷回路近傍の 2 カ所にデカップリングコンデンサ（10nF）を配置（合計 2 個）
AB-1、AC-1	基本モデルに電源、負荷回路、ケーブル接続点付近（2 か所）近傍の 4 か所にデカップリングコンデンサ（10nF）を追加（合計 4 個）
AB-2、AC-2	モデル AB-1, AC-1 にデカップリングコンデンサ（10nF）を 15 個追加したモデル（モデル A 上に 9 個、モデル B、C 上に 6 個）
AB-3、AC-3	モデル AB-1, AC-1 にデカップリングコンデンサ（10nF）を 33 個追加したモデル（モデル A 上に 18 個、モデル B、C 上に 15 個）
AB-4、AC-4	モデル AB-3、AC-3 の 2 枚の配線板間にグランド接続 2 個を追加したモデル（接続ケーブル側の両端 2 カ所）
AB-5	モデル AB-3、の 2 枚の配線板間にグランド接続 4 個を追加したモデル（モデル B のグランドプレーン上 4 角の 4 か所）

6．まとめ

近年の PDN 設計においてシステムの安定動作が可能な PI 特性および低 EMI ノイズを実現するためにシミュレーション解析を行う事は必要不可欠であり、様々なツール・手法が用いられている。しかしながら回路配線板を実際に筐体に組み込んだ状態における特性を評価した例は少ない。本稿では 2 枚の配線板をケーブル接続した構成を例に、異なった配置で接続した場合について 3 次元シミュレーションモデルを作成し解析を行った。その結果、同様に設計された配線板でも配置の違いによって電源回路のインピーダンス特性が異なる現象が明らかとなった。具体的には、デカップリングコンデンサによるインピーダンス /EMI 特性の変化量が配線板の配置構成によって異なる結果が得られた。また、回路図には表現されないが、実際の筐体内には存在するグランド接続構成によってインピーダンス特性に変化が生じたり、複数の配線板の配置の違いによって変化量に差異が発生することが示された。

この様に、従来 EMI 特性評価・解析のために重要な要素であった配線板配置やグランド接続の構成が、電源回路の PI 特性にも影響する可能性のあることが 3 次元電磁界シミュレーションよって確かめられた。今後は PI 特性評価の要素としてシステムの 3 次元構造を加味した手法も必要となってくるであろう。本稿がPI/SIのみならずEMIを含めた設計・評価の参考となれば幸いである。

参考文献

1) Jun Fan,A.Ruehli, et.al., “Power Integrity Concepts for High-Speed Design” ,IEEE International Symposium on EMC, North Carolina, 2014.

2) 須藤俊夫、“SiPの電気設計”、エレクトロニクス実装学会誌、Vol.10、No.5、pp433-438、2007

3) 矢口貴宏、“プリント配線板のパワーインテグリティ設計”、エレクトロニックス実装学会誌、Vol.12、No.3、pp196-201、2009.

4) 金子俊之、“パワーインテグリティの最適化”、エレクトロニックス実装学会誌、Vol.15、No.4 、pp242-248、2012.

5) 高橋成正、“SiPにおけるパワーインテグリティの一考察”、第26回エレクトロニックス実装学会、春季講演大会、10E-10、2011.

6) Youngsoo Lee、“Mobile-oriented CPS Integrated Power Ingetrity Techniques at Early Chip Design Stage”、IEEE International Symposium. On EMC, North Carolina, pp717-720, 2014.

7) 和田修巳、“チップ・パッケージ・ボードのパワーインテグリティの基礎”、エレクトロニックス実装学会誌、Vol.12、No.3、pp170-174、2009.

8) 藤尾昇平、“配線板間パワーインテグリティと3次元シミュレーション”、エレクトロニックス実装学会誌、Vol.12、No.3、pp202-207、2009.

9) B.J.Rubin, S.Daijavad、“Radiation and Scattering from Structures Involving Finite-Size Dielectric Regions”、IEEE Trans. Antenna Propagat. AP-38, 1863-1873,1990.

10) B.J.Rubin, “Divergence-free Basis for Representing Polarization Current in Finite-Size Dielectirc Regions” , IEEE Trans. Antenna Propagat. AP-41, 269-277, 1993.

第10章

システム機器における EMI対策設計のポイント

株式会社 エーイーティー　上田 千寿

はじめに

チップレベル、基板レベル、筐体レベルの不要輻射を個別に検討している事例が多く見られる。電気信号はシステム機器間を伝送することから不要輻射についてはシステムの全体的な構成を考慮して検討するべきである。システム設計における個別パートは個別の担当者が行う場合があり、そこではシステム全体を考慮した不要輻射問題をつい見落としてしまいがちである。そこで本稿ではその問題点を明らかにするために、基板、コネクタを筐体へ入れてそこからシールド付きの差動通信ケーブルが外部へ引き出される際の不要輻射の挙動についてシミュレーションを行った。その結果を報告すると共にEMC対策設計への考え方の指標を説明する。

1．シミュレーション基本モデル

シールド付き平行2芯ケーブルがコネクタへ接続され基板の差動伝送線路へ接続されている。図10.1 (a) の構造は左右対称構造となっており、これを以後、平衡構造と称する。シールド撚り線を2芯差動ワイヤーの左右のコネクタを介して基板の共通グランドへ接続していて電極はGSSG (Ground, Signal, Signal, Ground) の配列になっている。その一方、

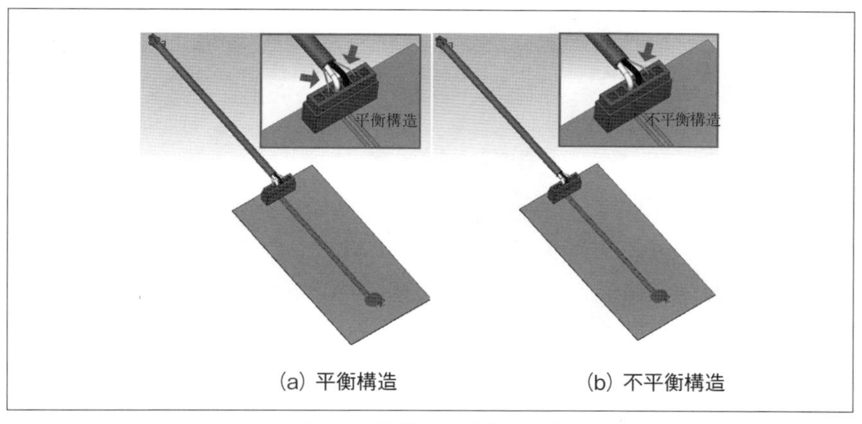

(a) 平衡構造　(b) 不平衡構造

〔図10.1〕解析モデル外観

図 10.1 (b) の構造は 2 芯差動ワイヤーの右側だけにグランドを配置接続してあるので、左右非対称であることから以後、不平衡構造と称する。そして電極の配列は SSG (Signal, Signal, Ground) である。図 10.1 においてケーブル長は約 100mm、基板上の差動伝送線路長は約 80mm である。ケーブルと差動伝送路の末端は整合終端されている。図 10.2、図 10.3 は図 10.1 の構造のケーブル端側から 1GHz のサイン波を入射した時の表面電流強度分布を示している。平衡構造（図 10.2 (a)、(b)）では基板の差動伝送線路及びベタグランド共にきれいな対称形の強度分布を示しているが、不平衡構造（図 10.3 (a)、(b)）ではグランド接続がされていないチャンネルが伝搬遅延しているように見えている。そして左右対称でないために差動伝送の動作において一部、同相モード成分が含まれているはずであり、それにより不要輻射が強くなると予想される。

図 10.4 は図 10.2、図 10.3 のモデルにおける 3mEMC 電界強度を示している。横軸は周波数、縦軸は電界強度を示しており単位は (dBμv/m) である。そして放射対象物から全方位への電界強度ピーク値をプロット

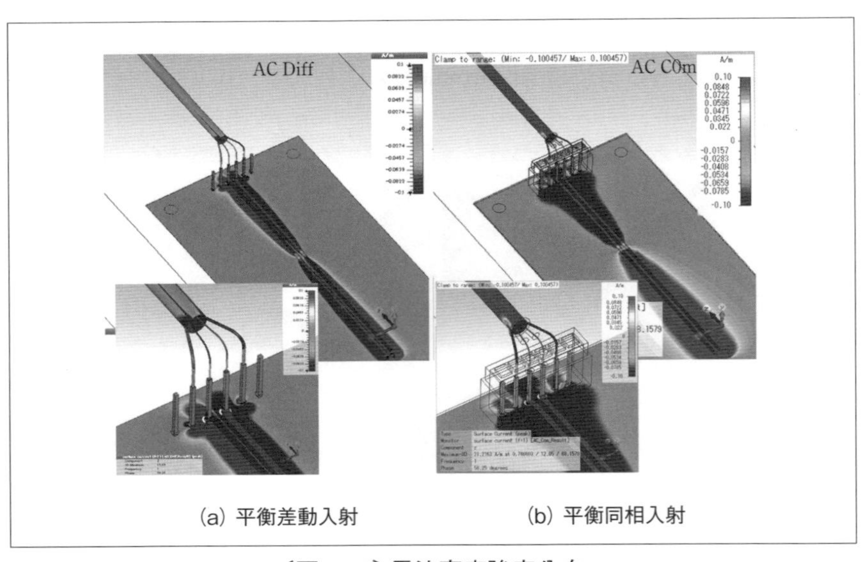

(a) 平衡差動入射　　(b) 平衡同相入射

〔図 10.2〕電流密度強度分布

している。同相モード入射では不平衡構造が約5dB程、平衡構造よりも放射が強い。差動モード入射については不平衡構造が10dB～20dB程、強い不要輻射を引き起こしている。

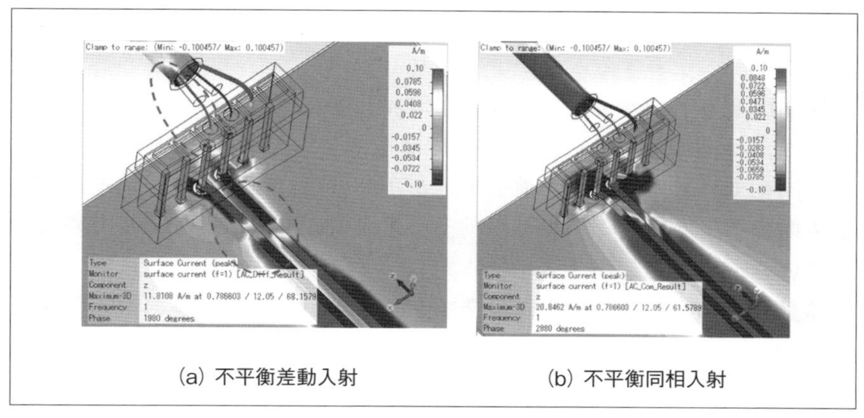

(a) 不平衡差動入射　　(b) 不平衡同相入射

〔図 10.3〕電流密度強度分布

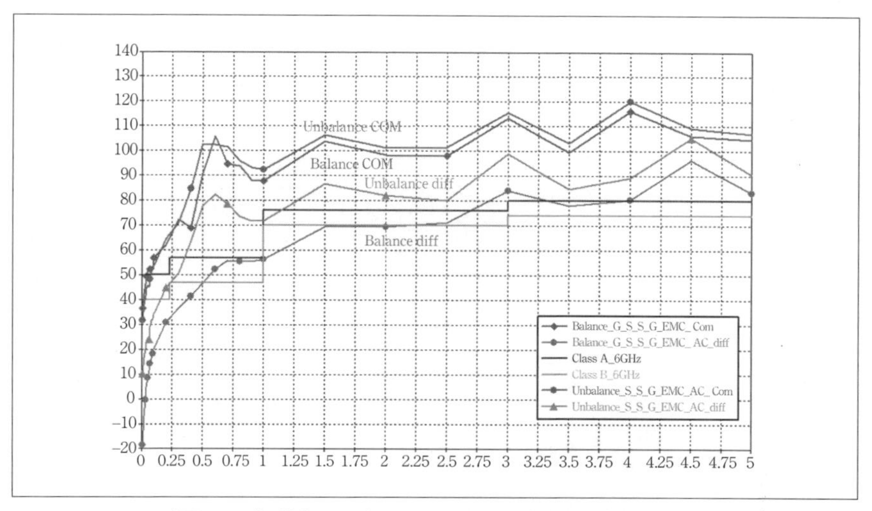

〔図 10.4〕基板モデルの 3mEMC 遠方界（dBμv/m）

2．筐体へケーブル・基板を挿入したモデル

次に前項の基板解析モデルを金属筐体内に挿入した。(図 10.5) そしてケーブルを外部に引き出している。金属筐体のコーナーは完全に密閉されている構造である。シールド付きケーブルが筐体を貫通している。ケーブルは外皮に樹脂の絶縁膜があり金属筐体との間からコモンモード電流が外部へ伝導することが予想される。

図 10.6 は筐体モデルでの 3mEMC 電界強度を示している。プロット線の最上部は同相モード入射の不平衡構造モデルであり最も放射が強い。次に同相モード入射の平衡構造モデルが 2 番目に強い。さらに差動モード入射の不平衡構造モデル→差動モード入射の平衡構造モデルの順となっている。

差動モード入射時の不平衡構造モデルと平衡構造モデルの電界強度差は 10dB (3.5GHz 以上) ～最大 25dB となっており、いかにモデルの信号伝送路の平衡度がノイズ放射に大きな影響を与えているかが理解できる。[1)]

図 10.7 はモデル断面の電界強度分布図である。上図は平衡構造であり下図は不平衡構造である。電磁波はケーブル側から筐体方向へ入射さ

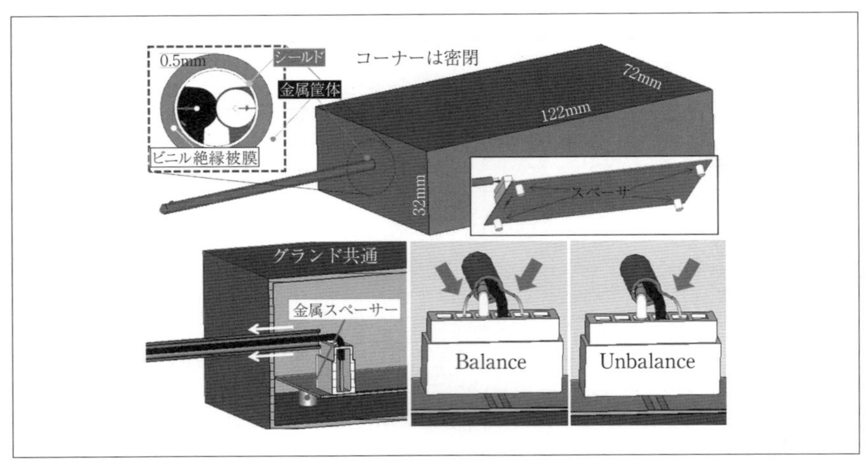

〔図 10.5〕筐体モデル概略

れる。電流は同軸ケーブルの内部を進行して筐体の開口部を通過する。ここで不平衡モデルではケーブルと基板を導通させるコネクタの部分で強反射を起こし、シールドの外側（外皮側）へコモンモード電流がケー

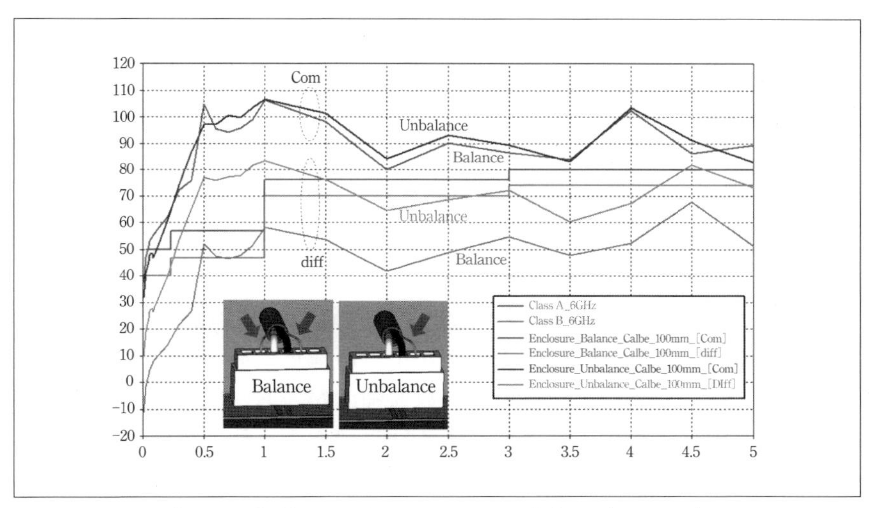

〔図 10.6〕筐体モデルの 3mEMC 遠方界（dBμv/m）

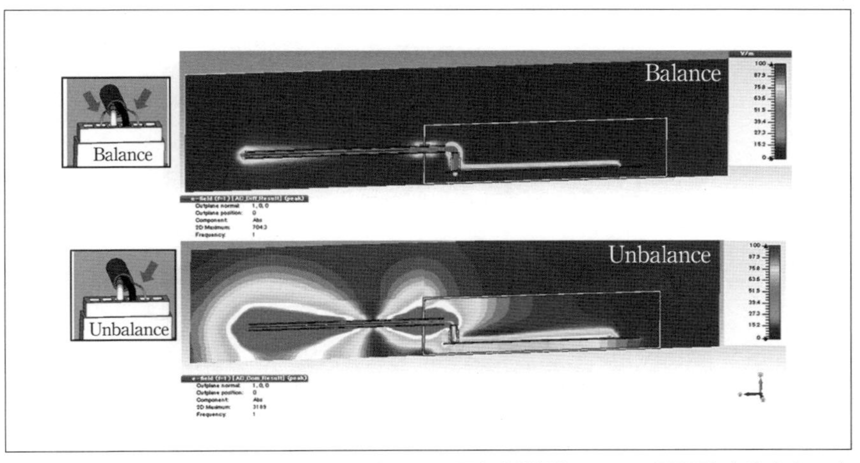

〔図 10.7〕コモンモード表面電流より生じる不要輻射挙動における電界強度分布（v/m）

ブル整合終端方向へ向かって流れる。この反射波はシールド構造の外側を伝導していてその電流はケーブル端まで達した時、整合終端がないために更に反射して再び筐体方向へ進行する。そのコモンモード電流は多重反射を繰り返し続ける。この現象はモノポールアンテナのような動作をしていて、強い不要輻射を起こす要因となる。

3．筐体内部の構造の違い

次に基板の固定をする際に用いるスペーサーの検討を行った。図10.8（上）は樹脂スペーサーでプリント基板のグランドと筐体グランドが絶縁されている構造を示している。図10.8（下）は金属スペーサーを利用していることから電気的な導通がある構造を示している。

図10.9は差動信号入射時のスペーサーの違いによる影響を比較したものである。プロット線の上の2本が不平衡構造である。約450MHz位まで金属スペーサーを用いることで放射強度が3dB～5dB位強い。プロット線の下の2本が平衡構造に対する結果である。特定の周波数帯にて強い放射強度が確認できる。これは内部構造のどこかで共振を起こしていると推測した。

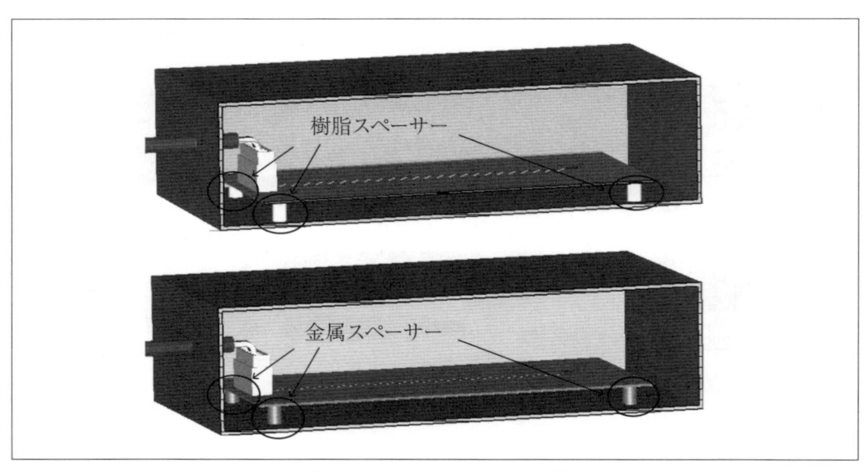

〔図10.8〕スペーサー材料

同相入射モードでは差動と同じように局所的な共振が確認できるが、平衡構造、不平衡構造に大きな違いと特徴はない。同相入射は平衡構造・不平衡構造に関わらずコモンモード放射を起こす。また、スペーサーの金属（共通グランド）・樹脂（フローティンググランド）についてもあまり意味をもたないようである。(図 10.10)

低い周波数領域では平衡構造の方が強放射になる傾向が見られる。これは差動入射とは逆の現象である。いずれにしても同相入射にすると不要輻射強度は圧倒的に強くなる。

図 10.9 の差動入射における放射強度を具体的にイメージするために表面電流分布を観察した。(筐体の側面より内部の電流分布を観察するために表示上では筐体をカットしているが、実際は閉じた筐体である。)

金属スペーサー図 10.11（上）を用いると不平衡構造により生じたコモンモード電流がスペーサーを通過して金属筐体の内部へ流れ、その電流が筐体開口部からシールド外皮導体へ伝わり、そのまま筐体から外部へ伝搬し不要輻射を助長している。

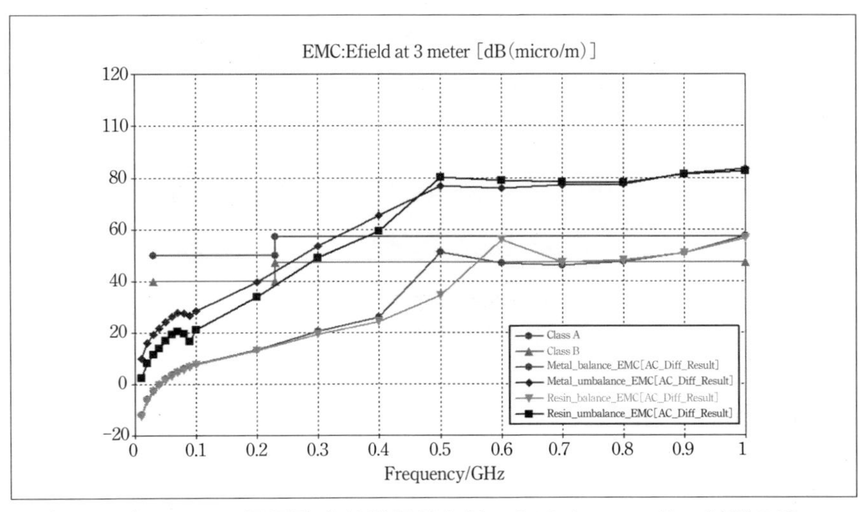

〔図 10.9〕3mEMC 電界強度差動信号入射におけるスペーサー材料の違い

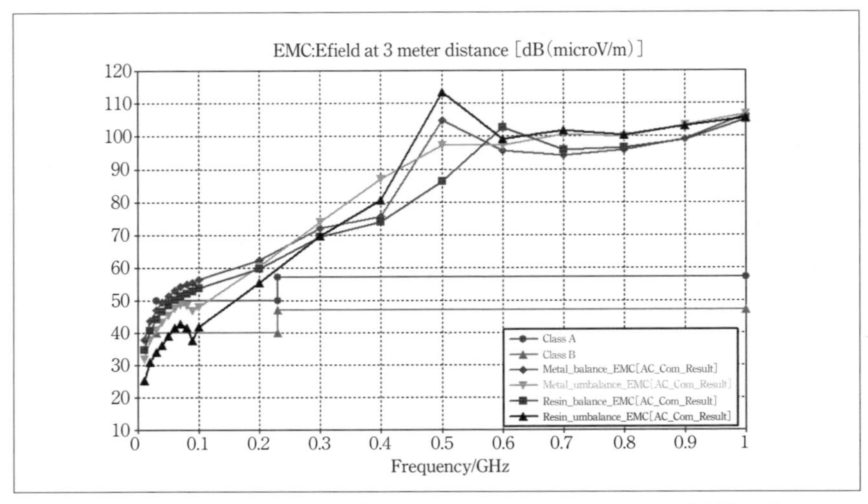

〔図 10.10〕3mEMC 電界強度同相入射におけるスペーサー材料の違い

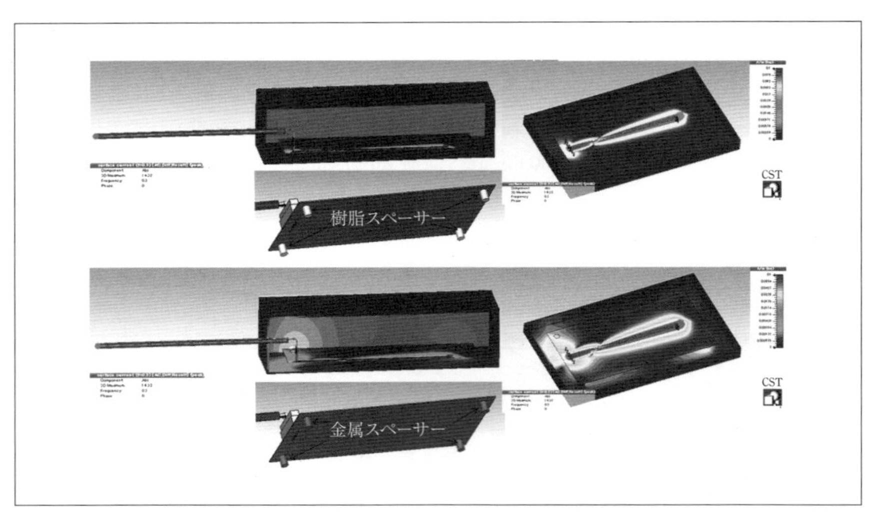

〔図 10.11〕（上）樹脂スペーサー、（下）金属スペーサーにおいての表面電流分布密度コンター図

4. 筐体の開口部について

ケーブルが機器内部より引き出され外部へ接続する時、コストを抑えるため本モデルのようにケーブルを外部へ直接引き出す方法やパネルマウントコネクタなどで中継する場合などがある。いずれにしても多くの場合は図 10.12（左側の樹脂の絶縁膜がある図）で示すような機器内部と外部の筐体の境目にコモンモード電流が通過を許容してしまう構造になっている。コネクタの場合は他の樹脂で充填されているがコモンモード電流が抑制されることはない。

図 10.13 ～ 図 10.16 はコモンモード電流から生じる電界強度分布を示

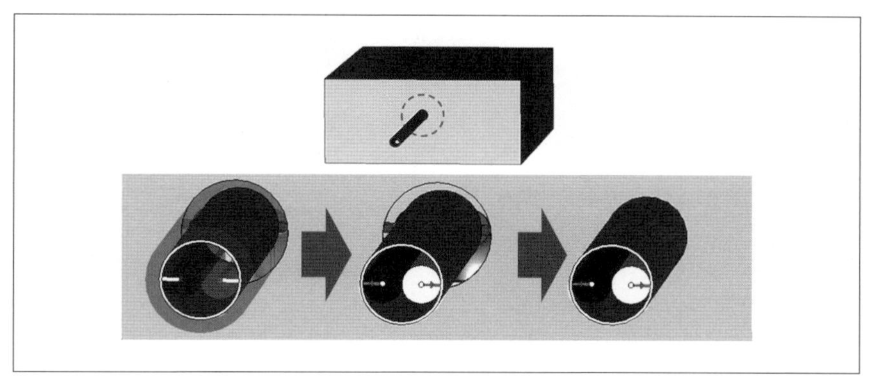

〔図 10.12〕シールド外皮絶縁膜の開口を閉じた図

〔図 10.13〕電界強度分布 開口部有り 同相信号

している。図 10.17 はその構造体から放射する 3mEMC 電界強度を示している。開口を閉じて筐体を完全密閉しても同相モードを入射することで EMC の規定値を超えてしまっている。

5. EMI 対策設計のポイント

これまでの結果から EMI 対策設計のポイントを以下にまとめる。
・システム機器間の高速伝送を行う際、伝送線路には差動線路を採用す

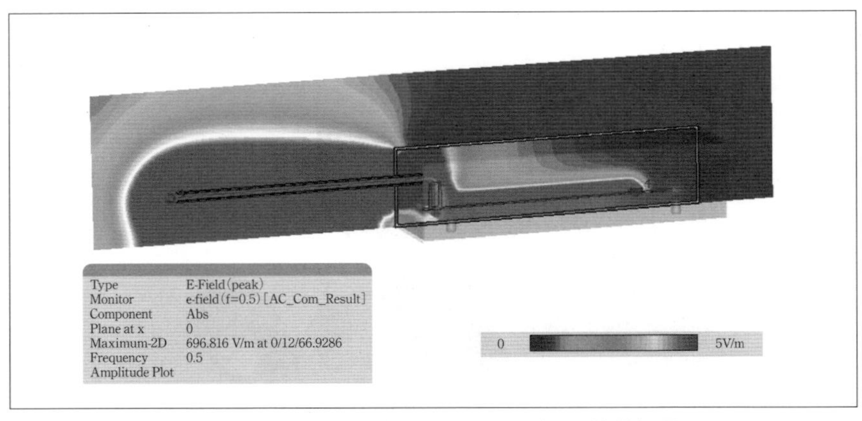

〔図 10.14〕電界強度分布 開口部有り 差動信号

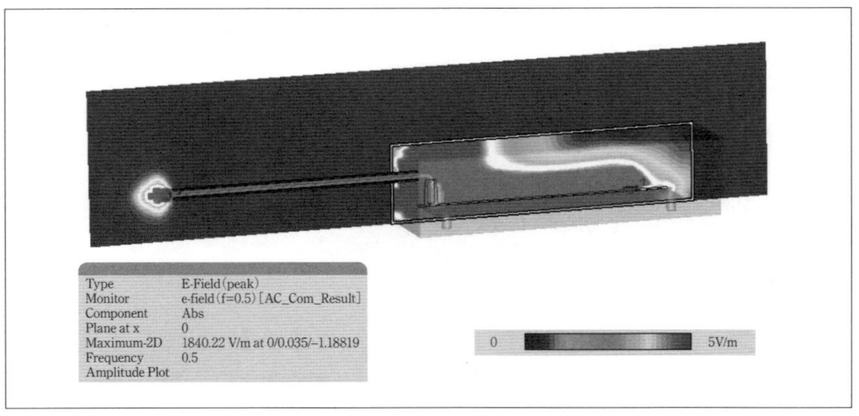

〔図 10.15〕電界強度分布 開口部無し 同相信号

る。そして伝送路の接続部分にはインピーダンス整合かつ構造的差動平衡度を十分に考慮する。

・コモンモード電流の発生と伝搬を阻止するために不要な回路グランドと筐体グランドとの接続を行わない。(図 10.11 (下))

・最後にケーブルを筐体外へ引き出すときは、利用するコネクタも含めてコモンモード電流がシールド線の外側に流れることをできるだけ抑

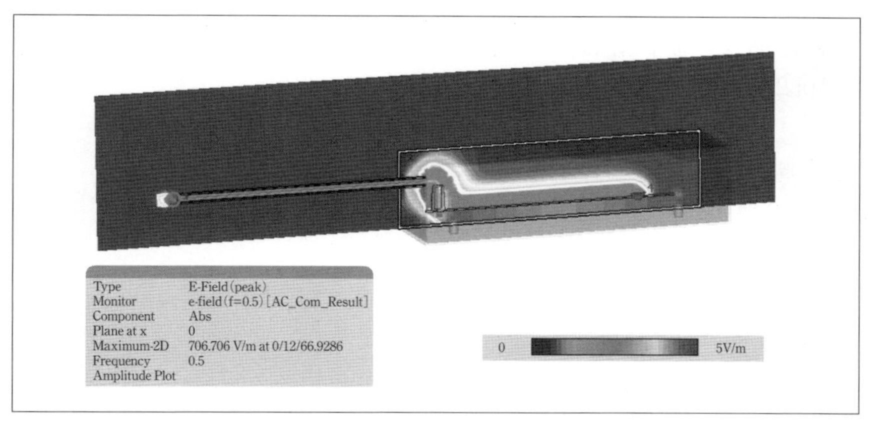

〔図 10.16〕電界強度分布 開口部無し 差動信号

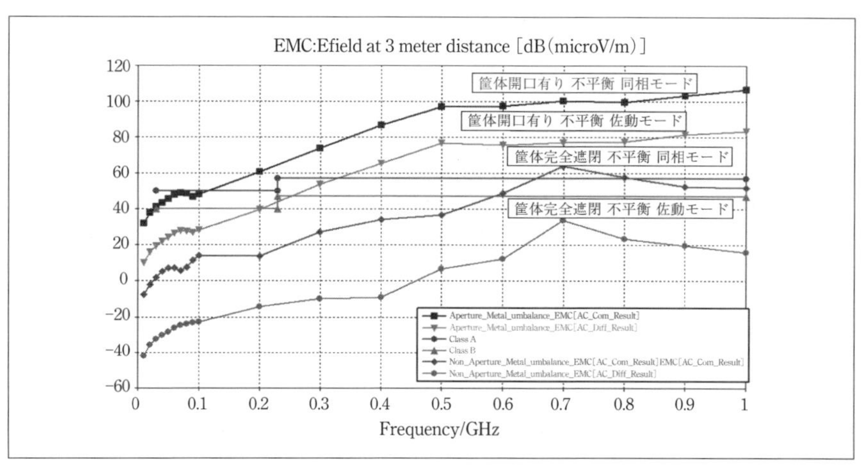

〔図 10.17〕3mEMC 電界強度 筐体開口部の有無の比較

制するよう設計を行う。

今回のシミュレーションにより、先に述べた3つのポイントに注意することで不要ノイズが抑制可能である。

参考文献

1) 瀬島孝太、豊田啓孝、五百旗頭健吾、古賀隆治、渡辺哲史、“モード等価回路を用いた非一様媒質中伝搬の回路シミュレーションとその適応範囲”、電子情報通信学会論文誌 B, Vol.J96-B, No.4, pp.389-397 Apr.2013

第11章

設計上流での解析を活用した EMC/SI/PI協調設計の取り組み

富士通アドバンストテクノロジ株式会社　佐藤 敏郎

1．はじめに

高性能ハイエンドサーバをはじめとするデジタル装置に使用されるプリント配線板（PCB）、マルチチップモジュール（MCM）、システムインパッケージ（SiP）などの動作周波数の高速化が進んでいる。また、これらに搭載されるLSIは高性能化と高機能化を実現するために最先端のプロセス微細化技術を駆使して集積度を飛躍的に向上させてきた。これに伴ってLSIの消費電流は大幅に増加する傾向にある。このような動作周波数の高速化と消費電流の増加による消費電力の増加を抑制するためにLSIの低電圧化が進んできた。この結果、LSI動作に起因する消費電流の時間変化に伴って発生する電源グランドバウンスノイズ、同時スイッチングノイズやリターン電流などに起因する動作上の問題がないことに加えて、これらをノイズ源として発生するEMI（Electromagnetic Interference：電磁波干渉）がEMC（Electromagnetic Compatibility：電磁環境両立性）規格を満足するような装置設計を実現することが非常に困難になっている。[1)-4)] またLSIプロセスの微細化、低電圧化と装置の実装密度の高密度化は、ESD（Electrostatic Discharge：静電気放電）に対する装置の耐性を保証することを困難にしている。さらに、スマートフォンをはじめとするモバイル装置におけるアンテナ受信感度劣化のように、上述の装置内の各種ノイズ源からの伝導および空間伝搬ノイズが複合的に組み合わされて発生する複雑なノイズ問題が顕在化している。本稿では，このようなノイズ問題を複合ノイズと呼ぶことにする。これらのノイズ問題をまとめると以下のようになる。

(1) シグナルインテグリティ（波形ノイズ）
- 反射ノイズ，クロストークノイズ
- 表皮効果，誘電損
- ISI（Inter Symbol Interference：信号系列のビット間干渉）

(2) パワーインテグリティ（電源ノイズ）
- 同時スイッチングノイズ
- 電源グランドバウンスノイズ
- リターン電流に起因するノイズ

(3) EMC
・EMI → EMI 規格 (VCCI、FCC、EN 他) 不適合
・ESD →装置の ESD 耐量不足
(4) 複合ノイズ問題
・シグナルインテグリティ、パワーインテグリティ、EMI ノイズの複合問題 (アンテナ受信感度劣化など)

2. 電気シミュレーション環境の構築

われわれは、1990 年代以前はノイズ対策設計の手段として、設計規約書やこれに記載された設計ルールを PCB 設計用の CAD システムに取り込んだ DRC (Design Rule Check) を使用することが中心であった。しかし、上述の技術の進歩に伴って、このような設計規約のみに依存した設計手法の限界が顕在化していた。具体的には、一般化された設計規約では、ノイズ問題の発生を確実に防止しようとすると、想定し得るワースト条件に合わせた過剰に厳しいものになっていた。このため、設計規約に従って設計しようとすると、設計が困難になる状況になることが多くなった。このような場合、設計規約を守れないまま設計してしまい、後工程でノイズ問題が発生して大きな設計手戻りに至るケースも目立つようになった。

このような状況に対応するためには、装置個別の設計要件に合わせた設計規約を作成して適用することも考えられるが、これにはノイズ問題の専門家による設計規約作成に膨大な作業工数を要するため現実的ではない。

そこで、基本は設計規約または DRC を遵守して設計するが、遵守するのが困難なケースについては設計者が自ら高精度なシミュレーションを実行してノイズ問題の有無を検証する。そして、問題がある場合のみシミュレーションを駆使して最適な設計条件を得るシミュレーションベースの設計手法を採用している。シミュレータやソルバに DRC システムを適材適所で組み合わせることで、効率的なノイズ対策設計環境を構築して活用している。ノイズ問題による設計手戻りを撲滅するためには、

シミュレータやソルバが完全に設計プロセスに組み込まれて効果的に利用できるようにしなければならない。すなわち、シミュレータやソルバは高精度であるだけでなく、十分に短い解析 TAT (Turn Around Time) で解析結果が得られるものにしなければならない。各種のシミュレータやソルバに要求される解析 TAT を図 11.1 に示す。例えば、信号ノイズ解析の場合には、設計上流段階で配線条件を検討する場合は，代表ネットについて，解析を繰り返しながら、カットアンドトライで最適解を求める。この場合の許容解析 TAT は数秒以内となる。また、PCB 設計の完了後に PCB 全体で最大数千に及ぶネットの解析を網羅的に実行する場合の許容解析 TAT は数時間以内となる。このように、解析目的と規模に応じて許容解析 TAT は大きく異なる。

われわれが開発した電気シミュレーション環境は、図 11.1 に記載の許容解析 TAT を PCB のシグナルインテグリティ解析から装置全体の電磁界解析までのすべての分野で満足するものとなっている。

本章では、先ず、これらの DRC 及び電気シミュレーション環境につ

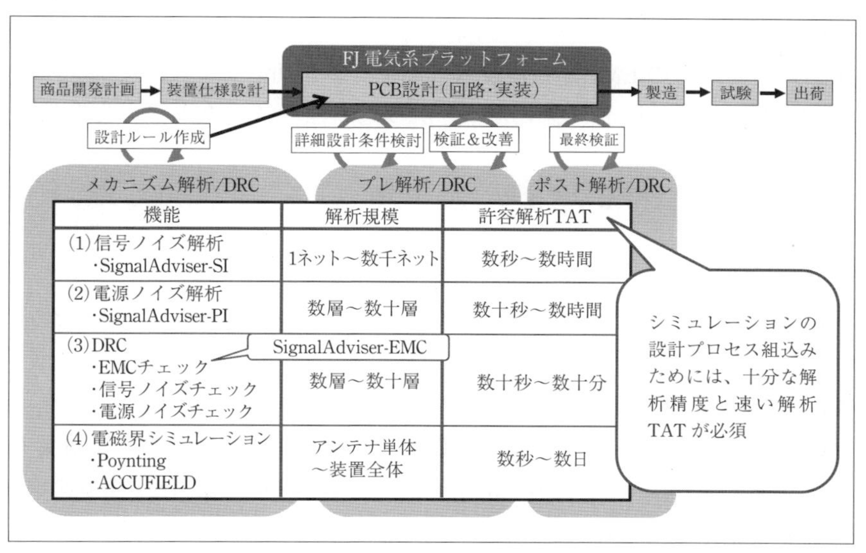

〔図 11.1〕電気シミュレーションと DRC の許容 TAT

いて概説する。次いで、EMC対策設計に軸足を置きつつ、EMC対策と近年難易度の増大するシグナルインテグリティ（SI）及びパワーインテグリティ（PI）対策を両立させるEMC/SI/PI協調設計の取組みについて、実践事例を紹介する[12)]。

3．EMC-DRCシステム

難易度の増大するEMI/ESD設計を設計上流で容易に作り込み可能とするため、富士通グループにおける幅広い装置設計において培われたEMC設計ノウハウを組み込んだEMC-DRCシステムを開発して活用している。多くの装置開発において、従来発生していた実機のEMC規格試験での不適合発生による設計手戻りを大幅に削減できた。本システムの特長は以下のとおり。

①スマートフォンからハイエンドサーバまで幅広く適用可能
② EMIに加えてESD耐性についてもチェック可能
③チェック結果の重み付け表示/レポート出力機能
　・対策の優先順位を重み付けし，重要項目を抽出
　・詳細/サマリーレポートで対策指示が容易
④配線パターンのEMI電界強度スペクトラム解析
　・プリント基板レイアウトデータから電界強度スペクトラムを全自動で解析
　・高精度な自社開発の電磁界ソルバの組み込みにより的確なEMI対策設計を実現
⑤ EMI対策用コンデンサの削減機能
　・EMIノイズ低減に効果の低いコンデンサを選択して削減をアドバイス

4．大規模電磁界シミュレーションシステム

EMI、ESDおよびアンテナ受信感度劣化などのノイズ問題を高精度でシミュレーションするためには、現象が装置内のPCBからコネクタ、ケーブル、筐体、さらには周辺空間の全般にわたるものであることから、これら装置全体と周辺空間をすべて詳細にモデル化する必要がある。

富士通グループでは、このような装置全体の電磁界シミュレーションを実行する場合、シミュレーション規模のスケーラビリティに優れたFDTD法（Finite Differential Time Domain）を採用した。

大規模電磁界シミュレーションを設計プロセスに組み込んで、設計上流でEMC設計の作り込みを可能とするために、装置全体のシミュレーションが許される解析TATは最大でも数日以下である。そこで、解析モデルのメッシュ規模最適化によってメッシュ規模を10億メッシュ以下まで削減した。さらに電磁界ソルバを搭載した大規模PCクラスタ環境（数千台規模の計算能力）を富士通グループ内のエンジニアリングクラウド環境内に構築して適用することにより最大でも数日以下の解析TATを実現した。[5)-8)] 図11.2に大規模電磁界シミュレーションシステムのシステム構成を示す。

5．シグナルインテグリティ（SI）解析システム

富士通ではシグナルインテグリティ解析システムとしてSignalAdviser-SIを自主開発して各種装置の設計に適用している。

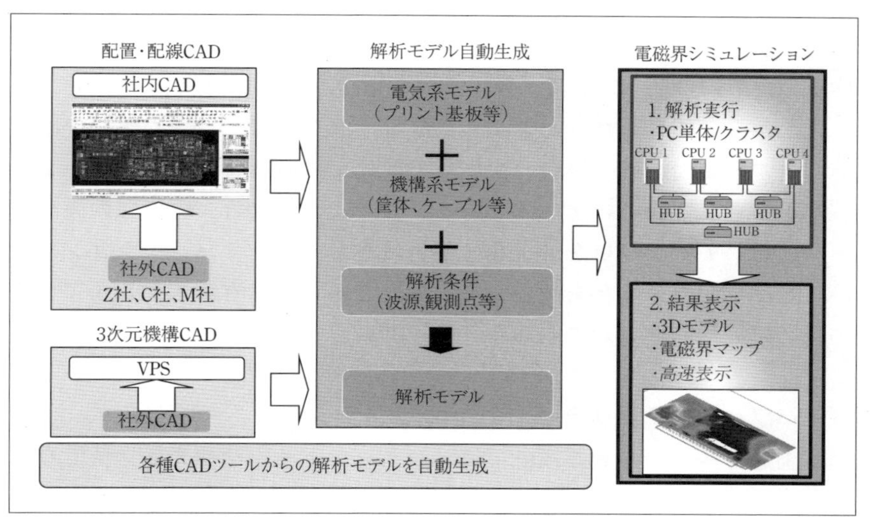

〔図11.2〕大規模電磁界シミュレーションシステム

シグナルインテグリティ解析は，レイアウト設計前に行う「プレレイアウト解析」とレイアウト設計後に行う「ポストレイアウト解析」の二つに大別される。以下でこれらの特徴を解説する。

5－1　プレレイアウト解析

構想設計段階や回路設計段階に行うシミュレーションであり、構想設計CADや回路設計CADとの連携のほか、CADデータがない白紙の状態から部品の配置や配線を検討できるトポロジー編集機能を用意している。

プレレイアウト解析では，部品特性の確認、配線トポロジーの決定、部品や基板の製造ばらつきの影響確認、終端方法や抵抗定数の検討、レイアウト設計時の配線制約条件の検討などを行う。このため、配線長や抵抗値などのパラメータを変動させて影響を確認する「スイープ解析」や、部品や基板の製造ばらつきを任意に組み合わせた「ばらつき解析」を実現し、これらの検討を容易に行えるようにしている。

5－2　ポストレイアウト解析

レイアウト設計途中、またはレイアウト設計後に行うシミュレーションであり、レイアウトCADと連携し、実際の部品レイアウトや配線パターンの条件を使用して解析を行うことができる。レイアウトCAD上の任意の部品やネットを選んで解析するほか、レイアウト設計後の網羅的な検証のために一括してシミュレーションを行う機能を用意している。

また、過去に生産された製品の設計データを基に、一部の部品や回路を変更する流用設計の場合、流用元の製品では設計時にシミュレーションが実施されていないケースもある。このような場合、流用元の設計データに対しては、変更を加えない部分に対してもシミュレーションを行い、動作マージンなどを確認している。このときにもポストレイアウトの一括解析機能が有効である。

6．パワーインテグリティ（PI）解析システム

富士通グループの装置設計では、ハイエンドサーバや光伝送装置など層数が20層を超えるような大規模なPCBが存在する。これらの大規模PCBでも短期間でシミュレーション可能なパワーインテグリティ解析シ

ステム SignalAdviser-PI[6), 9)-11)]を自社開発し対応している。

SignalAdviser-PIでは，PCBの電源およびグランドパターン部分をR（Resistance）、L（Inductance）、C（Capacitance）の等価回路に置き換えて網目状に接続したRLCメッシュモデルで表現するPEEC（Partial Element Equivalent Circuit）法（図11.3）を使用し、このPCBモデルに電源供給部品、コンデンサ、ノイズ源となるLSIの等価回路を接合することでシミュレーションモデルを構成している。このようにして構成されたモデルを回路シミュレータで解析することにより、電源インピーダンス解析、直流電圧ドロップ解析を行っている。本手法によるシミュレーションでは、PCBの電源、グランドパターン部分のRLCメッシュモデル化における近似手法が解析精度に影響を及ぼし、モデルのメッシュが細かいほど精度は上がるが、解析時間は増大する。

これまで、モデルのリダクション手法や回路シミュレータの改良などを重ね、20層を超える大規模PCBにおいても、1時間程度で解析ができる環境を実現した。

7．EMC/SI/PI協調設計の実践事例

7－1　EMIとSI協調設計

図11.4はPCB上の配線パターンからのEMI放射をEMC-DRCシステムのEMI電界強度スペクトラム解析機能を使用して解析した事例である。解析の結果，700MHz（100MHzの高調波）において、クロック配線によるEMI放射レベルが大きく（28dBμV/m)、低減させる必要がある

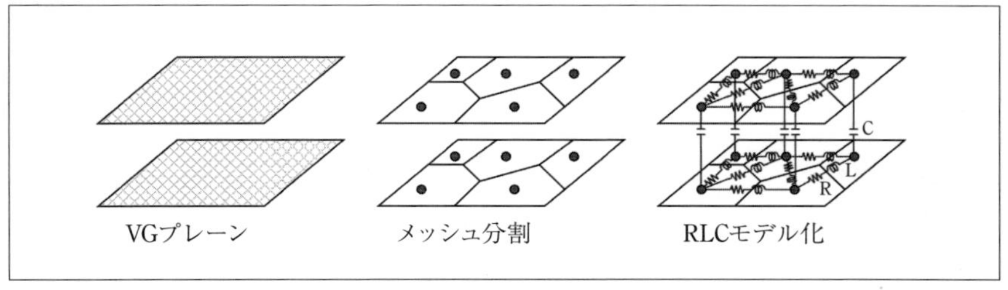

〔図11.3〕PEEC法

ことが判明した。EMI放射レベルの低減対策として、ダンピング抵抗をクロック信号の出力端に挿入することが有効であることはよく知られている。しかし、ダンピング抵抗を大きくすれば、EMI放射ノイズは抑制されるが、クロック波形劣化の原因となって誤動作を引き起こす可能性がある。そこで、ダンピング抵抗値は波形劣化を起こさない範囲で、十分なEMI放射ノイズを得られる最適値を選択する必要がある。図11.5に示すように、シグナルインテグリティ解析システムのスイープ解析機能を使用して、ダンピング抵抗の最適値を決定した。この例ではダンピング抵抗値を60Ωに設定することにより、十分な波形品質を確保しつつ、図11.4に示すようにEMI放射レベルを約5dB低減させることができた。

7－2　EMIとPI協調設計

図11.6はEMC-DRCのEMI対策コンデンサ削減機能を使用して、EMI対策に効果の低いコンデンサを削減してコストダウンを実現した事例である。CPU周りに配置されたコンデンサをEMI特性の観点からチェックして85個から65個まで約20%削減できるとの結果が得られた。しかし、コンデンサ削減により、パワーインテグリティの観点から電源イ

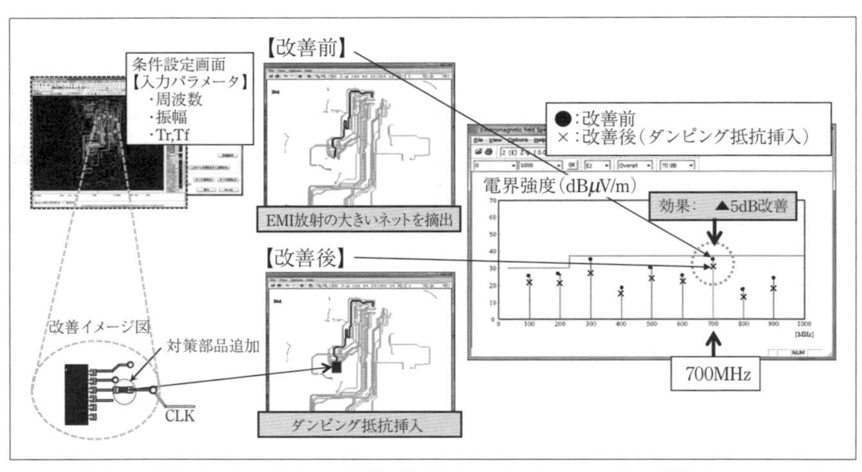

〔図11.4〕ダンピング抵抗挿入によるEMIノイズ低減

ンピーダンスの増大により電源グランドバウンスノイズが増加する懸念があるため、パワーインテグリティ解析を使用して電源インピーダンス変化の有無を検証した。図 11.7 に示すように、コンデンサ削減の前後

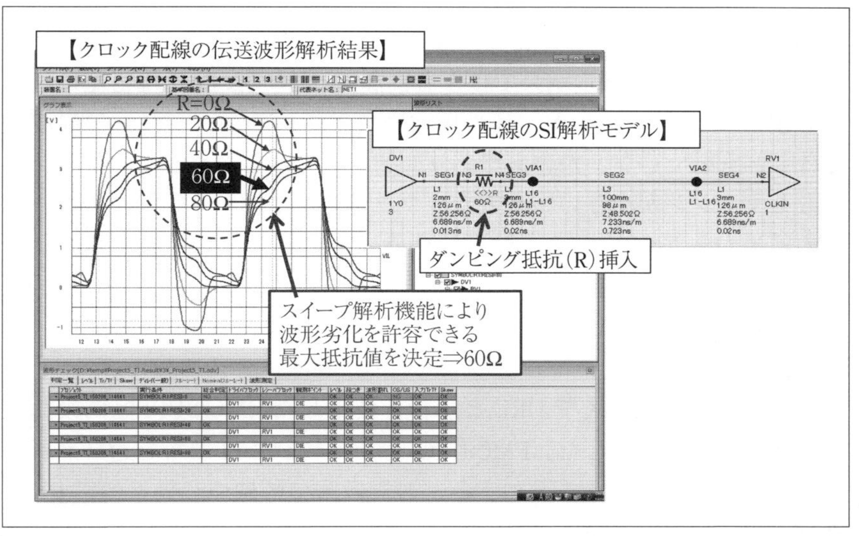

〔図 11.5〕SI 解析により最適なダンピング抵抗値を決定

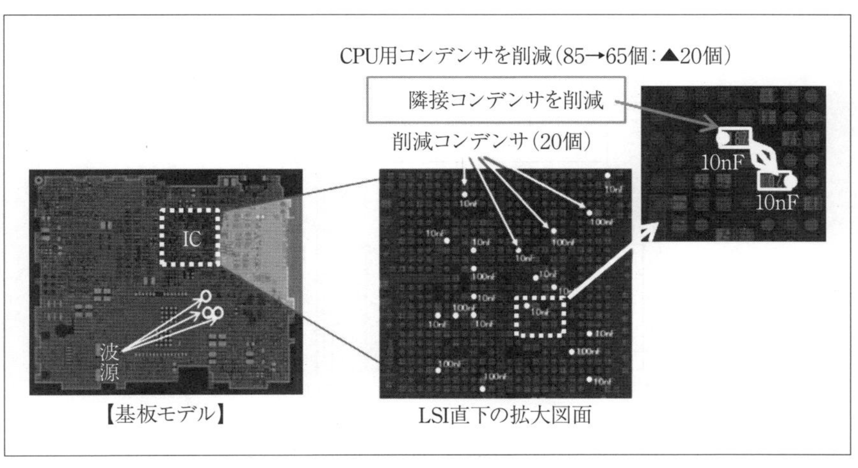

〔図 11.6〕EMI 対策用コンデンサの削減検討

で電源インピーダンスの変化は十分に小さく、パワーインテグリティ品質を確保しつつ、コンデンサを削減することができた。

図11.8はEMI対策用コンデンサ削減機能の妥当性を電磁界解析と実測により検証した結果である。電磁界解析の結果、コンデンサ削減前後でPCB周辺のEMI分布の変化はほとんどないことがわかる。また、遠方界におけるEMI測定結果では、各高調波におけるEMI規格値に対するEMIマージンの減少が一部の周波数で見られるが、これらの周波数ではもともとマージンが過大であり問題がないことがわかる。一方、もともとマージンが小さい周波数ではマージンが増加する傾向がある。以上の結果からEMIコンデンサ削減機能は単にコンデンサ数を削減するだけでなく、EMI観点でコンデンサ配置の最適化に効果があると言える。

8. まとめ

本稿では、設計上流でDRCと解析を活用したEMC/SI/PI協調設計の実践例について紹介した。EMC-DRCシステムとSI/PI解析を適材適所で組み合わせて適用することにより、設計段階で的確かつ効果的にEMC/SI/PIを両立させる設計を実現できることを示した。今後もこれらシス

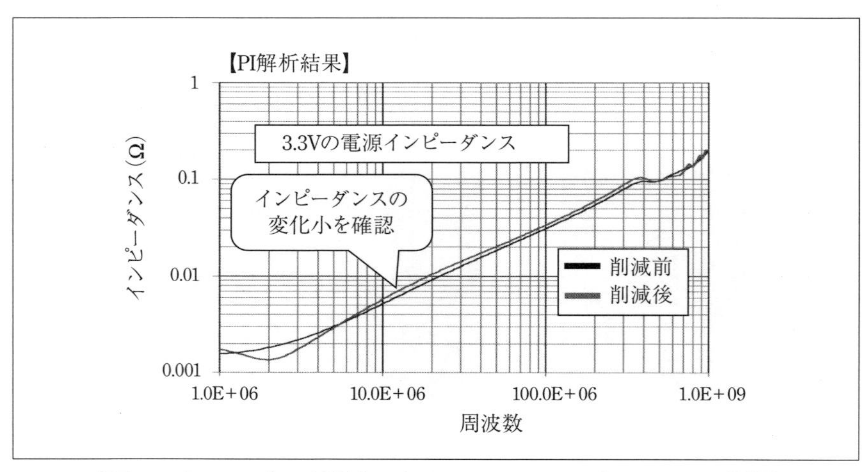

〔図11.7〕コンデンサ削減によるパワーインテグリティへの影響

テムの高機能化、高速化と高精度化をさらに推進することにより、設計上流でのより効果的なEMC/SI/PI協調設計を実現していく。

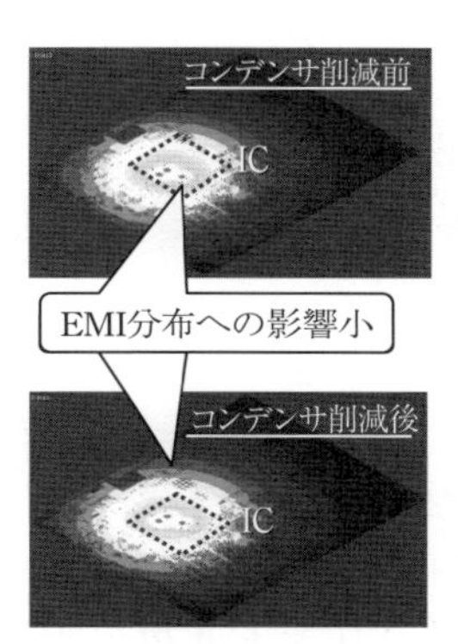

【EMI解析結果（PCB近傍磁界）】

周波数［MHz］	削減前マージン（dBμV/m）①	削減後マージン（dBμV/m）②	差分（dBμV/m）②－①
43.04	8.1	9.8	1.7
86.06	20.3	22.0	1.7
114.8	16.4	16.6	0.2
187.7	16.8	20.0	2.2
250.1	22.3	21.0	▲1.3
315.2	21.2	20.0	▲1.2
704.2	14.4	14.0	▲0.4
984.9	9.3	9.8	0.5
991.1	8.9	9.8	0.9

【EMI実測結果（電界遠方界　10m法）】

〔図 11.8〕EMI 対策コンデンサ削減機能の有効性検証

参考文献

1) 佐藤敏郎：大規模電磁界解析による設計上流段階からのEMC対策作りこみ実践、エレクトロニクス実装学会誌 Vol.17 No.7、p.506-510 (2014).

2) 宮崎博行ほか：スーパーコンピュータ「京」の概要、FUJITSU、Vol.63、No.5、p. 237-246 (2012).

3) 佐藤敏郎ほか：電磁界解析の実践事例. FUJITSU、Vol.63、No.1、p. 88-94 (2012)

4) http://jp.fujitsu.com/solutions/plm/analysis/signaladviser/

5) 佐相秀幸ほか：マルチ・フィジクス統合設計のための高効率電磁界シミュレーション解析技術. 電子情報通信学会論文誌C　Vol.J94-C、No.8、p.210-222, (2011).

6) 佐藤敏郎ほか：大規模プリント基板の電源ノイズ解析. FUJITSU、Vol.58、No.5、p. 443-449 (2007).

7) 安田満：富士通のエンジニアリングクラウド. FUJITSU、Vol.63、No.1、p.17-23 (2012).

8) 斎藤精一ほか：エンジニアリングクラウド開発環境. FUJITSU、Vol.62、No.3 、p.288-296 (2011) .

9) 佐藤敏郎ほか：LSI, PCB一体ノイズ解析システム. 電子情報通信学会論文誌C、Vol.J89-C、No.11、p.817-825 (2006).

10) 平井天道ほか：高速伝送基板における電源ノイズ解析システム：SIGAL-PI. FUJITSU、Vol.55、No.3,
p.257-261 (2004).

11) 登坂正喜ほか：3つの事例に学ぶ電源雑音の制し方. 日経エレクトロニクス、2005.7.18、p.115-127 (2005).

12) 矢口貴宏：ツールを用いた設計現場でのEMC・PI・SI設計. 月刊EMC No.318、p.96-104 (2014).

第12章

エミッション・フリーの電気自動車をめざして

—電気自動車のEMC規制を遵守するための欧州横断研究プロジェクトの紹介—

執筆：ラルフ・ブリューニング
訳：株式会社 図研　高木 潔

欧州では電気自動車（EV）の先端研究開発のためにさまざまな企業と大学が集まり、2012年に研究プロジェクトが発足された。欧州のCATRENEクラスタの中でEM4EM（ElectroMagnetic reliability of electronic Systems for Electro Mobility）プロジェクトは、自動車メーカ、サプライヤ、半導体メーカ、EDAベンダー、大学から構成され、次世代の開発環境の確立を目指して共同研究を推し進め、今年3月に予定どおり完了した。図研もドイツのEMCテクノロジーセンターから参画し、EMCの設計とシミュレーション分野で成果をあげることができた。本稿ではプロジェクトの概要と成果を紹介する。

1．はじめに

欧州において自動車産業は最も重要なリーディング産業として位置づけられている。環境保全のための法的規制が強まるにしたがい、電気自動車への研究活動が世界中で後押しされるようになり、欧州においても例外でなくなった。図12.1には各国の電気自動車への消費者の受容度を示す。

電気自動車の登場は、将来電動機器や電子部品を設計する際に新たな

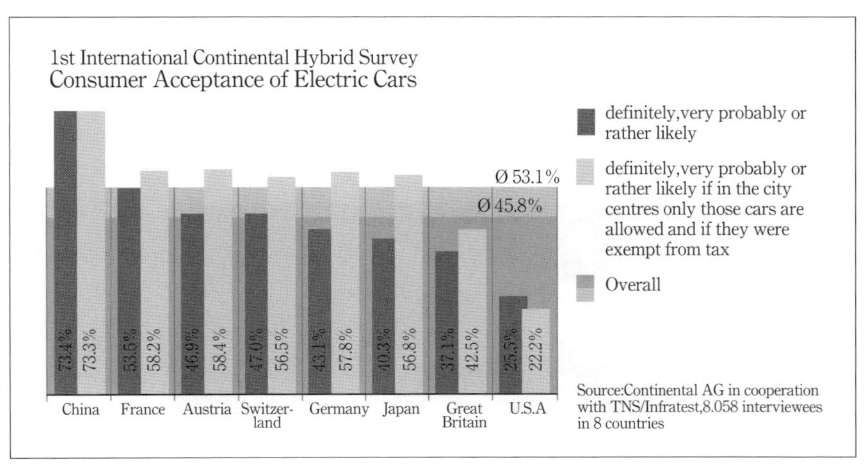

〔図12.1〕各国の電気自動車の消費者受容度（出展：コンチネンタル社）

技術革新が必要となることを意味する。電源ケーブル、電動モータおよび高感度の高密度電子機器が、高電界の狭い空間に近接していることは、電磁両立性（EMC）ならびに付随する電磁信頼性（ElectroMagnetic Reliability：EMR）に対し包括的なアプローチを要求することになる。図12.2にEMRが問題となる箇所を示す。

さらに近年、車体の軽量化のために炭素繊維が使われるようになると、従来金属製車体でシールドされていた効果が得られなくなると見込まれる。図12.3に電動化に伴うEMC対策への影響を示す。

電動パワートレインの導入は、適切なEMC/EMRの設計とそれまで構造化された方法で対処できなかった測定の分野において、車両への電圧と電力レベルを確立した。10倍（20デシベル）から100倍（40デシベル）まで電圧が上昇し、状況は電力についても同様である。これは電気自動車内の通信ユニットのEMC/EMR動作が、デジタル放送規格のDVB-T

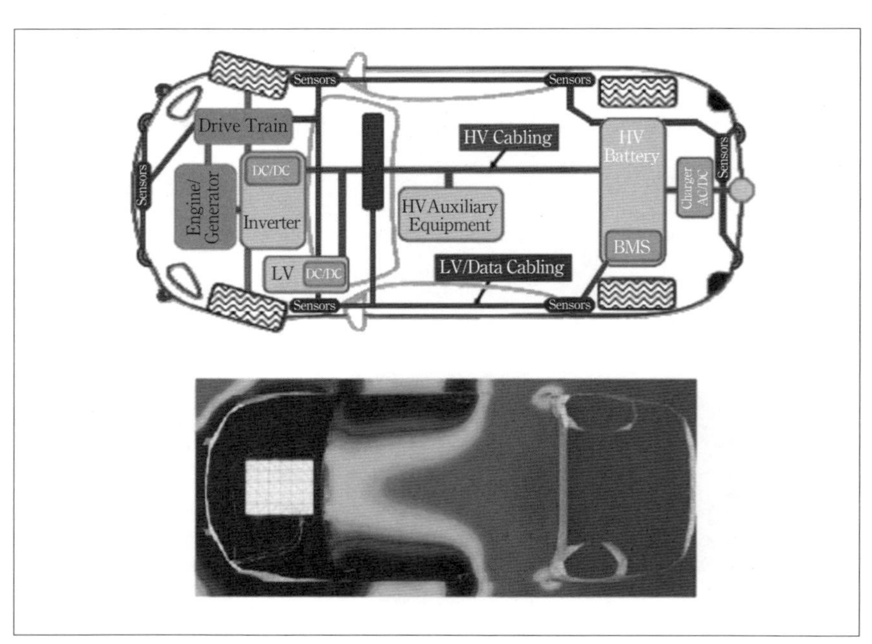

〔図12.2〕電気自動車におけるEMR問題 測定結果（出展 :M.Hillgaertner, 2011）

のように、電動パワートレイン部品によって生成される電磁放射の大幅な削減が必要となることを意味する。

電気自動車はEMCノイズにおいて内燃エンジン車に比べ100倍高いリスクに直面する。これらのノイズは、センサー、制御及び通信システムを約1ボルトの信号電圧範囲（低電圧のロジック回路並）で信号を誤動作させることがあるかも知れない。

このような安全上のリスクと同時に、商業的なリスクも自動車メーカは抱え込むことになる。エンドユーザにとってどんな誤動作であってもEMCが接点となる。例えば、EMCの問題でラジオにノイズが入ったというようなことが、米国で売り上げが大きく落ち込むというようなことにつながっている。

航空宇宙システムなど他の分野では安全関連のシステムの故障へのリダンダント（冗長）対策を施しているが、コストと重量の理由から電気

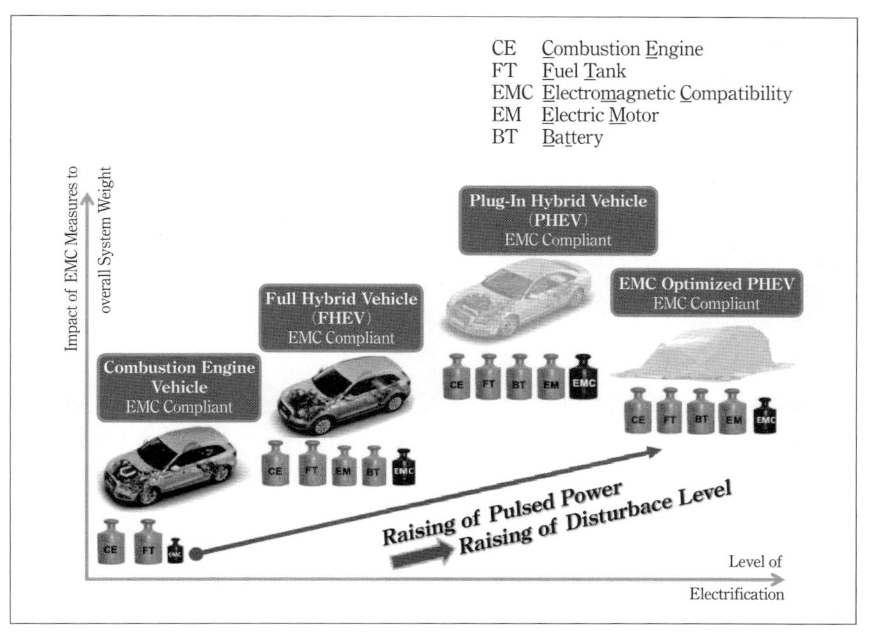

〔図12.3〕自動車の電動化に伴うEMC対策への影響

自動車では実行できない。

このような背景から、アウディ社のリーダシップの下で自動車メーカとしてアウディ社、ダイムラー社、半導体メーカとしてインフィニオン社、NXP社、ELMOS社、サプライヤとしてボッシュ社、コンチネンタル社、EDAソフトウェアのプロバイダとして大学やZuken Germany（EMCテクノロジーセンター）がEM4EMコンソーシアムを結成し、電気自動車用電子システムのEMC対処設計を確立することを目指した。この活動のゴールは、電気自動車の電子システムをトップダウン・アプローチで開発し、電気自動車へのEMC対策をより堅牢にするためにさまざまなメカニズムを研究することにある。

電磁干渉の範囲は使用されるECUの数に比例するが、それだけでなく複雑さにも影響を受け、集積回路のトランジスタ数だけでなく回路のクロック速度からも影響を受ける。それゆえ、設計上の柔軟性は重視した。

最終的な開発環境のコンセプトの性能は、各デモンストレータにより発表されている。完全なデモンストレータはアウディ社のデモンストレーション・カーであるeBuggyである（図12.9）。このようなアプローチはユニークであり、EM4EMプロジェクトの全パートナー内で密接に協力し管理される。

2．プロジェクトのミッション

(1) スマートセンサー・デバイスにおいて、改善されたEMR動作、次世代のエレクトロ・モビリティのための関連ナノ電子デバイスおよびシステム・ソリューションを提供する。
(2) EMR関連再設計の削減とすべてのサプライ・チェーンおよび開発チェーンを見直すことによって、次の6年間で、20％のEMRの開発労力を削減する。
(3) 電気・電子部品レベルで次の3年間で、20％の重量、体積、およびEMR対策のコストを削減する。
(4) 欧州の自動車・半導体産業の世界市場での競争力を高める。
(5) まだ標準化されていない電気自動車の各種インターフェイスのため

の摺合せ的解決策を創造する。

(6) EM4EM プロジェクトの結果を実装することで、より良い、持続可能な個々の輸送機器（過酷な環境で動作する他の関連する産業用電子機器を含む）のための革新的なシステム・ソリューションへの価値を付加する。

3. 新たなパワー部品への課題

電気自動車にとって妨害信号は 100kW 以上のコントロール・システムによって放射されている。現在のセンサーシステムは、mW ～ μW の範囲内の信号を処理する。ラジオ、携帯電話、GPS などの通信サービスにおいて信号は μW ～ nW かそれ以下である。

今日の一般的なオン・ボードシステムが 12 V で動作するが、将来、500V 以上の電圧で最大 250A に至る電流が高速に切替られると予測される。電力効率に優れたインバータ・システムは、GHz を超える干渉波を生成する。

電源供給システムから低電圧の信号処理システムへ伝導し、放射妨害する危険性が著しく増加する。結果的に通信ロス、あるいは他のシステム障害（False）メッセージが発生しやすくなる。今後のセンサーと通信システムは、このような電気自動車環境でも確実に動作しなければならない。

上記の注意事項に加え、信頼性、コスト、スペース、および重量を考慮すると、かなりの需要が新たなフィルターシステムおよびナノ／マイクロ電子機器の耐干渉性に置かれなければならないことが明確になる。

センサー、ADC、PLL、ASIC、およびマイクロ・コントローラ、電圧供給と統合された SRAM のフラッシュなど、スイッチ・パワー用発光半導体素子、アクチュエータ、センシティブ素子の空間確保のために電気自動車の制御系の信頼性の高い機能を目指している。

将来すべての車載用 IC は、低感受性と低い放射レベルで設計され、堅牢（robust）でなければならない。すでにセキュリティ関連システムの要件は、ASIL クラスで定義されている。

結果比較あるいは多数決を制御するために、一般的にはリダンダント機能ユニットが追加されている。このような対策は余分なチップやプリント基板上の回路が必要となりコスト高となる。

電気自動車において回復不能な破損が生じた場合には、制御ユニットの機能も破損し、たとえ三重化されたロジックであってもひとつの解を示せないかも知れない。リダンタント・ロジックは、IC全体や制御ユニットの障害に対して役立つかも知れない。アダプティブ・システムも考慮されている。

従来のガソリン車はAMやFM放送およびデジタル放送の周波数帯での電波障害を低減するために多大な労力をかけてきたが、電気自動車はまだ少量しか生産されていないため、放送受信への影響（問題）が数少ない経験である。

4．電気自動車の部品

現在の電気自動車は、自動車業界以外の分野で使われる部品を使用している。電気モータと制御アルゴリズムは、主にオートメーション・システムから転用している。バッテリーパッケージはノートPCの電池からの転用である。ケーブルとコネクタは、シンプルだが重い。12 Vの電源供給ネットワークと高電圧のシステムが平行に同居する。自動車分野に高度に特化したシステムの開発が望まれる。図12.4に代表的なシステム・コンポーネントを示す。

5．EMCシミュレーション技術

大規模システムのEMC挙動のシミュレーションはまだ研究段階であり、計測器による実測定を代用できない。しかし、様々なアプローチで改善され、実測値とのギャップが埋まり信頼性も上がり、シミュレーションはよりよい解を見つけ、異なるアプローチを比較するためには重要なツールと位置づけられている。EVシステムの最適化は、シミュレーション・ベースの開発プロセスなしでは実現できない。

より信頼性の高い方法を見つけるには、電気自動車の特殊性を考慮しなければならない。高電圧のシールド・ケーブルは、正確なシミュレーションモデルを必要とする。コネクタとエンクロージャは新しい数値的方法を必要としている。

障害を引き起こすパワー・エレクトロニクスシステムは分析すべきであり、モデルベースのEMC設計が、低RF放射の動作モードを有効にする必要がある。波源（ソース）間の相互作用を記述したカップリング・モデルと典型的な被干渉体が必要である。

ECUのビヘイビア・モデルは複雑であるため、測定によってデータを得ることは非常に有益である。ビヘイビア・モデルはスキャニングによって作成できるが、測定の問題によく悩まされる。位相情報が十分でないと、モデル精度を大幅に低減するので、位相復元のためのタイム・ドメイン測定をベースにした新しい手法とより良いセンサーが早急に必要とされる。

センサーはイミュニティの問題に悩まされる。特別なEMCエリアでの静電放電（ESD）において、シミュレーション・ベースのESD耐性の開発プロセスが可能であることを示す。ESD領域に考案されたアイデアは他の妨害源にも拡張できる。

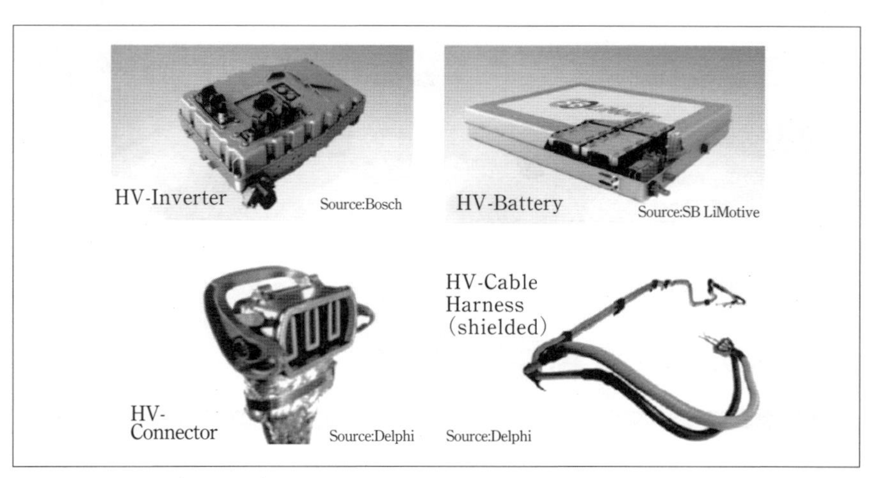

〔図12.4〕EVのためのシステム・コンポーネント

6. EMR 試験および測定

センサー、パワー・エレクトロニクス、非常に敏感な通信システムを考慮すると、新しいEMC試験及び測定方法が必要である。数年前に電気自動車の要求を取り扱うためにドイツで標準化ワーキング・グループが初めて立ち上った。(DKE 767.13.18 EMV Elektromobilität)

新規にアプローチすることは必要だが、過去に蓄積された詳細な知識はそのままでは活用できないというのが業界の認識である。妨害の波源は定義されるべきであるし、標準化された失敗事例の記述方法も定義する必要がある。

あらゆる調査のためには、学会と産業界からの協力が必要である。放射やイミュニティのためのスキャンニング手法は特に有効である。従来の研究での測定やテスト手法と比べ、EMRのビヘイビアに関し多くの情報が産み出せ、近傍での部品ビヘイビアを特徴づけられる。

EM4EMプロジェクトは図12.5で示すようなV字モデルに沿った活動組織の中で以下のように位置づけた。実現可能であることを証明し、プ

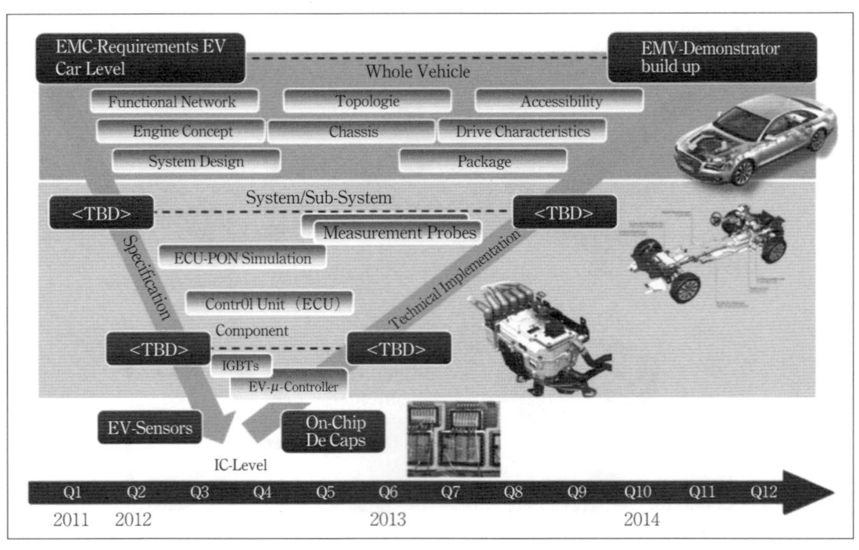

〔図 12.5〕EM4EM プロジェクトのV字モデル構造

ロジェクト終了後も開発サイクルで提供できるように理論面だけでなくハードウェアとソフトウェアのプロトタイプも提供する。

EM4EMの成果物を利用することにより、プロジェクトの各パートナーはEMC規制を遵守した電気自動車用部品を開発できるようになる。

7．プロジェクト実行計画

EM4EMプロジェクトは全体で3年間の計画で、6つのステージに分けられる。各々のワーク・パッケージの成果に依存するが、フェーズ1と2は繰り返し実行された。SWOT分析による最終成果物と要件定義はプロジェクト発足からそれぞれ6ヶ月後と9ヶ月後に利用できるようになった。

フェーズ1：SWOT分析EMRとEV（6ヶ月）
フェーズ2：要件定義（9ヶ月）
フェーズ3：技術的実現性検証1（15ヶ月）
フェーズ4：デモンストレータのシステムインテグレーション（工業デザイン手法の適用）+要件の拡張（9ヶ月）
フェーズ5：技術的実現性検証2:改善（6ヶ月）
フェーズ6：最終システム統合+βテスト+文書化（6ヶ月）。

EM4EMプロジェクトの研究開発作業は8つのワーク・パッケージに分かれて編成された。図研はアプリケーションおよびシミュレーションの関連のワーク・パッケージ4（Advanced EMR Design）の分野を担当した。図12.6にワーク・パッケージの全容を示す。

8．標準化への取り組み

EM4EMパートナーは、電気自動車研究の一環として、様々な標準化の問題に取り組んだ（図12.7）。図研のEMCテクノロジーセンター（ドイツ）は、ICからの放射に関するIBISモデルの標準化グループの一員としてICモデリングの問題に取り組んだ。（ICEM, IEC62433規格）同様に、いわゆるPower-Aware IBISシミュレーションのためのIBISフォーマット（IBIS5.0の一部であるIBIS Bird 95及びBird 98）とICEM、

IEC62433規格にも取り組んだ。

他のパートナーはEVと関連するEMCの側面（例えば、測定基準）に関して、他の国内および国際的なEMCの標準化の問題に関する作業を行った。

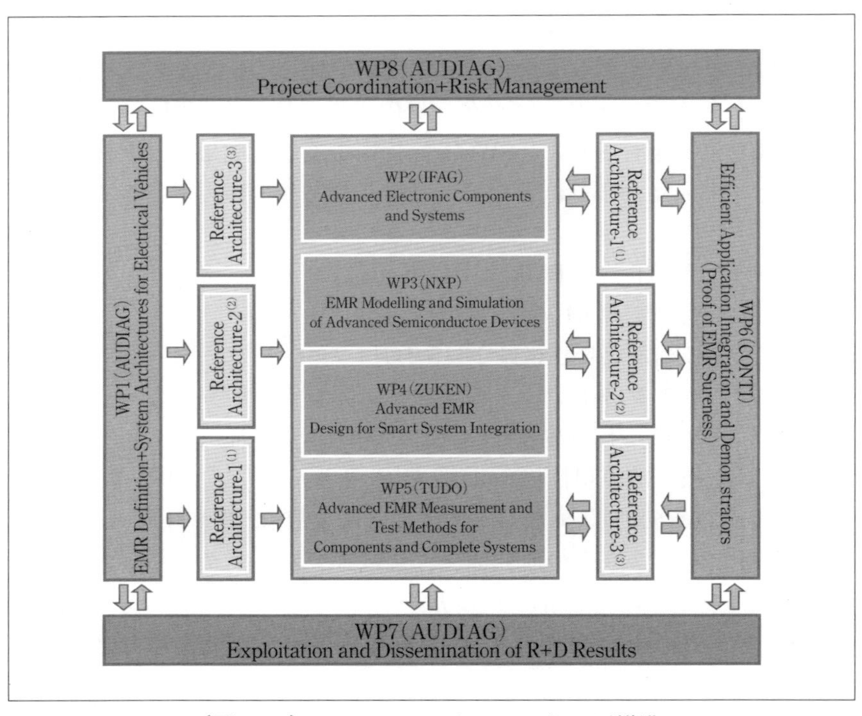

〔図12.6〕EM4EMワーク・パッケージ構造

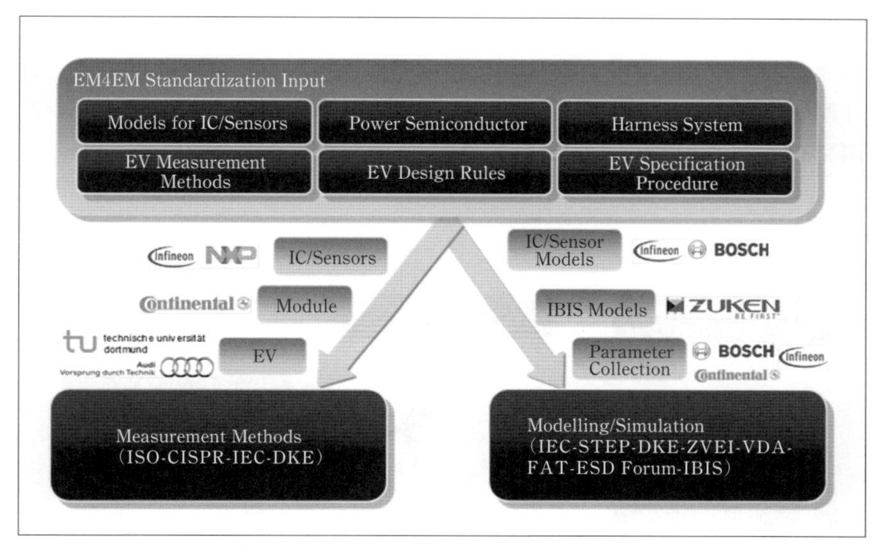

〔図 12.7〕EM4EM と標準化活動の関係

9．主なプロジェクト成果

9－1　アウディ社

電気自動車の新たな軽量材料とEMCのためのシールド効果の特性の研究と、異なったフィルタ技術の研究にも取り組んだ。さらに、フィルタ・エレメントは様々な測定（図12.8で示すコモンモード及び差動モード）によって定義され、フィルタ処理性能をスマートデータとして効率的な方法で判断できるようになった。

プロジェクトの成果を適用したサンプルとして、商用燃焼エンジン・バギーを電気自動車に改造して様々な測定のために自由に利用できるようにした（図12.9）。この車とその部品（インフィニオン社のTriCore ICを実装したコンチネンタル社のECU）は、プロジェクトの成果を紹介するために他のパートナーによってデモンストレーション車両として使用されている。

高電圧（HV）アーキテクチャの設計ルールは、高電圧と低電圧のアーキテクチャからのシールディング概念の要求を比較することによって開発されてきた。電圧の高いエリアと低いエリア、あるいはケーブルとコネクタとのデカップリングは従来の車両に比べると電気自動車では、より配慮する必要がある。図 12.10 には電気自動車に対する設計ルールの開発を示す。

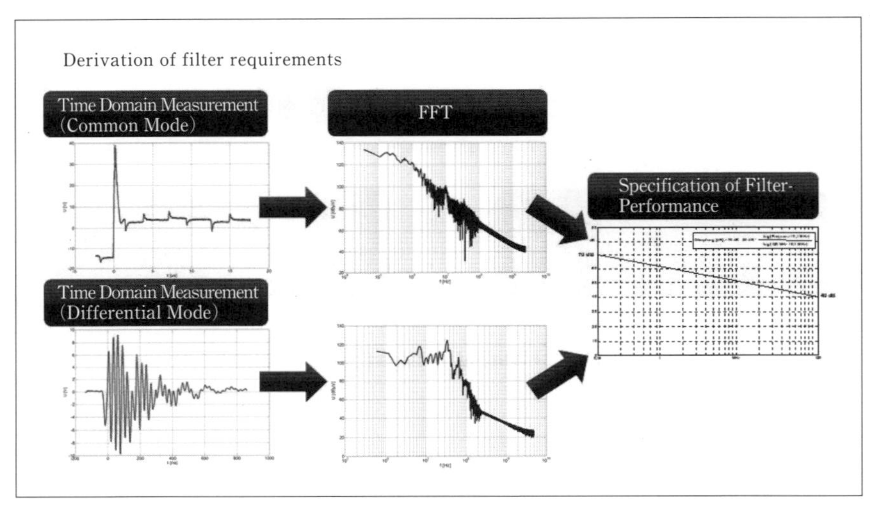

〔図 12.8〕フィルタ誘導技術（アウディ社提供）

〔図 12.9〕EM4EM デモンストレーション・カー（アウディ社提供）

9－2　インフィニオン社

本プロジェクトにおいてICメーカの研究活動の主目的は、EMRのシミュレーション・アルゴリズムとICやサブモジュールから得られるモデルをキャリア・レベル（PCN, SOP等）で統合し、電気自動車全体のモデルをEMR解析できるようにすることである。キーとなる電気自動車用部品の検証用モデルも同様に重要な役割を果たす。

様々なサブシステム間のノイズ分離のための効果的な設計手法は、いくつかの異なるワーク・パッケージ内で開発中である。そこには部分的にシミュレーションし検証するパートナーも含まれる。

ICレベルでのデカップリング構造は、電磁効率の観点で分析（シミュレーションでの検証含む）され、フリップチップが最も効率が良いとされたが、車載用にはまだ高価であるという結論となった。図12.11に構造を、図12.12には性能比較を示す。

本研究におけるデモンストレーション・カーには、チップとインタポーザは変えずにBGAパッケージのTC1387マイクロ・コントローラが使用された。

9－3　図研（EMCテクノロジーセンター）

アナリストの分析によれば、車載用ICに供給される電源電圧はここ

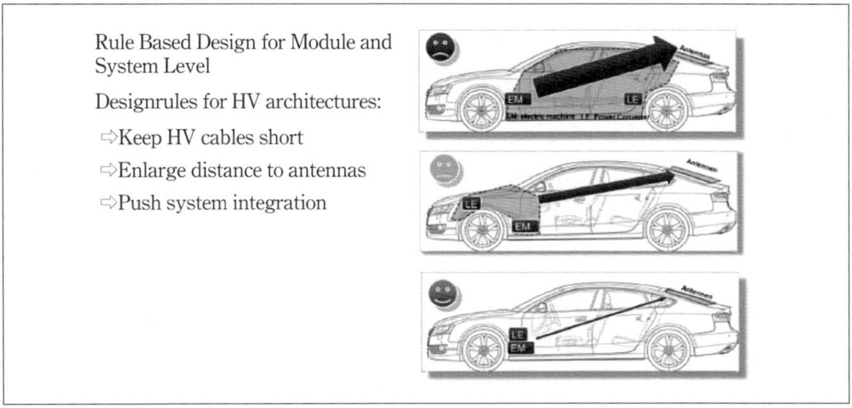

〔図12.10〕電気自動車用設計ルール開発（アウディ社提供）

数年で1Vのレンジで低くなるだろうと予想されている。(信号の200mV以下の対雑音比の信号) これは、現実的にも理論的にも最終システムの消費電力を下げることにつながる。さらにICメーカは、設計仕様に対応する電圧変動や品質の観点で電力分配システム (PDS) のためのデザインガイドを提供している。

また、電力供給回路を経由しスイッチングICから発生するカップリ

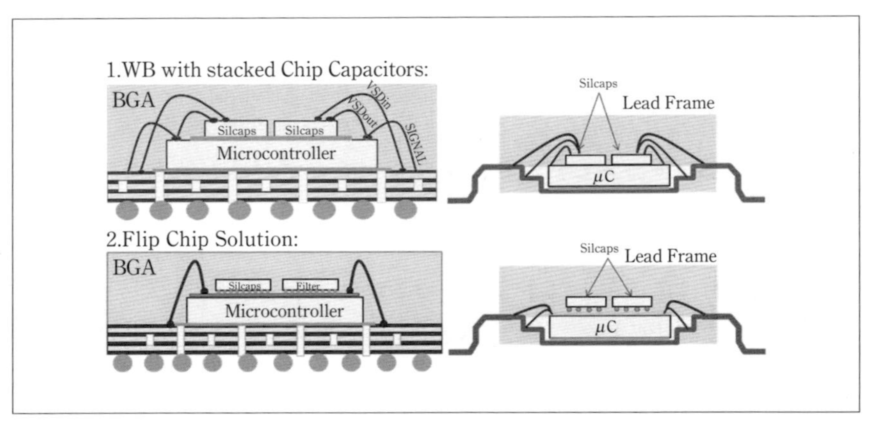

〔図 12.11〕オンチップ・デカップリングの構造 (インフィニオン社提供)

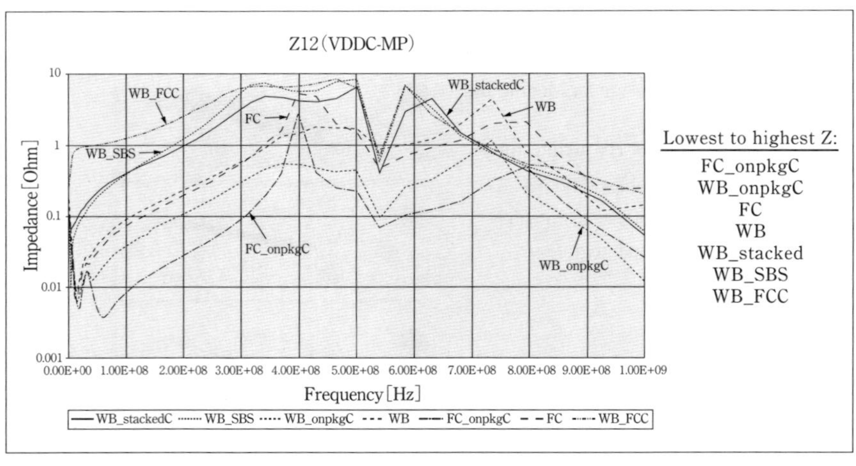

〔図 12.12〕デカップリングの性能比較 (インフィニオン社提供)

ングHFエネルギーを観察できる。信号のリターンパスはグランド回路に電圧降下を誘発することになり、そのためHF電圧がグランドの反対側に生じる。

基板や筐体に接続されるケーブルのシールドは、モノポールまたはダイポール・アンテナとして機能してしまう。同様にグランド・プレーンのリターン電流とICのスイッチング電流は、周波数の高い電位差を両端に発生させる。オーバーレイ・ケーブルを使ったシールドによって、HF電圧がダイポール（コモンモード電流）として電磁界を放射できる。

最終的には、VCCとGNDで構成される電源回路は干渉波の発生源となりうる。高速にスイッチングされるドライバ部品のパルス放電は、VCCとGND面の間に数μから数十mVのレンジで電圧降下を引き起こす。これはVCC/GND両方の層にHF電流を誘導する。大きなサイズであるがためプリント基板のエッジ部分に、VCC-GND間のコンデンサはアレーアンテナを作ってしまう。このようなアレーアンテナは、100MHz以上の電磁場を発生させる。

動作部品のスイッチングにより発生した過渡電流は、電圧変動を起こしている電源回路のインピーダンスとみなせる。一方で、これは電磁放射を直接引き起こしているだけでなく、グランド・バウンスのような別の問題も引き起こしているかも知れない。動作電圧が着実に低くなっているため回路への信頼性の観点で強い影響を与えている。グランド・バウンスまたは電源バウンスは、ICのゲートに接続されるリファレンス電圧や供給レベルの上昇や下降を識別している。

主要な要因は内部電源領域とICのグランドまたはVCCピンの間を接続する低インピーダンスであり、この回路を流れる電流である。ICが動作すると、グラウンドへ流れる一定の電流が発生し、グランド-チップ間に一定の変動が発生する。これはコアロジックのスイッチングの閾値まで上昇するなら、内部スイッチングで発生するロスと、部品全体でロジカルな故障が発生するリスクがある。出力ステージをスイッチングする時に発生する過渡電流は特に注意が必要である。

再現することが困難であり、誤動作の原因としてグラウンド・バウンスがほとんどの測定が困難であるのが理由である。典型的なサイズである 7.5 センチの ECU は 400MHz 付近の周波数に相当する。出力バッファのスイッチング動作を電源回路上で障害を引き起こすようモデリングするには、IBIS モデリング規格の 2 つの拡張版が基本的には必要である。

・Bird 95.6（IBIS を使った PI 解析）
・Bird 98.3（ゲートモジュレーション効果）

共に開発済であり検証にはシノプシス社の HSPICE を用いた。図 12.13 にシミュレーション波形を示す。

EM4EM 研究プロジェクトの一環として、ベクトル・フィッティングを用いて強力にカップリングされた伝送線路の新しいモデルを開発した。図 12.14 に伝送線路モデルの構造を示す。

デモンストレータのケース（タイム・ドメインと周波数ドメインのシ

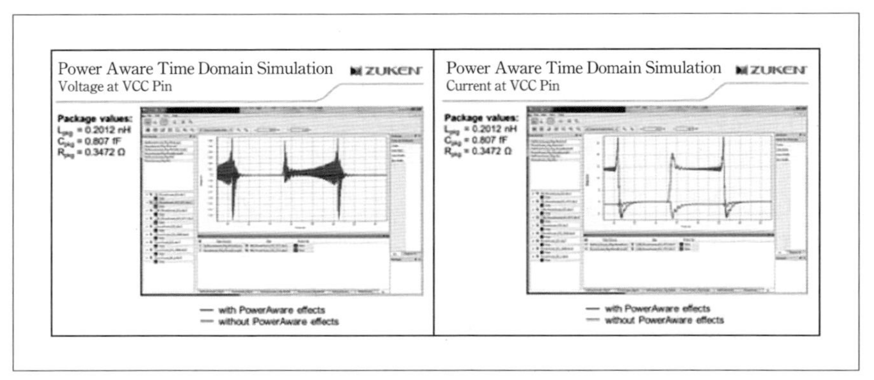

〔図 12.13〕Power Aware IBIS のシミュレーション

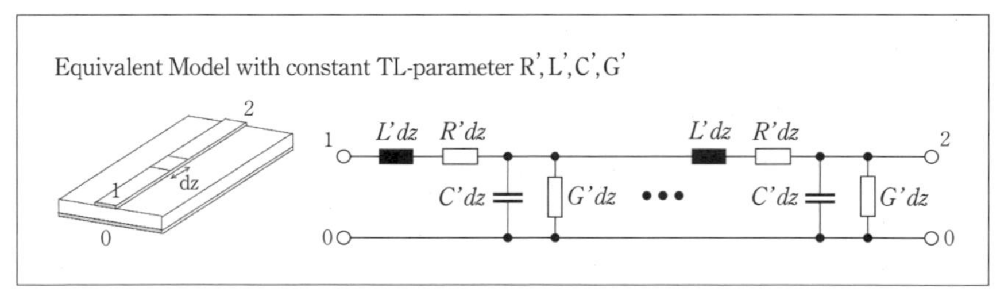

〔図 12.14〕伝送線路モデルの構造

ミュレーション例）は、様々なプロジェクトのパートナー（アウディ社、インフィニオン社、コンチネンタル社等）により定義され、2015年3月上旬のプロジェクトの最終レビュー時に実証した。図12.15に図研のデモンストレータ・ケースを示す。

10. 結論および今後の展望

チェコやフィンランドを含む欧州のパートナーと共にEM4EM（EU Catreneプロジェクト）を通じて、電気自動車を設計するという観点での統合的なEMC/EMRの設計アプローチを新たに実現できた。システム要件設計をベースに、電気自動車の将来の要件に関して、電子システム及び集積回路のEMRの堅牢な設計のための測定とシミュレーション技術が研究された。

システムレベル、ECU基板レベル、IC回路レベルの階層に分けて、手法およびシミュレーションモデルが用意できている。さまざまなデモンストレータ・ケースで証明される研究開発成果は、プロジェクトの目標が達成されたことを示す。

さらにEM4EMプロジェクトは、昨年フランス・カンヌで開催された欧

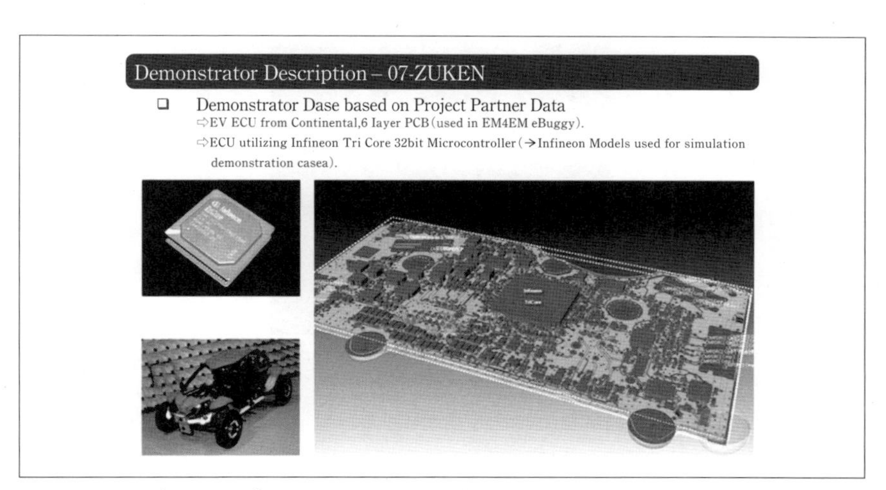

〔図12.15〕図研のEM4EMデモンストレータ・ケース

州ナノエレクトロニクスフォーラム2014（http://www.nanoelectronicsforum.org/）の「2014年に最も革新的なプロジェクト」としてCATRENE（http://www.catrene.org/）イノベーション・アワードを受賞した（図12.16）。

CATRENEプログラムディレクタでアプリケーションズ担当のピーター・コッホ氏は以下のように述べた。「CATRENE EM4EMプロジェクトの成果は、次世代の電気自動車への前提条件であり、広く欧州の自動車産業がこの成果を享受できるようになるだけでなく、雇用の維持・増加にもつながる重要なものである。この学際的なコンソーシアムに参加した各企業がそれぞれの専門知識を持ちよることにより、効果的なソリューションをもたらすことができた。」

本プロジェクトは2015年3月に終了し、最終レビューのためのワークショップがアウディ社主催でインゴルシュタットにて3月上旬に開催され、全てのパートナーがそれぞれの成果をプレゼンテーションした。最後に図12.17にEM4EMメンバーの集合写真を示す。

〔図12.16〕CATRENEイノベーション・アワード受賞

〔図 12.17〕EM4EM チーム

第13章
半導体モジュールの電源供給系（PDN）特性チューニング

神戸大学　永田　真
谷口 綱紀
三浦 典之

あらまし

半導体モジュールの電源供給系（PDN）の電気特性をオンチップで調節するPDN特性チューニング手法を紹介する。PDNアナライザにより共振周波数を特定し、PDNノッチフィルタの特性周波数を一致することで、PDNインピーダンスの共振ピークを抑制し、平坦化する。テストチップにより、最大39%のオンチップ電源ノイズ低減効果を確認した。半導体モジュールのEMC特性を、ICチップの様々な実装形態に対して、インフィールドで調整できる可能性がある。

1．はじめに

半導体集積回路（IC）チップを組み込んだ電子モジュールの重要性が増している。自動車の自動運転支援、航空機の電子制御、医療機器や健康機器向けエレクトロニクス、電気等のスマートメータ、等、電子モジュールに高い信頼性を要求するアプリケーションの社会浸透が進んでいる。他方、サイバーフィジカルシステム（CPS）を具体化するセンサーモジュールや通信ノードには、低コストかつ低消費電力でありながら、厳しい使用環境でも安定かつ長期間に動作することが求められる。先端電子機器の開発において、想定される利用環境における周辺電磁環境との調和、電子環境両立性（EMC）の確保は、このような要求の実現に向けて十分に考慮される必要がある。

近年、ICチップの設計段階から、パッケージング工程やボードレベルのアセンブリを見通し、チップ-パッケージ-ボード統合系の電気特性をあらかじめ規定してICチップの開発を進める手法が提案され、製品開発フローへの取り込みが進んでいる。多くの場合、チップ、パッケージ、ボードは受動素子網（抵抗、容量、インダクタからなる等価回路ネットワーク）として見込まれる。シャント容量やデカップリング素子のようなディスクリート部品に加えて、金属配線に寄生する直列抵抗や直列インダクタンス、および配線間や配線層間の容量などの素子が含まれる。ひとたび設計を確定すれば、これらの素子は固定値として扱われる。

半導体モジュールにおいて、チップ-パッケージ－ボードを統合した電源供給系（Power delivery network, PDN）の電気特性は、ICチップの安定動作に加えて、EMC性能に大きく作用する。ここで、ICチップは複数品種の半導体モジュール製品に搭載されるが、それぞれの製品によりチップ-パッケージ-ボードを統合したPDNの電気特性は異なる。すなわち、ICチップの開発において、多くの製品群を包含するように、ボードの固定素子、パッケージおよびボードの寄生素子、の素子値を想定する必要が生ずる。これらの素子値をどのように想定するか、あるいは標準設計（リファレンスデザイン）を規定するか、など、チップ-パッケージ-ボード統合系の実務的な設計手法について、多くの議論がPDNチューニング機能について紹介する[1)]。ICチップが半導体モジュールにおけるPDN特性を掌握し、オンチップのフィルタ機構を自己調整（チューニング）してPDN特性を変更する機能であり、チップ－パッケージ－ボード統合設計の許容範囲を拡大できる可能性がある。

2. 半導体モジュールにおける電源供給系

半導体モジュールにおいて、ICチップは図13.1のようにパッケージングされ、プリント基板（ボード）に実装される。このような物理構造

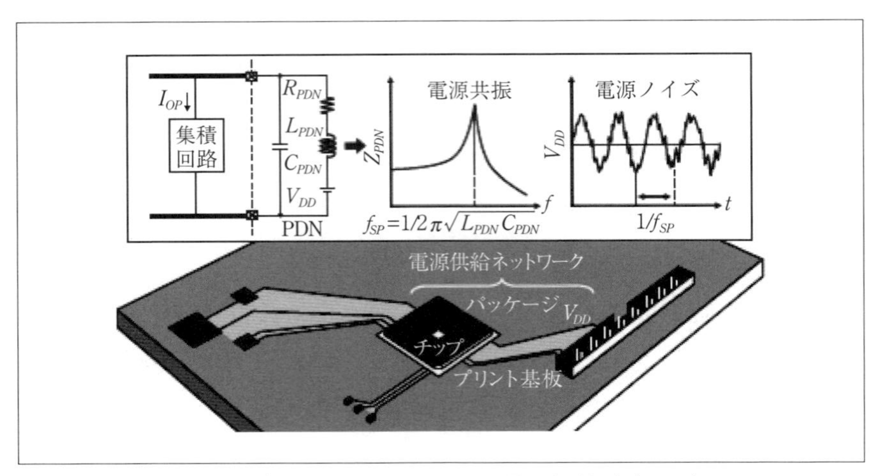

〔図13.1〕半導体モジュールと電源供給系（PDN）

における電源供給系（PDN）の電気特性は、同図に示す等価回路のように簡略化できる。ここで、R_{PDN}, L_{PDN}, C_{PDN}, はそれぞれ直列抵抗、直列インダクタンス、並列容量であり、固定素子及び寄生素子の総和として表現している。外部電源（V_{DD}）に対して、R_{PDN}, L_{PDN}, C_{PDN} は寄生的な共振回路を構成する。このため、チップ内部の集積回路が動作すると、共振回路が励振され、その共振周波数（f_{SR}）を代表的な周波数成分とする電源電圧変動、すなわち電源ノイズが発生する。ここで、PDN のインピーダンス（Z_{PDN}）は共振周波数で極大になる。チップ内部やボード上の電源配線に、IC チップ内部のデジタル回路スイッチング動作によるスパイク状のノイズ（IR ドロップ）と共振周波数における正弦波様のノイズが重畳したノイズ波形が観測されることが知られている。

一般に、IC チップの製造出荷工程において、PDN の電気特性や電源ノイズは試験対象にならない。これは、図 13.2 左図のように、IC チップはウェハの状態で半導体試験装置（テスタ）に搬送される。IC チップの各パッドはプローブカードを通してテスタの諸機能と接続され、内部回路の機能や性能が試験され、良品チップが選別される。このとき、IC チップに対する電源供給もプローブカードを経由しており、PDN 特性

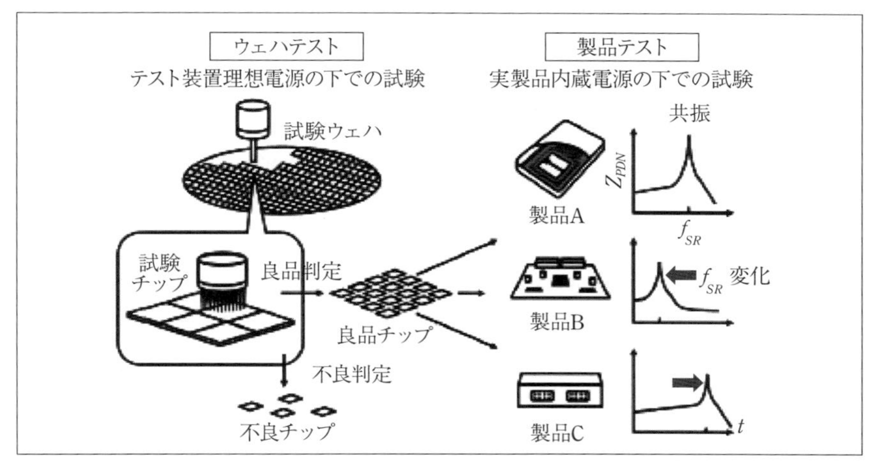

〔図 13.2〕IC チップのウェハレベルテスト（左図）と製品実装後の特性評価（右図）

はプローブカードやポゴピンの寄生素子に影響される。良品チップは図13.2右図のように、異なるパッケージングやボードレベルアセンブリで様々な製品群に搭載される。このとき、製品によりPDNを構成するオフチップ素子は異なり、共振周波数も応じて変わってくる。

PDNインピーダンスの極大を抑圧し、平坦化することができれば、製品毎のPDN特性の変化を抑制できる。これは図13.3に示すように、PDNと逆向きのインピーダンス特性（Z_{NF}）を示すノッチフィルタを製品毎の共振周波数にチューニングして、PDNに重畳することで実現できる。本稿では、この手法をPDN特性チューニングと呼ぶ。具体的には、図13.4に示すように、PDNアナライザとチューナブルPDNノッチフィルタにより実現する。PDNの共振特性をオンチップで解析し共振周波数を特定する（ステップ1）とともに、PDNノッチフィルタの特性周波数をあわせ込む（ステップ2）。後節にて、PDN特性チューニングの詳細およびテストチップによる実験結果について述べる。

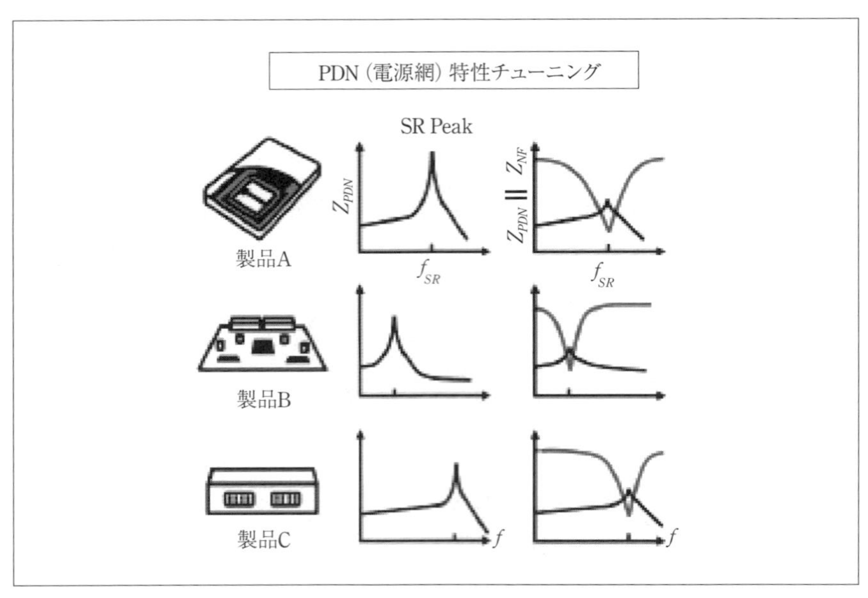

〔図13.3〕PDN特性チューニングの概念

3．PDN 特性チューニング

PDN 特性をチップ内部でその場チューニングする回路構成を図 13.5 に示す。IC チップをパッケージングしてボード実装した状態にある。

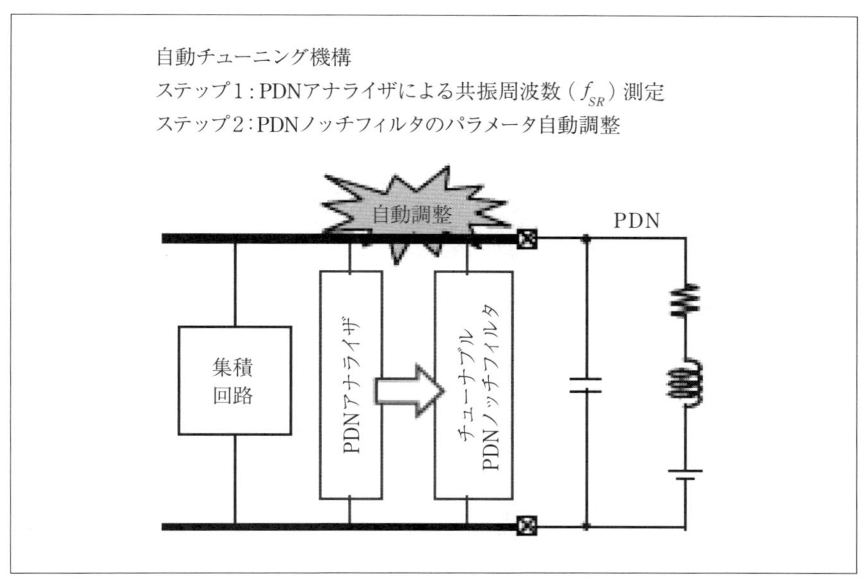

〔図 13.4〕PDN 特性チューニング機構

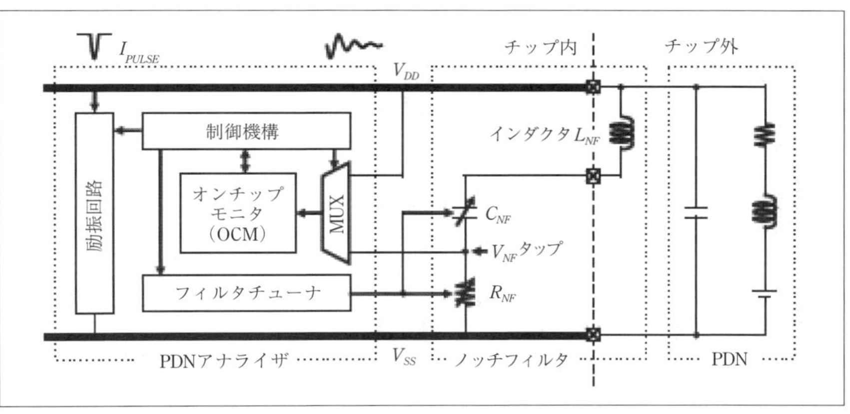

〔図 13.5〕PDN 特性チューニングを実現する PDN アナライザ及び PDN ノッチフィルタ

PDNアナライザは、PDN共振を誘発するための励振回路、チップ内部のPDN各部の波形をキャプチャするオンチップモニタ（OCM）[2),3)]、およびノッチフィルタ特性のチューニング機構からなる。PDNノッチフィルタはオンチップの可変容量（C_{NF}）および可変抵抗（R_{NF}）とオフチップのインダクタ（L_{NF}）から構成される。加えて、外部電源とプリント基板の給電経路（デカップリング容量を含む）が接続されている。以下に、PDN特性チューニング（図13.4）の詳細を示す。

［ステップ1：PDNアナライザによる共振周波数（F_{SR}）の特定］

半導体モジュール全体を通電状態かつリセットした（クロックを停止した）状態で、励振回路によりPDN全体の共振を誘発する（図13.6左図）。励振回路はきわめて低い周波数で周期的に動作し、パルス状の消費電流（I_{PULSE}）を発生する回路である。チップ内部の電源配線（V_{DD}）をオンチップモニタにより取得すると、図13.6右図のように、共振によるリンギングを伴う電源電圧変動が観測される。ここでオンチップモニタ（OCM）によりデジタル数値列として取得された波形データについて、時間に対する一次微分を取ると、これがゼロ点を横切る（ゼロクロス）時間列を抽出でき、共振周波数（F_{SR}）を決定できる。

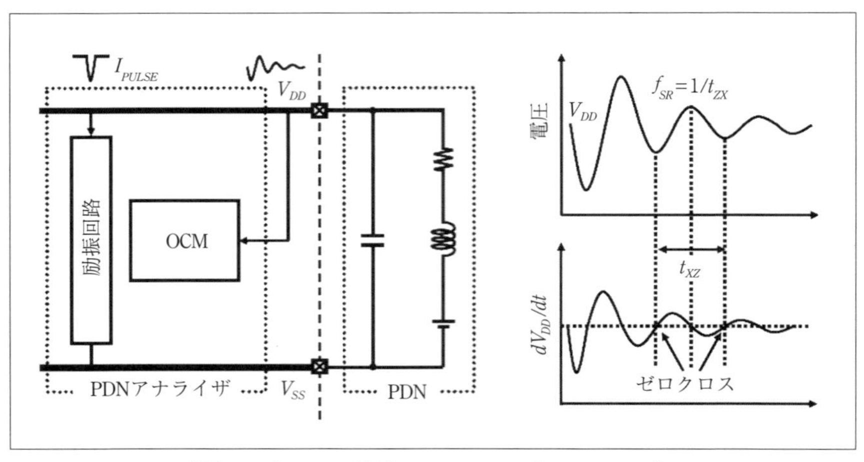

〔図13.6〕PDN特性チューニング：ステップ1

[ステップ2：PDNノッチフィルタのパラメータ自動調整]

半導体モジュール全体を通電状態かつリセットした（クロックを停止した）状態で、励振回路をステップ1により求めた共振周波数（F_{SR}）で周期的に駆動し、連続的な消費電流パルス列を発生する（図13.7）。OCMを用いて、電源配線（V_{DD}）およびPDNノッチフィルタのチップ内部タップ（V_{NF}）について電圧変動波形を取得する。ここでPDNの励振現象は再現性が高いことから、OCMはそれぞれの測定ノードに対して共通に用い、入力を切り替える（MUX）こととした。また、励振回路とOCMのタイムベースも共通とし、すなわち、消費電流パルスの発生タイミングとCMのサンプリングタイミングを同期している。これらの構造的特徴により、ノード間の利得ミスマッチやタイミングスキューなどの誤差要因を最小にしている。

PDNノッチフィルタを、V_{DD}とV_{NF}の位相が一致するようにチューニングすることで、PDNの共振周波数とノッチフィルタの特性周波数をあわせる（図13.8）。このとき、ノッチフィルタのL_{NF}（オフチップ）とC_{NF}（オンチップ）からなる直列経路のインピーダンスは極小となり、PDNの共振によるPDNインピーダンスの増大を抑制する。具体的には、

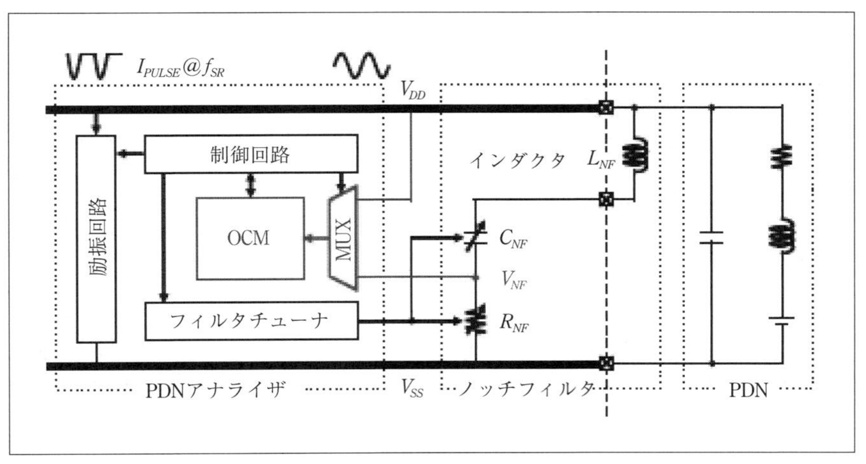

〔図13.7〕PDNノッチフィルタ調整機構とオンチップモニタによる観測ノード

デジタル値化された両ノードの波形におけるゼロクロス列の発生タイミングが合致するように、図 13.9 に示すオンチップ可変容量列の制御コード（C_{CODE}）を逐次的に調節する。なお、IC チップのアセンブリに用いられるボンディングワイアを L_{NF} に利用し、さらに、V_{DD} や V_{SS} のボン

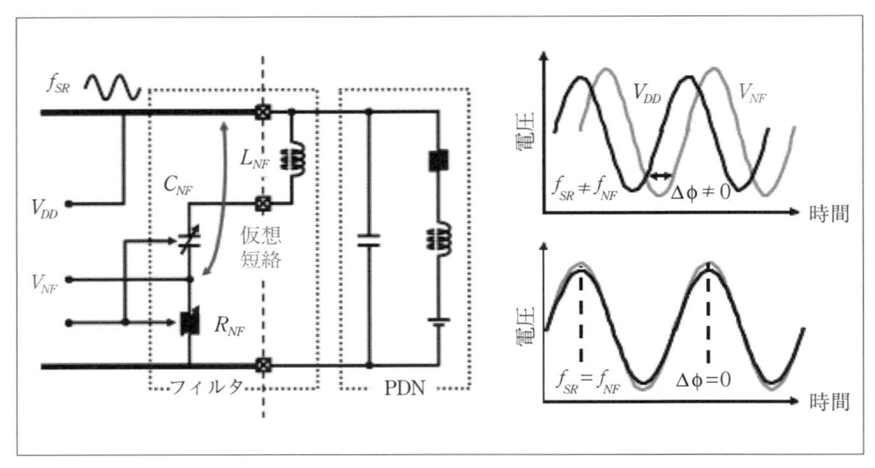

〔図 13.8〕PDN 特性チューニング：ステップ 2

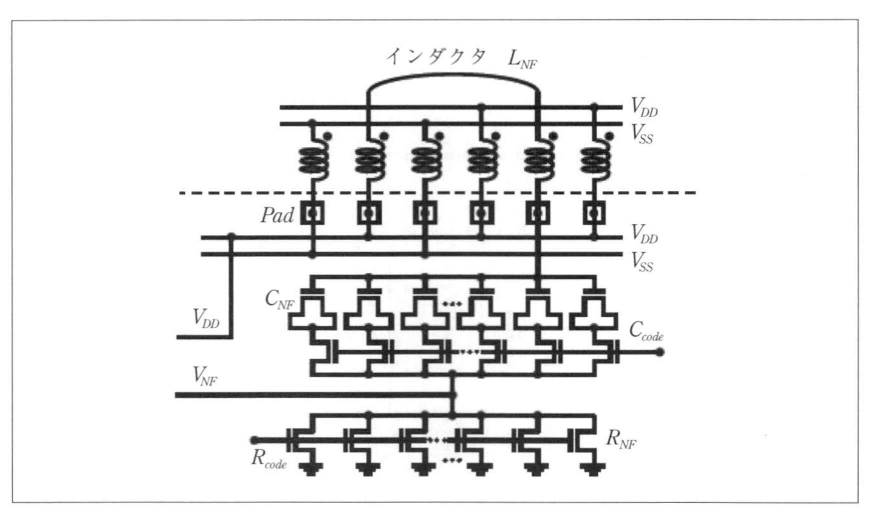

〔図 13.9〕ノッチフィルタの構成要素

ディングワイヤとの配置順を工夫することにより、自己インダクタンスに加えて相互誘導インダクタンスを最大化している。

4．プロトタイプによる評価

PDN アナライザ及び PDN ノッチフィルタを搭載したテストチップを試作し、評価ボードに実装した（図 13.10）。同じ IC チップを搭載した異なる半導体モジュール製品による PDN 特性の違いを仮想的に表現するため、ここではチップとボードを接続するボンディングワイヤ長に二種類（L_{NF}=3 mm と 5 mm）を用意した。

PDN 励振状態における V_{DD} ノードの電圧変化を OCM で測定した（図 13.11）。PDN 特性チューニングのステップ 1 に相当し、F_{SR} はボンディングワイヤ長に対して 250 MHz, 260 MHz と変化している。

PDN 特性チューニングにより、図 13.12 に示すように、PDN 共振周波数によらず V_{DD} ノードの電圧変動を 38% ～ 39% 抑制できることがわかる。PDN インピーダンスの極大が抑制された効果によるものである。また、このとき V_{DD} と V_{NF} の位相が一致するよう調整されていることも示されている。

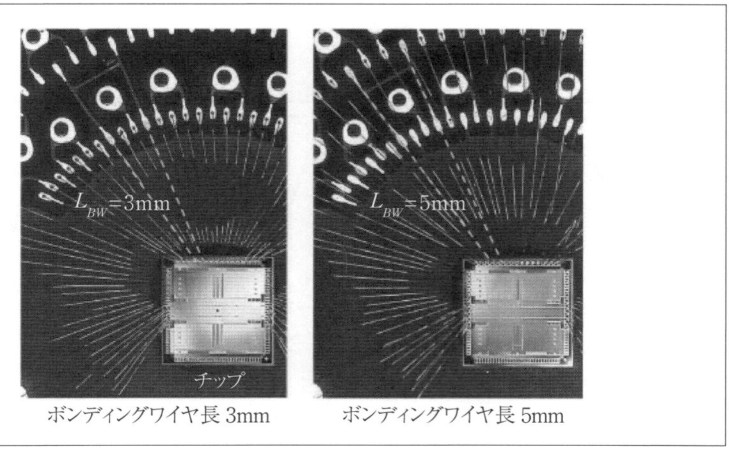

〔図 13.10〕テストチップおよびプロトタイプ実装

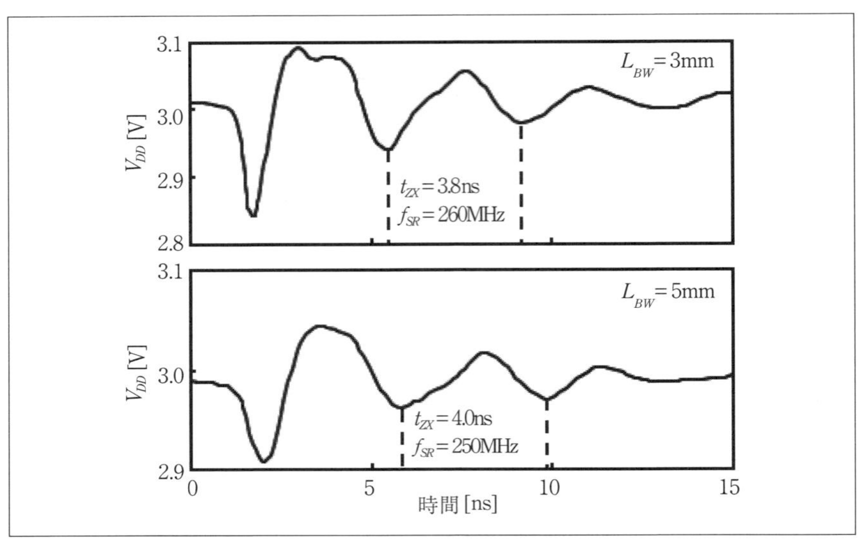

〔図 13.11〕オンチップモニタにより取得した励振時の電圧変動波形

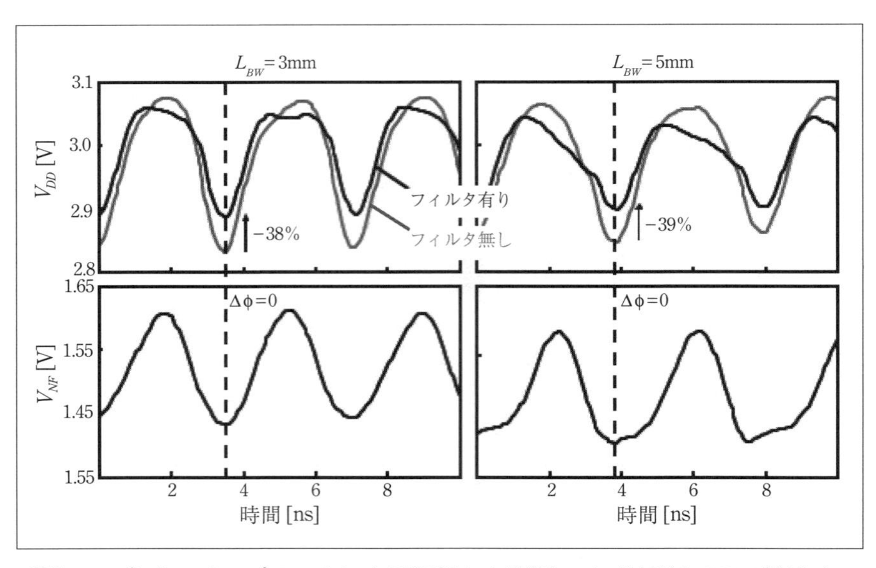

〔図 13.12〕オンチップモニタにより取得した電源ノイズ波形と PDN 特性チューニングの効果

5. まとめ

半導体モジュールのPDN特性について、ICチップの設計・製造以後の実装の差異を吸収し、PDNインピーダンスを平坦化する技術を実証した。半導体モジュールのEMC特性を、ICチップの様々な実装形態に対して、インフィールドで調整できる可能性がある。

PDN特性チューニングの周波数範囲やノイズ低減効果は、ノッチフィルタを構成するオンチップ容量の搭載規模やオフチップインダクタンスの大きさに依存し、半導体モジュールの実装コストにも関与する。ICチップ設計においてPDN特性の可調整性をいかに仕様化するべきか、今後の検討が必要である。また、本稿によるICチップレベルのPDN特性チューニング手法と、半導体モジュールにおけるEMC特性の関係についても検討を進めたいと考えている。

参考文献

1) Kohki Taniguchi, Noriyuki Miura, Taisuke Hayashi, and Makoto Nagata, "At-Product-Test Dedicated Adaptive Supply-Resonance Suppression," in Proc. 2015 IEEE VLSI Test Symposium, pp. 127-130, May 2015.

2)「デジタルLSI電源ノイズのオンチップ観測とシミュレーション技術」、永田真、エレクトロニクス実装学会誌、Vol. 12, No. 7, pp. 581-586, 2009年12月.

3)「VLSI電源ノイズの観測・解析と究明」、永田真、電磁環境工学情報（EMC）, No. 298, pp. 77-88, 2013年2月.

第14章

電力変換装置の
EMI対策技術ソフトスイッチングの基礎

国立舞鶴工業高等専門学校　平地 克也

1．はじめに

インバータ、DC/DCコンバータ、PFCコンバータなどの電力変換装置は半導体スイッチ素子の高速スイッチング性能の向上と共に動作周波数の高周波化によって大幅な小型軽量化と経済性の向上を実現してきた。しかし一方で、スイッチング性能の向上と高周波化はスイッチング損失を増加させると共に高周波ノイズを増加させてEMI対策を困難にしている。そこでスイッチング損失の抑制とEMI対策のキーテクノロジーとしてソフトスイッチング技術が注目され、広く研究開発が進められている。

ソフトスイッチングとは半導体スイッチ素子をなるべく電力損失や高周波ノイズが出ないように「ソフトに」スイッチングする技術であり、スイッチ素子のターンオンやターンオフによって発生する電力損失（スイッチング損失と言う）やEMIを抑制する効果がある。図14.1にスイ

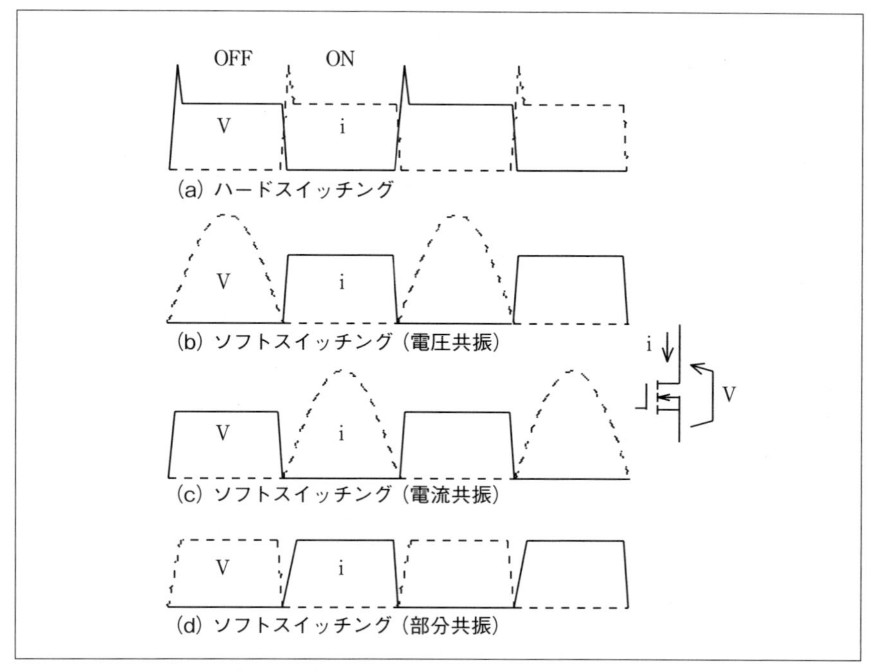

〔図14.1〕スイッチ素子の電圧電流波形

ッチ素子の電圧電流波形を示す。通常のスイッチング（ハードスイッチング）では (a) に示すようにスイッチの瞬間に素子の電圧 v と電流 i に重なり期間があり、そこで損失が発生する。また、サージ電圧やサージ電流が発生し、それに伴う急峻な電圧電流変動がEMIの原因となる。ソフトスイッチングではスイッチ素子周辺に設けたコンデンサやリアクトルの共振作用を利用して素子のスイッチングをソフトに行う。電圧共振では (b) に示すようにvを半サイクルの間共振させて変化を緩やかにしてスイッチング損失とEMIを抑制する。電流共振では (c) に示すようにiを共振させる。部分共振では (d) に示すようにスイッチングの瞬間だけvまたはiを共振させてスイッチング損失とEMIを抑制する。

2．ソフトスイッチングの歴史

ソフトスイッチングのこれまでの開発経過を表14.1に示す。トランジスタやダイオードなど半導体スイッチ素子の進歩により1970年代に高周波電力変換技術が始まった。この技術は電源装置や家電製品に応用され､装置の劇的な小型軽量化と制御性能の向上をもたらした。しかし、動作周波数の向上と共にスイッチング損失やEMIの増加も顕著となり、1980年代に入るとその対策としてソフトスイッチング技術が研究開発された。当初は電圧共振や電流共振が用いられていたが、この方式では共振のピーク値付近の電圧や電流が大きくなり、かえって損失が増加するという弊害が発生した。その対策として1990年代にスイッチングの瞬間だけ共振させる部分共振が研究された。その後現在まで部分共振がソフトスイッチングの主流となっている[1)]。2000年代に入ると家電分野では非接触充電器など、電源装置の分野ではPFC（Power Factor

〔表14.1〕ソフトスイッチングの開発経過

1970年代	高周波電力変換技術の始まり
1980年代	電圧共振・電流共振の時代
1990年代	部分共振の時代
2000年代	新たな用途での実用化が増加
2010年代	自動車や新エネへの応用が増加

Correction）コンバータなど新たな用途でのソフトスイッチングの実用化が増加した[2)]。産業設備の分野でも新しい分野への誘導加熱の適用などソフトスイッチングの実用化が進んでいる[2)]。さらに2010年代になると自動車や新エネ関係への応用が広く研究されるようになり、すでに多数実用化されている。

3．部分共振定番方式

3－1　部分共振の実現方法

図14.1に示したようにソフトスイッチングには電圧共振、電流共振、部分共振の3種類があるが、ここでは現在の主流となっている部分共振を説明する。第1節で説明したように部分共振では「スイッチングの瞬間だけ共振させる」という動作を使用するが、この動作を実現させることは簡単ではない。実現のためにいろんな方法が提案されているが、1つだけ広く普及している方式が存在する。

＜ターンオフ＞

コンデンサで電圧の立ち上がりを遅らせる

＜ターンオン＞

リアクトルでコンデンサの電荷を引き抜く

という方式である。この方式は特別な名前は付いてないが、ここでは「部分共振定番方式」と呼ぶことにする。以下、この方式を詳しく説明する。

3－2　回路構成とターンオフ動作

図14.2に部分共振定番方式を実現するための基本的な回路構成を示す。Q_1がソフトスイッチングを実現させたいスイッチ素子、D_{Q1}はQ_1の寄生ダイオード、C_{Q1}はQ_1の寄生容量と外付けスナバコンデンサの合計とする。

Q_1がターンオフするとQ_1を流れていた電流がC_{Q1}に転流し、C_{Q1}の充電に伴って電圧v_{Q1}は徐々に増加する。増加の速度は電流の大きさとC_{Q1}の容量に依存する。C_{Q1}が小さい時は図14.3（a）のようにv_{Q1}は速く立ち上がる。C_{Q1}を大きくすると図14.3（b）のようにv_{Q1}の立ち上がりが遅くなり、スイッチング損失は減少する。（b）の状態ではQ_1電流i_{Q1}

の下降時間 tf の間 Q_1 電圧 v_{Q1} は 0V に近い値であり、ZVS (Zero Voltage Switching) がおおむね実現されていると言える。

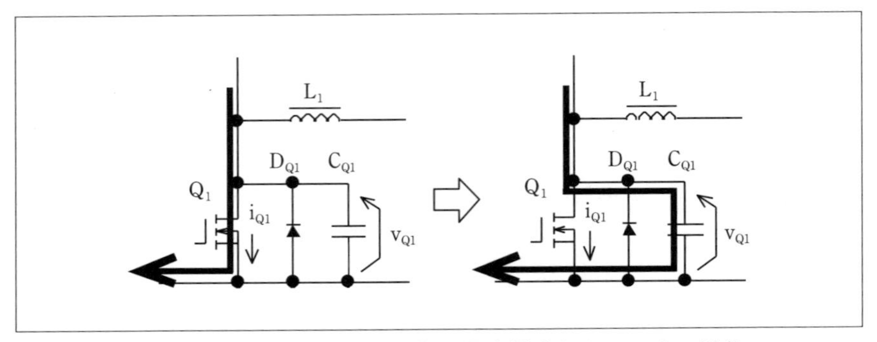

〔図 14.2〕部分共振定番方式の回路構成とターンオフ動作

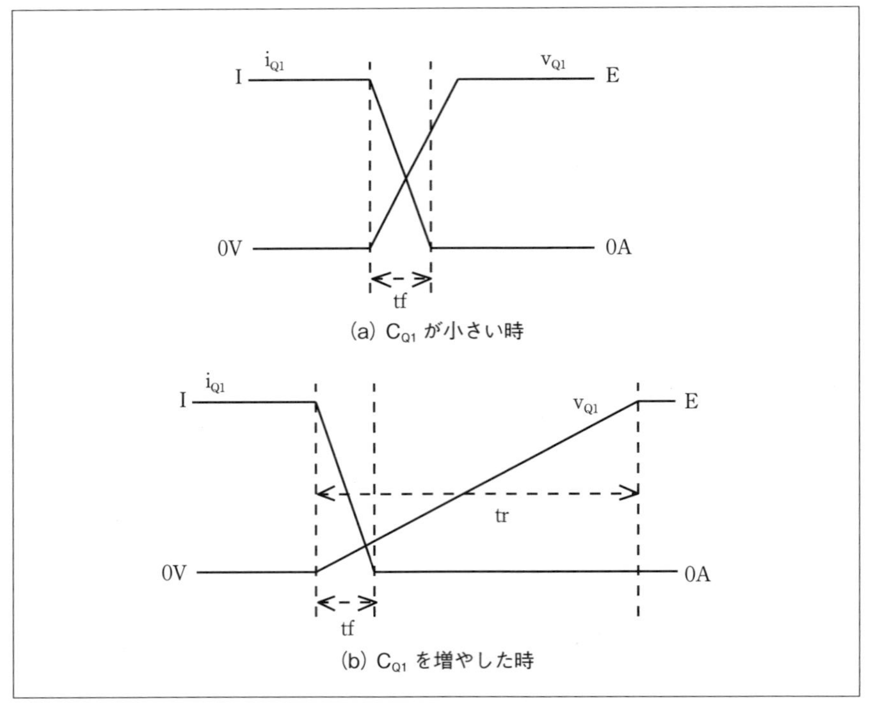

〔図 14.3〕スイッチ素子のターンオフ時の波形

なお、電気学会ではソフトスイッチングを図 14.4 のように定義している[3)]。すなわち、スイッチ素子の電圧／電流平面において ON 状態の動作点と OFF 状態の動作点を結ぶ線より内側で動作しておればソフトスイッチング成功、外にはみ出すとソフトスイッチング失敗と判断する。ON 状態では電圧が 0V なので図 14.4 の ON の位置にあり OFF 状態では電流が 0A なので図 14.4 の OFF の位置にある。ターンオフ時の波形が図 14.3 (b) の場合は電圧が小さい状態で電流が急速に減少して 0A となり、その後電圧が増加するので図 14.4 の太線の軌跡をたどることになる。よって、ソフトスイッチングは十分成功と判断される。この定義に従うと図 14.3 (a) でもどうにかソフトスイッチング成功となる。

v_{Q1} の立ち上がり時間 tr の計算例を以下に示す。

I=10A、E=400V、C=10nF なら

tr=C × E ÷ I=400nsec

この定数なら tr は FET の電流立ち下がり時間 tf（数 10nsec）より充分大であり、ZVS を実現していると言える。

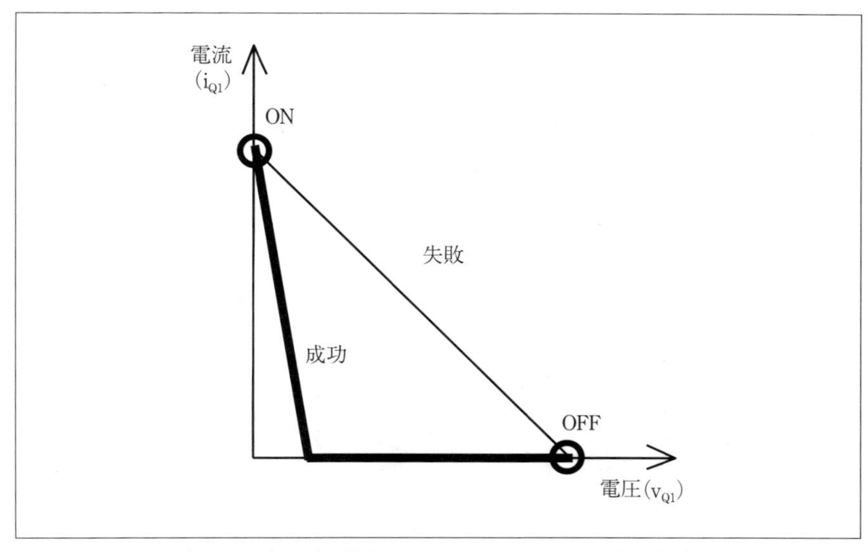

〔図 14.4〕電気学会のソフトスイッチングの定義

3－3　ターンオン動作

以上のように部分共振定番方式ではコンデンサ C_{Q1} に電荷を蓄積することによりターンオフ時のZVSを実現するが、次にスイッチ素子がターンオンする時にこの電荷が貯まったままならターンオンがハードスイッチングとなってしまう。したがって、ターンオンまでに C_{Q1} の電荷を引き抜いて v_{Q1} を0Vとした状態で Q_1 をターンオンさせる必要がある。部分共振定番方式では図14.5に示す方法でこの動作を実現している。

(a) C_{Q1} 電荷引き抜き：L_1 に蓄積されたエネルギーで C_{Q1} の電荷を引き抜く
(b) D_{Q1} 導通：C_{Q1} の電荷引き抜きが完了すると D_{Q1} が導通する。
(c) Q_1 ターンオン：D_{Q1} が導通している状態で Q_1 をターンオンさせてZVSを実現。

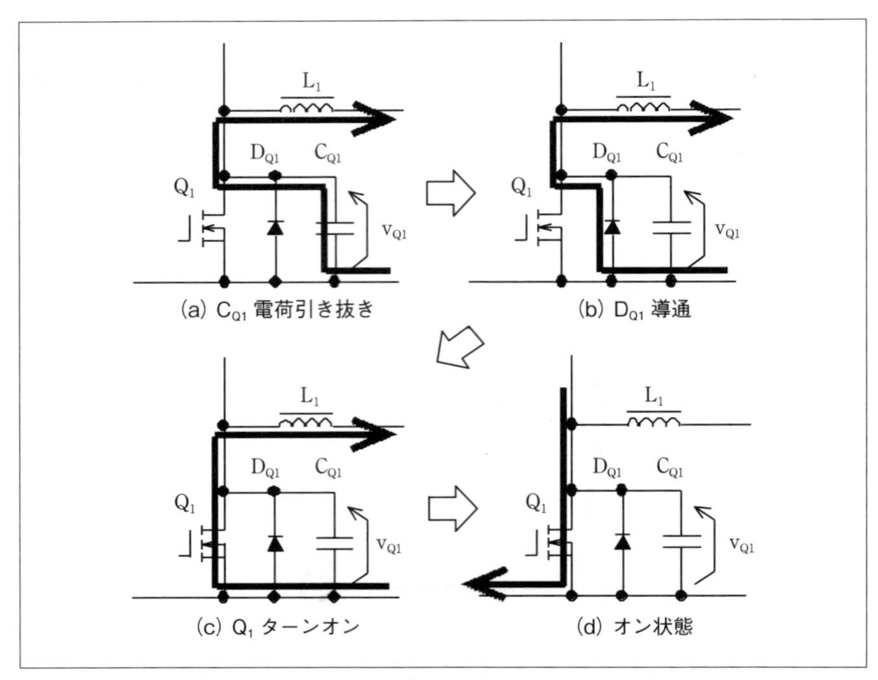

〔図14.5〕部分共振定番方式のターンオン動作

(d) オン状態：やがて Q_1 の電流が反転して通常のオン状態となる。

このようにリアクトル L1 をうまく動作させてソフトスイッチングを実現するが、実際の回路で (a) ～ (d) の動作を実現することは必ずしも簡単ではない。次節で図 14.2、図 14.5 の動作をうまく実現した回路例を紹介する。

3－4　部分共振定番方式の例

図 14.6 はアクティブクランプ方式 1 石フォワード型と呼ばれている DC/DC コンバータである。Mode 1 ～ Mode 5 の動作で図 14.2 図 14.5 の動作を実現している。以下順番に説明する。

< Mode1 >

Q_1 が ON しており、D_3 が導通して 2 次側に電力が伝達されている。トランス TR_1 の 1 次コイル n_1 には電源電圧 E が印加されて励磁電流は増加する。

< Mode2 >

Q_1 がターンオフし、C_1 が充電される。Q_1 がターンオフの瞬間は C_1 電圧は 0V であり Q_1 のターンオフは ZVS である。図 14.2 の動作が実現されている。

< Mode3 >

C_1 が「E+C_2 電圧」まで充電されると励磁電流は D_2 側に転流して C_2 を充電する。n_1 には C_2 の電圧が逆方向に印加され、励磁電流は減少する。負荷電流は D_4 を介して環流している。

< Mode4 >

励磁電流がさらに減少し、方向が反転する。

< Mode5 >

Q_1 のオンの直前に Q_2 をオフさせる。励磁電流は Q_2 から C_1 に転流し、その電荷を引き抜く。完全に引き抜かれて C_1 電圧が 0V になってから Q_1 が ON する。このようにして図 14.5 の動作が実現されている。

3－5　部分共振定番方式を用いた回路方式

表 14.2 に部分共振定番方式を用いた主要な回路方式の一覧表を示す。各回路方式おいて L_1 に該当する部品とこの方式を説明した文献の番号

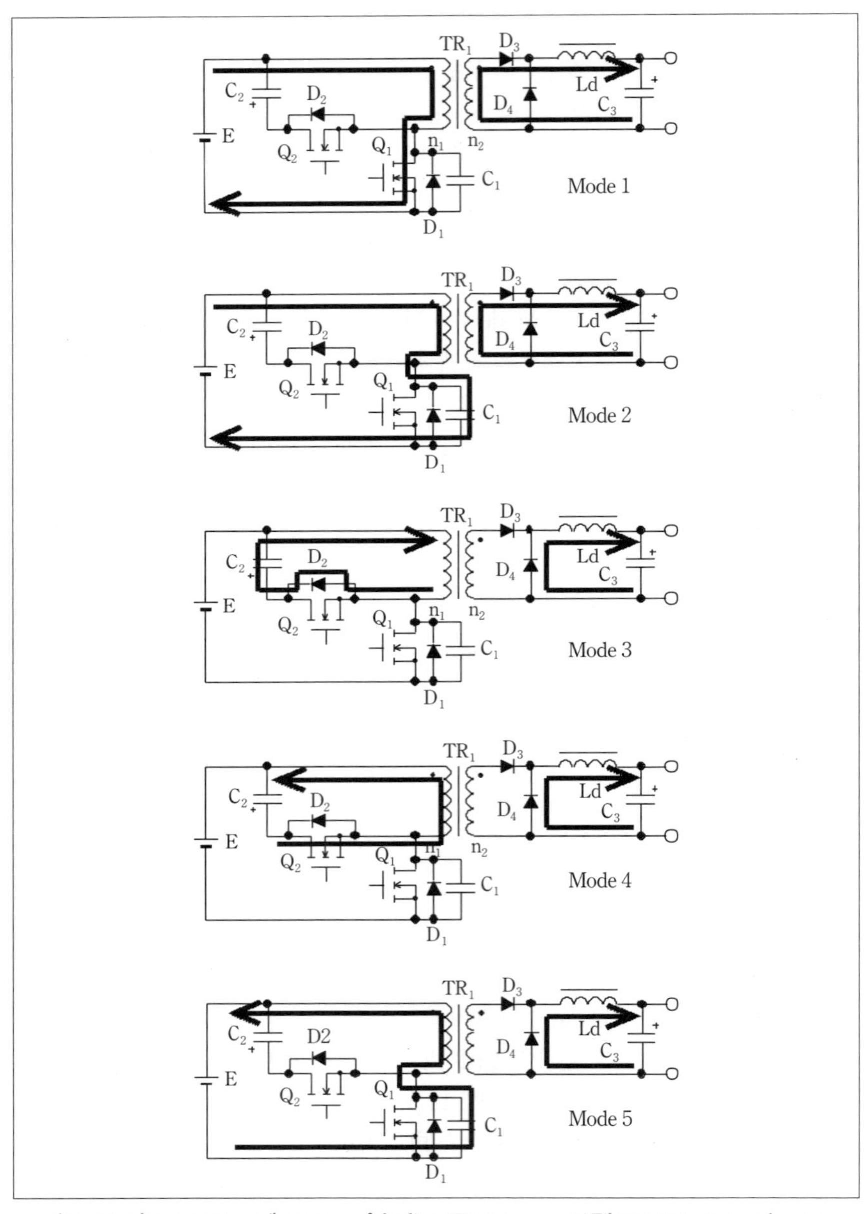

〔図 14.6〕アクティブクランプ方式 1 石フォワード型 DC/DC コンバータ

〔表 14.2〕部分共振定番方式を用いた回路方式

回路方式	L_1 に該当する部品	文献
アクティブクランプ型1石フォワード	励磁インダクタンス	4)
位相シフトフルブリッジ	漏れインダクタンス or 励磁インダクタンス	5) 6)
非対称ハーフブリッジ	平滑リアクトル	7)
LLC	励磁インダクタンス	8)
DAB	主リアクトル	9)
BHB	平滑リアクトル	10)
電流不連続モード昇降圧チョッパ	平滑リアクトル	11)

も示す。近年広く使われているソフトスイッチング方式のDC/DCコンバータの多くが部分共振定番方式を採用していることが分かる。なお、LLCコンバータは電流共振の動作もしているが、ソフトスイッチングのメカニズムは部分共振定番方式となっている。

4．ソフトスイッチングの得意分野と不得意分野

4－1　ソフトスイッチングの長所と短所

ソフトスイッチングにはスイッチング損失とEMIの抑制という大きな長所があるが、次のような短所も存在する。

短所
- 導通損失の増加
- 部品点数の増加
- 制御性の悪化

LとCの共振現象を利用してソフトなスイッチングを実現するので、共振電流による導通損失の増加が発生する。この損失がスイッチング損失の抑制分を上回る場合は効率の向上は望めない。また、共振要素を追加するために部品点数が増加し、コストアップを招く傾向がある。さらに、共振の期間中はスイッチ素子は制御できないので制御性の悪化を招きやすい。

このようにソフトスイッチングには長所と短所があるので、長所の重要性や短所の克服のしやすさによって、表12.3に示すように明確に得

〔表 14.3〕ソフトスイッチングの得意分野と不得意分野

<得意分野>

家電製品：電磁調理器、電子レンジ、非接触充電器、照明
スイッチング電源：絶縁型 DD コン、ワンコンバータ
UPS：高周波トランス方式
分散電源：絶縁型連系インバータ
電力／産業分野：誘導加熱、超音波洗浄機

<不得意分野>

家電製品：エアコン、掃除機、洗濯機、冷蔵庫
スイッチング電源：チョッパ、PFC コンバータ
UPS：トランスレス方式、商用トランス方式
分散電源：トランスレス型連系インバータ
電力／産業分野：モータ駆動用インバータ

意分野と不得意分野が分かれている[12)]。例えば家電製品では電磁調理器や電子レンジは得意分野であり、ほとんどの製品にソフトスイッチングが用いられているが、エアコンや洗濯機は不得意分野であり、ソフトスイッチングはほとんど実用化されてない。

4－2　ソフトスイッチングの得意分野

上記のようにソフトスイッチングは得意分野では広く実用化されているが、実用化が進んでいる分野は次の２つにまとめられる。

①負荷を共振回路の一部として使用する装置

→　誘導加熱装置、超音波洗浄機、など

②高周波変圧器を用いている装置

→　電子レンジ、絶縁型連系インバータ、など

スイッチング電源では絶縁形の DC/DC コンバータやシングルステージコンバータ（ワンコンバータとも言う）など高周波変圧器を有する装置が得意分野である。ハードスイッチングでは、高周波変圧器の漏れインダクタンスに蓄積されたエネルギーはスイッチングの度に電力損失として消費されスイッチング損失の増加を招く。逆にソフトスイッチングでは漏れインダクタンスのエネルギーを電源に回生することができると同時に漏れインダクタンスや励磁インダクタンスを共振要素として利用でき、ソフトスイッチングの実現に伴う部品点数の増加を抑制すること

ができる。

今後SiCやGaNなどの普及により半導体スイッチ素子の理想的な高速スイッチング動作が実現するのでソフトスイッチングは不要になる、という議論がある。しかしながら、スイッチ素子が進歩しても負荷の共振要素やトランスのリーケージインダクタンスがなくなるわけではなく、少なくとも得意分野においてはソフトスイッチングの重要性が損なわれることはあり得ない。逆に動作周波数の高周波化に伴いソフトスイッチングの重要性は増すだろう。

4－3　ソフトスイッチングの不得意分野

前節の①と②に該当しない分野はいわば不得意分野であり、実用化例は少ない。スイッチング電源では降圧チョッパ、昇圧チョッパや非絶縁形PFCコンバータなど高周波変圧器を使用しない装置は不得意分野である。エアコンや洗濯機などの家電製品や分散電源にも広く使用されている正弦波インバータも不得意分野である。これらの回路でもソフトスイッチングの研究は盛んに行われており、多数のソフトスイッチング回路方式が提案されているが、実用化は進んでいない。高周波変圧器がない場合はソフトスイッチングに必要な共振現象を得るためにリアクトルやコンデンサを回路に追加する必要がありコストアップを招く。ソフトスイッチングの目的はスイッチング損失の抑制とRFIの低減であるが、そのためにはスナバ回路やノイズフィルタの強化、高性能スイッチ素子の採用、動作周波数の低減、配線径路の改善などソフトスイッチング以外の手段も有効である。高周波変圧器を持たないスイッチング電源では多くの場合ソフトスイッチング以外の手段の方が相対的に有利となる[13)]。

5．むすび

回路レベルのEMI抑制に重要な役割を果たすソフトスイッチング技術を概観した。現在は部分共振の時代であることを示し、部分共振の定番方式とその回路例を説明した。ソフトスイッチングの応用分野はここ30年余りの間徐々に広がっており近年は自動車と新エネの分野で注目されている。応用分野の広がりと共に様々な回路方式が考案され実用化されてきた。SiC や GaN など新型半導体素子の普及もソフトスイッチングの重要性を増すことになるだろう。今後も引き続き幅広く研究開発が続けられるだろう。

参考文献

1）高周波共振形回路方式調査専門委員会：「ソフトスイッチングの最新技術動向」、電気学会技術報告、第 899 号（2002）
2）ソフトスイッチング技術とその実用化動向調査専門委員会：「ソフトスイッチング技術とその実用化動向」、電気学会技術報告、第 1119 号（2008）
3）電気学会編、「電気学会電気専門用語集 No.9 パワーエレクトロニクス」、コロナ社
4）平地研究室技術メモ No.20080519、「アクティブクランプ方式 1 石フォワード形 DC/DC コンバータ」
5）平地研究室技術メモ No.20110928、「位相シフト方式フルブリッジ型 DC/DC コンバータのソフトスイッチングの原理」
6）平地研究室技術メモ No. 20140331、「位相シフト方式フルブリッジ型 DC/DC コンバータの励磁電流によるソフトスイッチング」
7）平地研究室技術メモ No. 20090514、「非対称ハーフブリッジ型 DC/DC コンバータ」
8）平地研究室技術メモ No. 20140529、「LLC 方式 DC/DC コンバータの回路構成と動作原理」
9）平地研究室技術メモ No. 20150204、「DAB 方式のソフトスイッチングの原理とリアクトル電流波形の理論計算」
10）平地研究室技術メモ No. 20120430、「BHB 方式 DC/DC コンバータの基本動作」
11）平地研究室技術メモ No. 20150324、「LED 照明用高力率コンバータ」
12）平地克也、「半導体電力変換技術の最新動向と今後の展望：ソフトスイッチング技術」、電気学会産業応用部門大会講演論文集、Vol.1, pp.35-38（2005）

13）平地克也、「ソフトスイッチング技術の最新動向」、電気学会誌、Vol.125, No.12, pp.754-757（2005）

平地研究室技術メモ（「平地研究室」で検索して下さい）http://hirachi.cocolog-nifty.com/kh/

第15章

ワイドバンドギャップ半導体パワーデバイスを用いたパワーエレクトロニクスにおけるEMC

大阪大学　舟木 剛

1．はじめに

エネルギー資源の乏しい我が国は､化石燃料を輸入に頼らざるを得ず、効率的なエネルギー利用が欲されている。特に東日本大震災に起因する原子力発電所の停止以降、省エネルギーのみならず再生可能エネルギーの導入も拡大されるようになった。省エネルギーや再生可能エネルギー利用に欠かせない技術がパワーエレクトロニクスである。パワーエレクトロニクスとは、半導体デバイスのスイッチング動作を用いて電圧・電流や周波数等の電気の性質を変換する電力変換に基づくシステム技術である。パワーエレクトロニクスを利用するアプリケーションでは、電流の二乗に比例する導通損失を低減するために、電源回路を高電圧化する傾向にある。高電圧の電源回路に用いられる半導体デバイスは、旧くはサイリスタやGTOであったが、現在では電圧によるゲート駆動が可能なIGBTにほぼ置き換わっている。またオン・オフ制御の必要のないところではPiNダイオードが用いられている[1)]。

さて半導体デバイスを高耐圧化するには、遮断時の耐圧を維持するドリフト層の不純物濃度を下げる必要があり、これにより抵抗が高くなるが、少数キャリア注入により伝導率変調することで導通時は低抵抗化することが可能となる。IGBTやPiNダイオードなどのバイポーラ構造のデバイスでは、少数キャリア注入が可能であるため導通・遮断の静特性は良好となるが、一方でスイッチング動作の過渡特性が犠牲となる。特にターンオフの動作において、注入した少数キャリアの処理が必要となるため、スイッチング動作速度がこれに制約される。またパワーエレクトロニクスを用いたアプリケーションでは、電源の小型軽量化が求められており、コンデンサやリアクトル・トランスなどの受動素子の小型化のために動作の高周波数化が必要となるが、高電圧回路においてはバイポーラ構造のデバイスのスイッチング速度を高くすることができないことから、動作の高周波数化は容易ではなかった。さらにシステムの小型化において、電力変換動作において発生した損失による熱の処理も困難となることから、放熱を容易にするために半導体デバイスの高温動作も求められるが、Si半導体では150～175℃程度が動作限界であった。このような背景のもと、SiC や GaN といったエネルギーバンドギャップの大きい半導体を用いたデバイスが注目されている[2)]。

バンドギャップの大きい半導体はキャリアが熱励起されにくいことから、Si 半導体の上限以上の高温でも耐圧を維持することができる。またこれらのワイドバンドギャップ半導体は、絶縁破壊強度が Si 半導体に比べて 1 桁大きい。このため高耐圧で低導通抵抗の MOSFET やショットキーバリアダイオード（SBD）などのユニポーラ構造の採用が可能となる。ユニポーラ構造のデバイスは、少数キャリアの注入を行わないため、スイッチング動作が高速となる。従ってシステムの小型化に必要な高周波数での動作も可能となる。このように、近年注目されている SiC や GaN といったワイドバンドギャップ半導体を適用した電力変換回路は、高電圧の高速スイッチング動作が可能であることが特長である。一方、高電圧の高速スイッチング動作に伴い、後述する大きな電圧の時間変化率による一種の自家中毒現象であるセルフターンオンが問題となってきた。セルフターンオンが生じると、それに伴うスイッチング損失が増加し、場合によっては電源短絡を生じ事故となる。以下ではセルフターンオンの現象およびその発生メカニズム、対策等について述べる[3)-6)]。

2. セルフターンオン現象と発生メカニズム

図 15.1 に電力変換回路で用いられるハーフブリッジを示す。昇圧・降圧 DC-DC コンバータや、これを 2 並列接続した単相 DC-AC インバータ、3 並列接続した 3 相 DC-AC インバータ等、ハーフブリッジは電力変換回路を構成する基本回路である。低電圧の情報通信機器では CMOS 回路構成が一般的であるが、P チャネル MOSFET はキャリア移動度が低いため低抵抗化が難しく、電力変換回路では N チャネル MOSFET のみでハーフブリッジを構成する。なお電力変換回路では、上下の各スイッチをアーム、上下アームを合わせてレグと呼ぶ。またハーフブリッジでは、CMOS での貫通電流に相当する上下アームの同時導通による電源短絡を防ぐために、上下各アームにおける導通状態の切り替え動作において、各 MOSFET に与えるゲート信号が両者ともにオフ状態となるデッドタ

イムと呼ばれる期間を設ける。

電力変換回路では一般的に出力端子Xがリアクトルやトランス、モータ等の誘導負荷に接続される。誘導負荷に流れる電流は、スイッチの状態遷移に対して電流の連続性を維持するために、デッドタイムの期間中は図15.1 (a) に示すように下アームMOSFET Q2に逆並列接続された環流ダイオードを通して流れる。ここで、デッドタイム期間の終了時点で上アームのMOSFET Q1をターンオンする動作を考える。デッドタイムの期間中は、下アームの還流ダイオードが負荷電流を流しているために、下アームのMOSFET Q2のドレイン電圧は0V (GND) となっている。上アームのMOSFET Q1がターンオンすると、図15.1 (b) に示すように負荷電流は下アームから上アームへ転流するとともに、下アームのMOSFET Q2のドレイン電圧は一気に0VからVccまで上昇する。そして最終的に図15.1 (c) に示すような上アームのMOSFET Q1の順方向電流として負荷電流が流れる。

この時のゲート駆動回路を含む下アームの簡略化した等価回路を図15.2に示す。MOSFET Q2は遮断状態にあるため、ゲート・ドレイン・ソースの各端子に対してコンデンサがΔ接続された等価回路として表される。印加されるドレイン電圧は電圧源v_{ds}としてあらわされる。MOSFETのゲート端子は、スイッチング速度を調整するために用いら

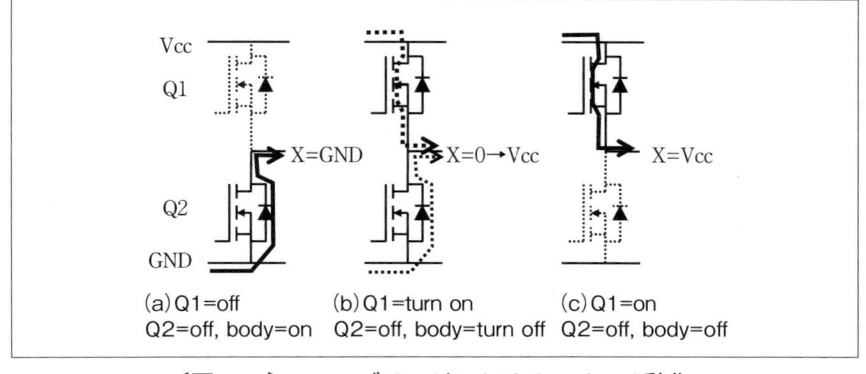

〔図15.1〕ハーフブリッジにおけるスイッチ動作

れるゲート抵抗R_gを介して、オフ電圧を印加するゲート電源v_{drv}に接続されている。ここで、上アームMOSFET Q1のターンオンにより、下アームのMOSFET Q2のドレイン電圧が変化することを、電圧源vdsの変化としてあらわす。この時ドレイン - ソース間容量Cdsは、電圧源に直接接続されていることから、その充電電圧もv_{ds}と同じ変化をするため、その動作は他の回路要素へ影響を与えない。このため以降の説明ではC_{ds}を無視して考える。一方直列接続されているゲートーソース間容量C_{gs}、ゲートードレイン間容量C_{gd}は、ゲート端子が開放されている場合は、静電容量で分割された電圧分担となるが、実際の回路ではゲート抵抗R_gを介してゲート電源に接続されているため、その電圧分担は動的に変化する。すなわちドレイン電圧v_{ds}が上昇すると、MOSFETのゲートーソース間容量C_{gs}はゲートードレイン間容量C_{gd}を介して充電されるが、同時にゲート抵抗R_gを介してゲート電源側にも電流i_gが流れる。この時充電されたゲートーソース間電圧V_{gs}が、ゲート閾値電圧V_{th}を超えると、MOSFETのチャネルが形成され、導通状態となる。このように、ゲート駆動回路がオフ状態の電圧を出力していても、ドレイン電圧の印加によりC_{gd}を介してC_{gs}が充電され、ゲート電圧が上昇して閾値電圧V_{th}を超え、MOSFETが導通状態となる現象をセルフターンオンと呼ぶ。上アームのMOSFET Q1はオン状態であるため、下アームのMOSFET Q2が導通すると、上下アームが導通することになり電源短絡を生じる。ただしMOSFETの動作は、遮断領域から飽和領域を経て導

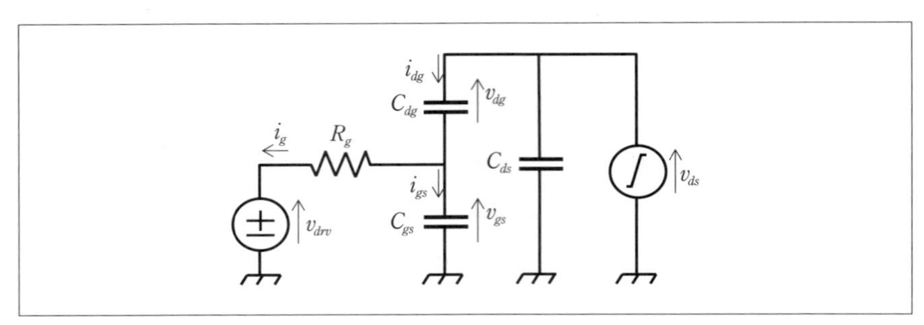

〔図 15.2〕ゲート駆動回路を含む MOSFET 周辺の等価回路

通抵抗の低い線形領域に至る。また飽和領域ではミラー効果を生じ、ゲート電圧をさらに上昇させるためには多量の充電を必要とするため、ゲート電圧の上昇も飽和領域でとどまるため、完全な電源短絡となることはほとんどない。しかし、上下アームが導通することで、通電電流による損失が生じる。したがって、余分な損失を生じないためにもセルフターンオン現象が生じないようにすることが必要である。またセルフターンオン現象は、電力変換回路において自分自身の回路動作により生じる不具合症状であることから、自家中毒といえる現象である。

次にセルフターンオン現象を引き起こすドレイン電圧変化に対するゲート電圧変動の詳細と支配的要因について、回路方程式を用いて解析的に考える。

図 15.2 の等価回路において、ゲート端子から見込んだソース・ドレイン各端子間の静電容量 C_{gs}、C_{gd} に対して次の微分方程式が成り立つ。

$$i_{gs} = C_{gs}\frac{dv_{gs}}{dt} \quad \cdots\cdots (15.1)$$

$$i_{dg} = C_{dg}\frac{dv_{dg}}{dt} \quad \cdots\cdots (15.2)$$

ただし i_{gs}、i_{dg} は各々 C_{gs}、C_{gd} を充電する電流、v_{gs}、v_{dg} は C_{gs}、C_{gd} の充電電圧である。実際の MOSFET では C_{gs}、C_{gd} は電圧依存性を示すが、ここでは簡単のため線形時不変とする。

印加するドレイン電圧とゲート－ソース間電圧、ゲート－ドレイン間電圧はキルヒホッフの電圧則より次式で関係が表される。

$$v_{ds} = v_{dg} + v_{gs} \quad \cdots\cdots (15.3)$$

ゲート端子を流れる電流と端子間容量を流れる電流の関係は、キルヒホッフの電流則より次式で与えられる。

$$i_{dg} = i_g + i_{gs} \quad \cdots\cdots (15.4)$$

また MOSFET のドレインに印加される電圧の時間変化率は有限であ

り、これを一定の時間変化率を持つランプ関数としてあらわすことを考える。

$$\frac{dv_{ds}}{dt} = k_v \quad \cdots\cdots (15.5)$$

線形時不変回路を仮定しているため、ラプラス変換を用いて回路の微分方程式を解くと、ゲート電圧は次式のように得られる。

$$v_{gs}(t) = R_g C_{dg} k_v \left\{1 - e^{-\frac{t}{R_g(C_{dg}+C_{gs})}}\right\} + v_{drv} \quad \cdots\cdots (15.6)$$

上式より、時間変化率 k_v でドレイン電圧 v_{ds} が変化している間、ゲート電圧は単調変化することがわかる。t→∞で最大値となるが、実際のスイッチング動作においてドレイン電圧の変化時間は短いため、解析解の最大値に近づくまでにドレイン電圧の立ち上がりが終了し、ゲート電圧の上昇も終了する。ここでゲート電圧の振幅は、ドレイン電圧の変化率 k_v、ゲート抵抗 R_g、ゲート－ドレイン間容量 C_{dg} の積である。すなわち、ゲート電圧変化の最大値もこれらの積となることから、セルフターンオン現象を避けるには、ドレイン電圧の立ち上がり期間において、本式で与えられるゲート電圧が閾値電圧を超えないことが必要となる。

ゲート電圧変動を抑制する対策として、ゲート－ソース間にコンデンサを並列に接続する方法がとられることがある。(15.6) 式において、C_{gs} はゲート電圧が時間に対して指数変化する際の時定数の項にのみ含まれている。すなわち、ゲート－ソース間に並列にコンデンサを接続した場合、直接的にゲート電圧上昇のピーク値の大きさを低減する効果は得られず、ゲート電圧の立ち上がりの時定数を長くし、立ち上がりを遅くする効果が得られる。

3. ドレイン電圧印加に対するゲート電圧変化の検証実験

前節では、ゲート駆動回路を含む遮断状態のMOSFETの等価回路をもとに、ドレイン電圧印加に対するゲート電圧変化の解析解を示し、ゲート電圧変動の発生メカニズムについて述べた。本節ではゲート電圧の変動メカニズムの妥当性について実験をもとに検証する。

ドレイン電圧印加に対するゲート電圧変動評価システムの構成を図15.3に示す。パルスジェネレータ（Agilent 81104A）により調整したdv/dtをバイポーラアンプ（NF HSA4101）で増幅し、DUTのドレイン－ソース間に印加する。ドレイン - ソース・ゲート－ソース各端子間の電圧はデジタルオシロスコープ（Tektronix 4104B）で測定した。図15.4、15.5はコンデンサで構成したMOSFETの等価回路に対する実験結果である。ただし後述のSiC MOSFETを想定しCgs=2200pF、Cgd=471pFとした。

図15.4は同じドレイン電圧変化率に対するゲート抵抗をパラメータとした結果である。ゲート端子を開放した結果（open）より、図15.4（a）

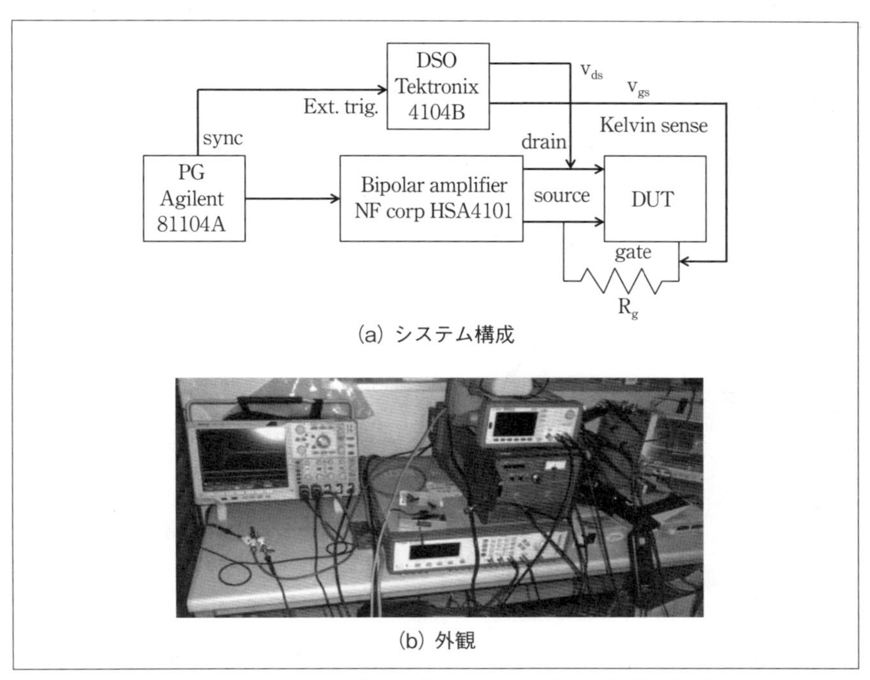

(a) システム構成

(b) 外観

〔図15.3〕ドレイン電圧印加に対するゲート電圧変動評価システム

に示すドレインに印加された電圧が容量分割され、図 15.4 (b) にゲート電圧として現れていることがわかる。またゲート抵抗が 1000ohm、100ohm、10ohm、1ohm と小さくなることで、ゲート電圧上昇のピーク値が小さくなることがわかる。これは (15.6) 式のゲート電圧の最大値を決める係数に対応している。

図 15.5 は同じゲート抵抗 (Rg=100Ω) に対して、ドレイン電圧変化率をパラメータとした結果である。図 15.5 (a) にドレイン電圧を示す。図

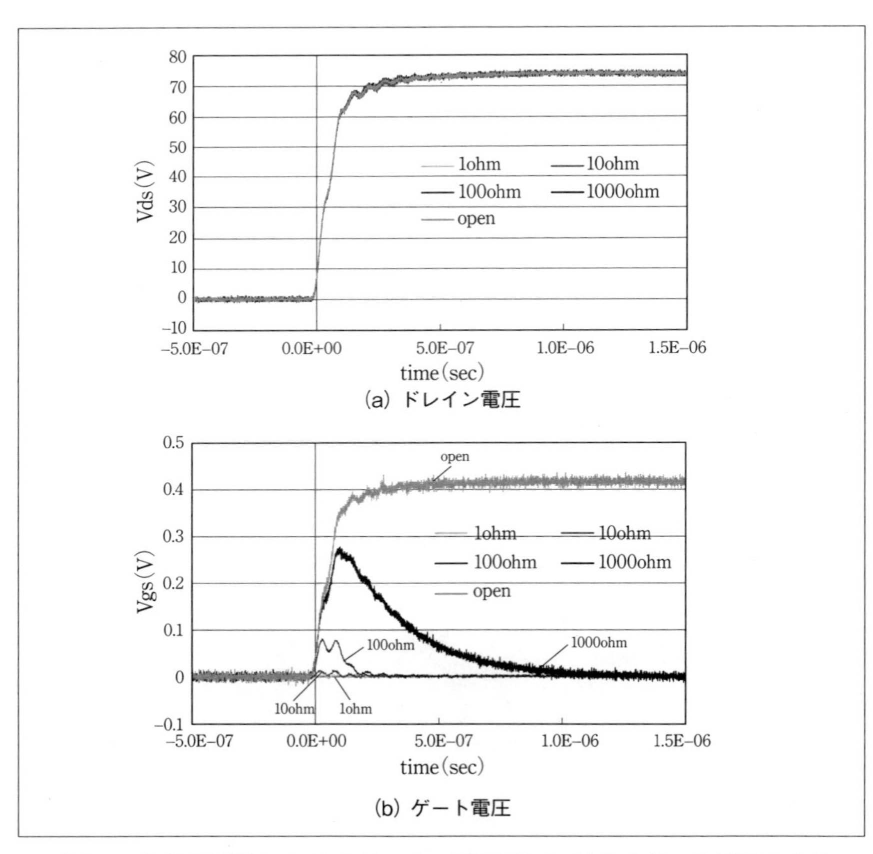

〔図 15.4〕等価回路におけるドレイン電圧印加に対するゲート電圧の応答
(dv/dt=1286V/us、パラメータ :Rg)

15.5 (b) より、ドレイン電圧変化率が大きいほど、ゲート電圧上昇のピーク値も大きくなることが分かる。これはゲート抵抗を変えた場合と同様に、(15.6) 式のゲート電圧最大値を決める係数に対応している。以上のように、MOSFET を模擬したコンデンサによる等価回路の示す振る舞いは、解析解に対応することが分かる。

図 15.6、15.7 は SiC MOSFET (ROHM SCT2080KE、1200V、35A) にドレイン電圧を印加した場合の実験結果である。

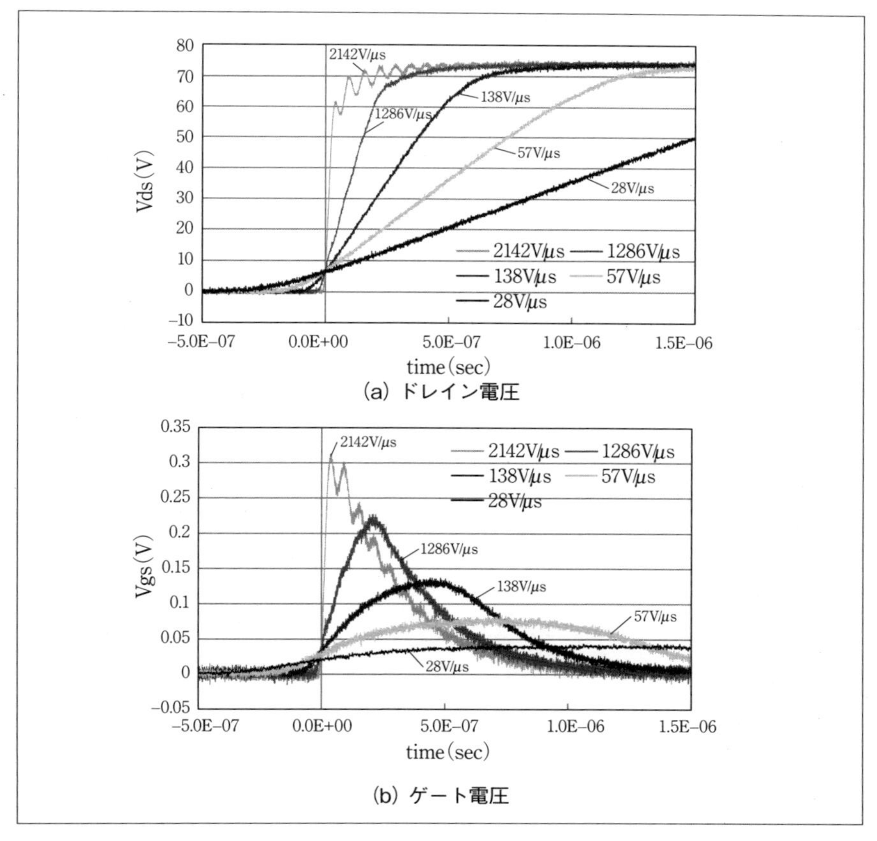

〔図 15.5〕等価回路におけるドレイン電圧印加に対するゲート電圧の応答
(Rg=100 Ω、パラメータ :dv/dt)

図15.6は同じドレイン電圧変化率に対するゲート抵抗をパラメータとした結果である。ゲート端子を開放した結果（open）より、図15.6（a）に示す印加ドレイン電圧に対して、端子間容量の電圧依存性のために図15.6（b）に現れるゲート電圧は、端子間容量による容量分割とはなっていないことがわかる。ただしゲート抵抗が1000ohm、100ohm、10ohm、1ohmと小さくなることで、ゲート電圧上昇値のピークが小さくなっており、線形時不変素子を用いた等価回路の応答と定性的に一致すること

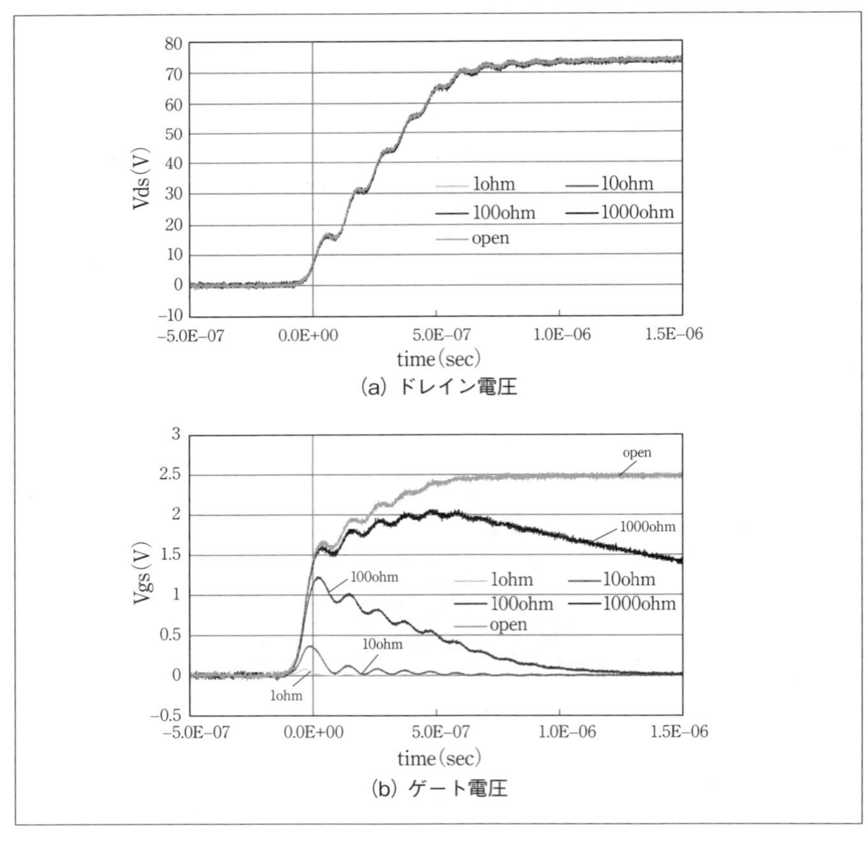

〔図15.6〕MOSFETにおけるドレイン電圧印加に対するゲート電圧の応答
（dv/dt=138V/us、パラメータ :Rg）

がわかる。

図 15.7 は同じゲート抵抗に対して、ドレイン電圧変化率をパラメータとした結果である。図 15.7 (a) に示すように、ドレイン電圧変化率を大きくすると寄生インダクタンスによる振動が生じているが、電圧の立ち上がり部分が検討対象であるため、それに続く振動は検討対象外である。図 15.7 (b) に示すように、ドレイン電圧変化率が大きいほど、ゲート電圧上昇のピーク値も大きくなる。ただし端子間容量が電圧依存性を

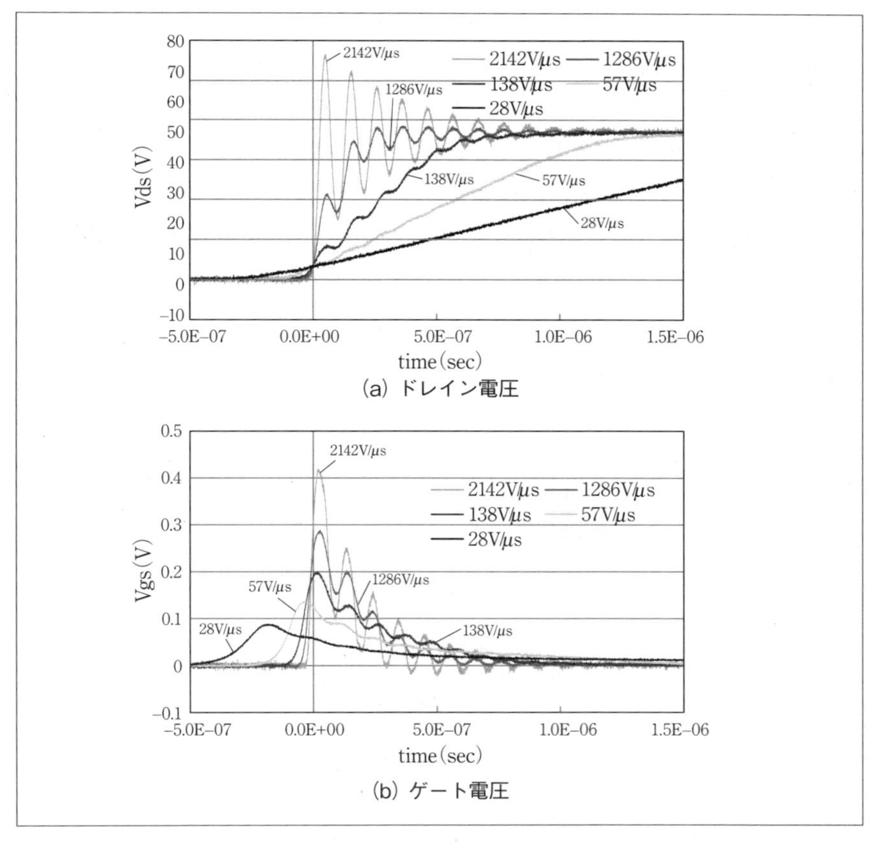

(a) ドレイン電圧

(b) ゲート電圧

〔図 15.7〕MOSFET におけるドレイン電圧印加に対するゲート電圧の応答
(Rg=51 Ω、パラメータ :dv/dt)

持つために、ドレイン電圧の立ち上がりの早い段階でゲート電圧はピーク値をとった後に減少する。すなわち、ドレイン電圧の上昇とともにC_{gd}が減少することにより、(15.6) 式のゲート電圧最大値を決める係数も小さくなることに対応している。

次に実際の電力変換回路で用いられるハーフブリッジにおいて、評価を行った結果を示す。実験回路構成を図 15.8 に示す。出力端子はリアクトルを介して電源の負極（GND）に接続されている。このため上下アームの MOSFET がオフ状態において、下アーム MOSFET Q2 のドレイン電圧は GND 電位と等しくなるとともに上アーム MOSFET Q1 に電源電圧 Vcc が印加されていることになる。下アーム MOSFET のゲート駆動回路として、図 15.8 (b) に示すゲート抵抗を介してゲート駆動電源に接続する従来回路と、図 15.8 (c) に示すオフ状態時にゲート抵抗をバイパスしてゲート駆動電源に直接接続するミラークランプ回路の 2 種類について評価する。ゲートの駆動電圧は、使用する SiC MOSFET（ROHM、

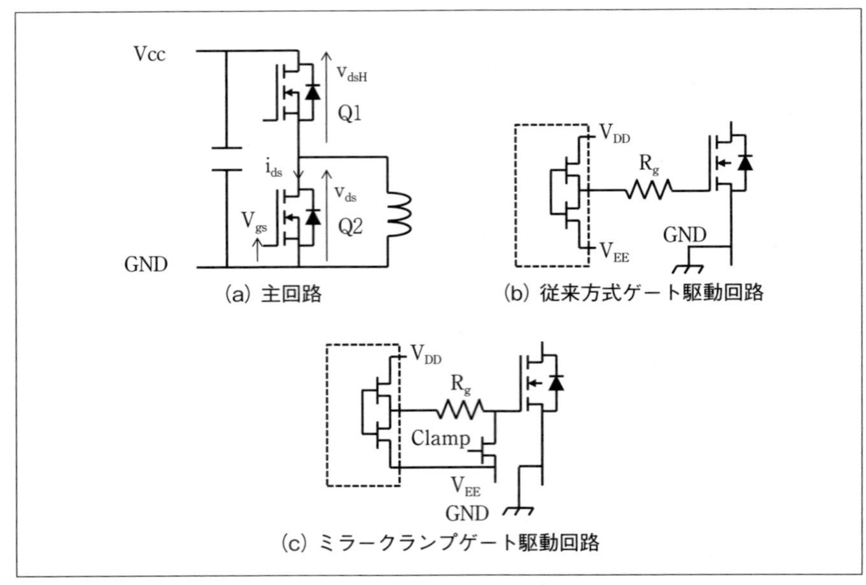

〔図 15.8〕ハーフブリッジ試験回路

BSM180D12P2C101、1200V、180A）の定格であるVDD=+20V、VEE=－5Vとした。上アームMOSFET Q1のターンオンにより、下アームMOSFET Q2にドレイン電圧を印加し、この時Q2のゲート電圧の応答を評価する。また印加するドレイン電圧の変化率は、上アームMOSFET Q1のゲート抵抗を変えて調整した。

上アームMOSFET Q1のゲート抵抗は変えず、下アームMOSFET Q2に印加するドレイン電圧変化率を一定とし、Q2のゲート抵抗をパラメータとした結果を図15.9に示す。図中でlowerは下アームMOSFET、

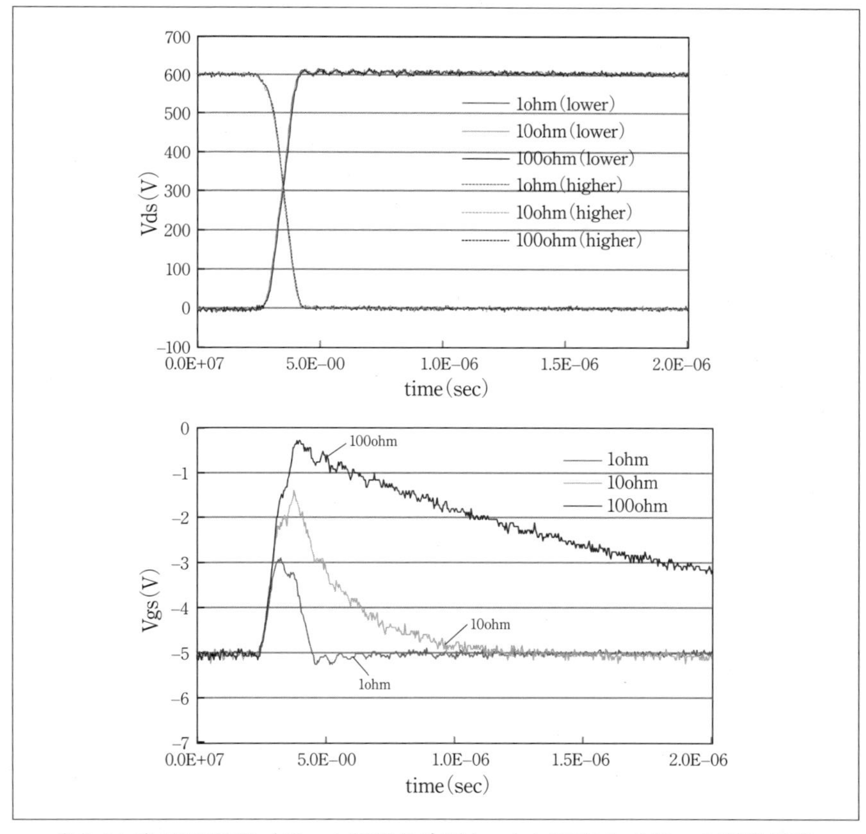

〔図15.9〕実験結果（ゲート抵抗依存性） (a) 従来方式ゲート駆動回路

higherは上アームMOSFETを指す。従来方式ゲート駆動回路の結果を図15.9 (a) に示す。下アームMOSFET Q2のゲート抵抗が1ohm、10ohm、100ohmと大きくなるに従い、ゲート電圧上昇のピーク値は大きくなる。ミラークランプゲート駆動回路を使用した結果を図15.9 (b) に示す。下アームMOSFET Q2はオフ状態において、ミラークランプ回路がゲート抵抗をバイパスしてゲート端子とゲート駆動電源を直接接続するため、理想的にはドレイン電圧を印加してもゲート電圧は変化しないが、回路配線の寄生分の影響により若干の変動が観測される。しかし

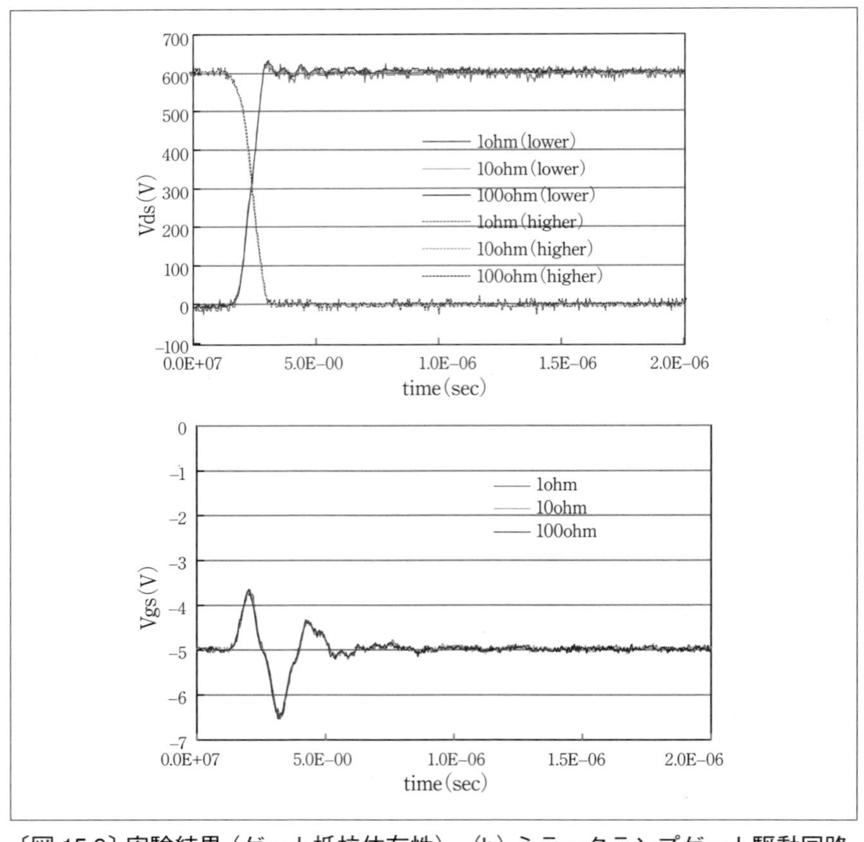

〔図15.9〕実験結果（ゲート抵抗依存性）　(b) ミラークランプゲート駆動回路

ながら、従来方式ゲート駆動回路でゲート抵抗をRg=1ohmとした結果よりもゲート電圧の変化は小さく、またミラークランプゲート回路を採用した場合はゲート抵抗の値によるゲート電圧の応答の違いは生じていないことから、ミラークランプ回路の効果が確認できる。

下アームMOSFET Q2のゲート抵抗を10 Ωとし、上アームMOSFET Q1のゲート抵抗をパラメータとして（1ohm、10ohm）異なるドレイン電圧変化率をQ2に印加した結果を図15.10に示す。従来方式ゲート駆動回路の結果を図15.10（a）に示す。上アームMOSFET Q1のゲート抵抗

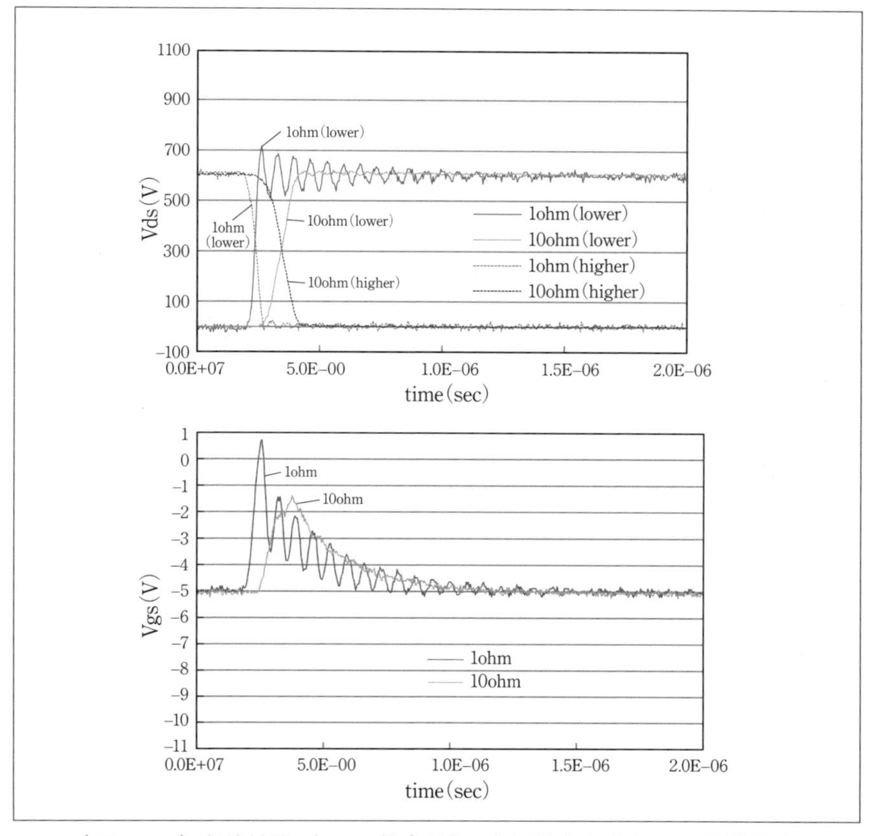

〔図15.10〕実験結果（dv/dt依存性）（a）従来方式ゲート駆動回路

を小さくすると、ドレイン電圧変化率は大きくなり、Q2のゲート電圧上昇も大きくなる。ミラークランプゲート駆動回路を使用した結果を図15.10 (b) に示す。下アームMOSFET Q2はオフ状態において、ミラークランプ回路がゲート抵抗をバイパスしてゲート端子とゲート駆動電源を直接接続しているため、理想的には印加するドレイン電圧変化率に影響を受けない。しかしながら、回路配線の寄生分の影響により若干の変動が観測され、また印加するドレイン電圧変化率が大きいほどゲート電圧上昇も大きくなっている。ただし従来方式ゲート駆動回路を使用した場

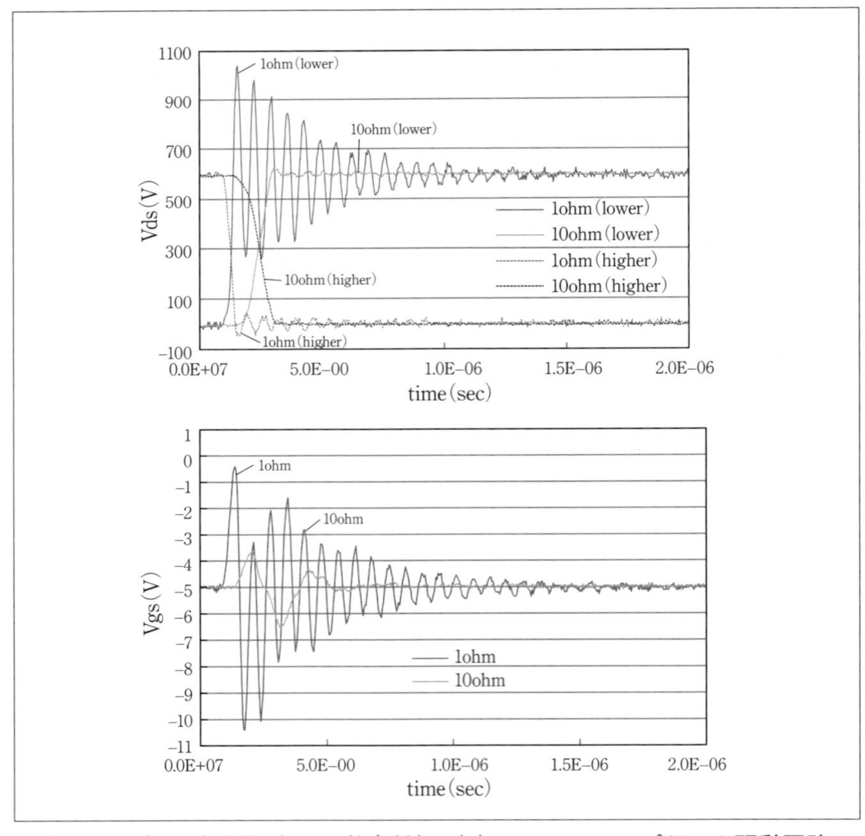

〔図 15.10〕実験結果（dv/dt 依存性）（b）ミラークランプゲート駆動回路

合に比べてゲート電圧変化を小さく抑えられていることから、ミラークランプ回路の効果が確認できる。以上のことから、ミラークランプゲート駆動回路により、ドレイン電圧印加によるゲート電圧変動を小さく抑えることが可能であるが分かった。ただし、その効果をより大きくするためには、回路配線等の寄生成分による影響の抑制も必要である。

４．おわりに

SiC や GaN といったワイドバンドギャップ半導体を用いたパワーデバイスが実用化されつつある。これらのワイドバンドギャップ半導体デバイスの特長は、高電圧の高速スイッチング動作である。電力変換回路において高電圧を高速にスイッチング動作させることにより生じる一種の自家中毒であるセルフターンオン現象について発生メカニズムを述べるとともに、発生条件を解析的に示した。また回路実験により解析の妥当性を示すとともに、抑制方法であるミラークランプゲート駆動回路の効果について示した。本稿がワイドバンドギャップ半導体デバイスを用いた電力変換回路設計の一助になれば幸いである。

参考文献

1）IGBT 図書企画編集委員会編著、「世界を動かすパワー半導体」、電気学会、2008 年 .

2）松波他、「半導体 SiC 技術と応用」、日刊工業新聞社、2011 年 .

3）舟木、「パワー MOSFET のセルフターンオンに関する一検討」、電気学会　電磁環境研究会、EMC-13-22、2013 年 6 月 21 日 .

4）舟木、「SiC パワーデバイスの高速・高周波スイッチングにむけた電力変換回路の課題」、電気学会　電子デバイス・半導体電力変換 合同研究会、EDD-13-053、SPC-13-115、2013 年 .

5）T. Funaki, "Comparative study of self turn-on phenomenon in high-voltage Si and SiC power MOSFETs, " IEICE Electronics Express, Vol. 10, No. 21, pp. 20130744, (2013) .

6）T. Funaki, "A study on the self turn-on phenomenon of power MOSFET induced by the turn-off operation of body diodes," IEICE Electronics Express, Vol. 11, No. 13, pp. 20140350, (2014).

第16章

IEC 61000-4-2間接放電イミュニティ試験と多重放電

～ESD試験器の垂直結合板への接触放電で生ずる特異現象～

名古屋工業大学　藤原 修

1．はじめに

半導体技術の飛躍的な進歩に伴うICの高速・高集積化の結果、高性能かつ高機能化された種々の電子機器が市場に供給されている半面、これらの電子機器の電磁雑音に対する耐性（イミュニティ）不足で生ずる不具合の問題はなくなることはない[1)-3)]。特に、スマートフォンに代表されるウエアラブル機器の急速な普及で帯電人体による静電気放電（ESD：Electrostatic discharge）が思わぬ電磁障害を引き起こす可能性があり、この場合のESDに対するシステムレベルでのイミュニティ評価が大きな関心事になっている[4),5)]。

むろん、ESDに対する電子機器のイミュニティ試験法は国際電気標準会議（IEC : International Electrotechnical Commission）で既に標準化されており、IEC 61000-4-2[6)]では、帯電人体からのESDを模擬したシステムレベルでの機器イミュニティ試験法が具体的に示されている。そこでは、試験結果の再現性を確保するための静電気試験器（以降はESDガンと呼ぶ）の校正法として、IEC規定の電流検出器に対する接触放電での典型的な放電電流波形が試験電圧毎に示され、供試機器への試験法としては、ESDガンから機器へ直接印加する方法（直接放電という）と、供試機器の近くに存在する金属体への人体からの放電を模擬するために、供試機器に近接した金属結合板に印加する方法（間接放電）が規定されている。前者の直接放電法は、機器筐体やコネクタ端子へESDガンから注入された放電電流が機器に不具合を引き起こすかどうかを試験するものであり、多くの電子機器や装置に対して適用されているが、ポイント放電に対するイミュニティ試験評価であり、また試験法そのものが実環境下のESD現象を十分には模擬していないため、試験をパスしても市場においては機器の不具合が発生することもある。一方、後者の間接放電法は、ESDガンから金属結合板への接触放電で注入された放電電流で生ずる磁界と金属板の電位上昇で生ずる電界とを機器に曝すことで障害が起きるかどうかを試験するものであり、機器全体への電磁界曝露の点では実環境下のESDで生ずる不具合発生を再現する可能性は高く、それ故にシステムレベルでのイミュニティ試験法として注目されている[5)]。しかしながら、供試機器と電磁界との結合が不明のため不具合発生の原因特定はむずかしく、とくに垂直結合板（Vertical Coupling Plane: VCP）への放電は、水平結合板（Horizontal coupling plane: HCP）に比べて空間における電磁界分布が複雑となるため、機器不具合の原因究明は一層困難である。さらに、IEC 規格[6)]によれば、VCP を供試機器に対して 0.1 m 離して平行に設置し、VCP のエッジ部中央に ESD ガンを接触させて放電することが規定されているが、供試機器の各面に対する基準位置が規格に明記されていないために、VCP の設置位置が一意に決まらず、同じ供試機器であっても機器配置によって試験結果が異なるといったやっかいな問題が生じている[7),8)]。

筆者のグループでは、VCP への間接放電試験法における EUT 配置に対する試験効果や発生電磁界の測定をおこない、配置に影響されにくい試験法の有効性[9)-11)]を確認したが、間接放電法が直接放電法に比べてシステムレベルでのイミュニティ試験として厳しいかどうかについては依然として不明のままである。

本稿[※1]では、静電気放電に対するシステムレベルイミュニティ試験において、間接放電法の厳しさ評価解明を目的として、ESD ガンの VCP への接触放電で生ずる放電の特異性[12)]を述べる。

2．測定

2－1　試験装置と測定法

図 16.1 は ESD ガンの VCP への間接放電に対する試験配置を示す。VCP のエッジ部中央に ESD ガンの先端電極を垂直に接触させて放電をおこなった。そのとき、VCP の角に接続した 10：1 の電圧プローブ（1 MΩ 入力）で VCP の基準グラウンドに対する充電電位 $v(t)$ を、ディジタルオシロスコープ A（帯域幅：1.5 GHz、標本化周波数：8 GHz）で測定した。また、このときの VCP への注入電流で生ずる ESD ガンの近傍磁界を、つぎのように同時測定した。ESD ガンの先端電極から 13 mm 離

※1 本稿は、文献 12）をベースに加筆・修正したものである。

した位置にしゃへい型磁界プローブ（内径：9.0 mm、自己インダクタンス：L =13.8 nH）を設置し、ESD ガンの放電をおこなった際に磁界プローブに誘導される電圧波形 $V_H(t)$ を、同軸ケーブル（特性インピーダンス Z_0 =50 Ω）を介した広帯域のディジタルオシロスコープ B（帯域幅：12 GHz、標本化周波数：40 GHz）で測定した。このとき、磁界プローブのループ面は机上の水平結合板に対して水平方向にした。なお、IEC 規格[6]では、ESD 試験における ESD ガンの充電電圧は 2 kV 以上と定めているが、このときの ESD ガンの試験電圧は、オシロスコープ A の入力耐電電圧（600 V）を考慮し、0.2 kV とした。測定には、IEC 規格に準拠したもので、日本製で同じ仕様の 2 種類の ESD ガン（ガン A、ガン B と呼ぶ）と外国製の ESD ガン（ガン C）を用いた。なお、使用したガン A およびガン B は電源駆動であり、ガン C は電池駆動である。

2－2　VCP への接触放電で生ずる電位波形の測定結果

図 16.2 は ESD ガンの VCP への接触放電で生ずる電位波形の測定結果を示す。図 16.3 は ESD ガンの先端電極の近傍磁界波形の測定結果を示す。図 16.3（a）は波形の立ち上がりから 950 μs までを観測した全体波形、図 16.3（b）は波形を 5 μs から 200 μs までを新たに観測した拡大波形、

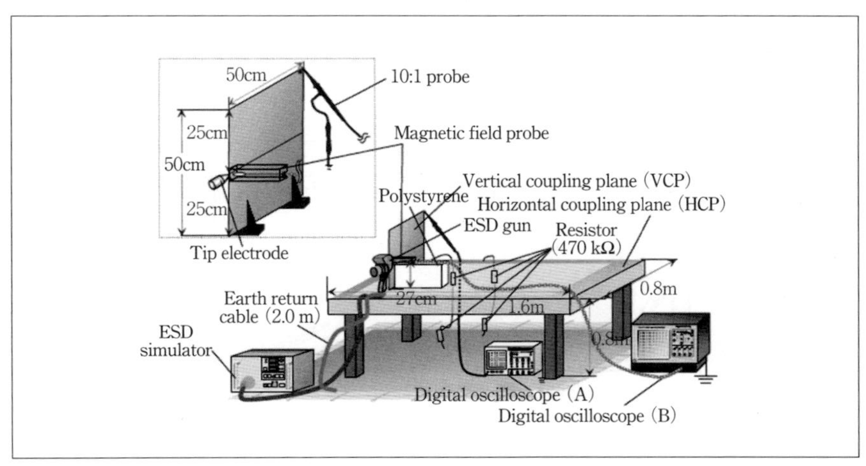

〔図 16.1〕ESD ガンの VCP への接触放電に対する放電電流と充電電位の測定

図 16.3（c）は波形を 600 μs から 800 μs までを新たに観測した拡大波形である。これらの図から、VCP の電位、近傍磁界ともにガン A、ガン B、ガン C それぞれの場合において波形の立ち上がりから 500 μs までの観測範囲で複数の放電がおきていること、600 μs から 700 μs までの観測範囲では、ガン A、ガン B の場合は VCP 電位が 0 に収束した後も再び充電されて立ち上がっているが、ガン C にはそれがみられないこと、などがわかる。むろん、図 16.1 の測定系では電圧プローブが電界アンテナとして働き、ESD ガンの接触放電で生ずる電界の直接的な影響も受けている可能性もあるが、筆者のグループの前論文[8]によれば、垂直結合板の近傍での電界アンテナの受信電圧はナノ秒以下の振動波形であり、図 16.2 に示すような数十から数百 μ 秒の振動波形ではない。放電直後にみられる電位上昇は、ガンからの注入電流による VCP の充電の結果として生ずるが、それ以降の複数の電位上昇は、多重放電でガンの充放電が繰り返された結果として起きているものと推察する（後述）。同一製造会社のガン A、ガン B の 560 μs あたりで観測された現象は、ガン内蔵のリレースイッチのチャタリングによるものと考えるが、ガン C では 900 μs までの観測範囲においてはみられなかった。

２－３　VCP の気中放電で生ずる電位波形の測定結果

２－２で観測された現象がリレースイッチのチャタリングに起因して生じたものかを検討するため、図 16.1 の測定配置図で ESD ガンを気中

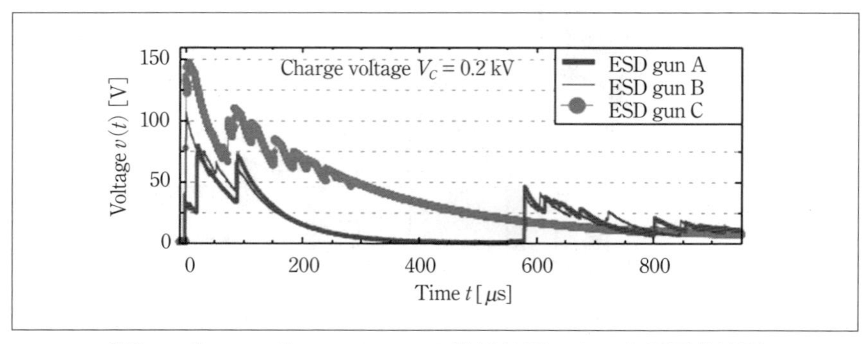

〔図 16.2〕ESD ガンの VCP への接触放電による充電電位波形

放電モードにしてVCPに対し放電をおこなった。そのときのVCPの角に接続した10：1の電圧プローブで充電電位波形 $v(t)$ を、ディジタルオシロスコープA（帯域幅：1.5 GHz、標本化周波数：8 GHz）で測定した。また、このときVCP電位の発生機構を調べるためのVCPへの注入電流で生ずるESDガンの近傍磁界も2－1と同じ配置で同時測定した。なお、

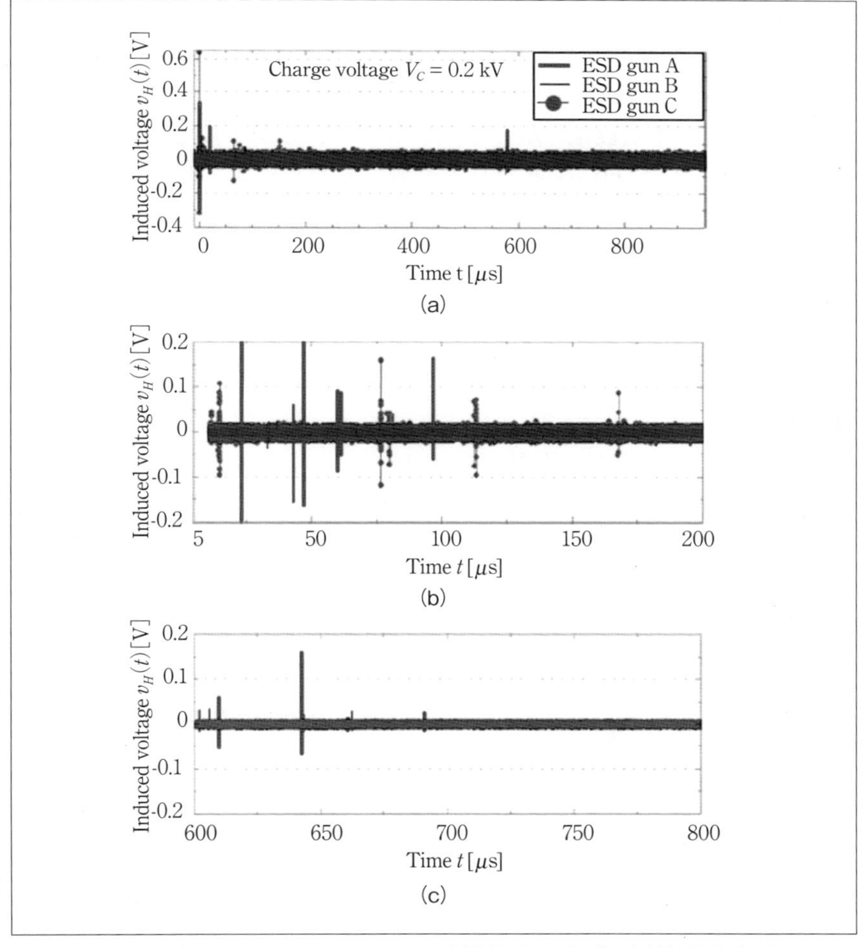

〔図 16.3〕ESDガンのVCPへの接触放電で生ずる近傍磁界波形

ESDガンの気中放電モードとは、ガン内蔵のリレースイッチをオン状態に保ったまま、供試機器へ近づけた際の火花放電によって電流を注入する試験法である。

図16.4はVCP電位波形の測定結果を示す。図16.5はESDガンの先端電極の近傍磁界波形の測定結果を示す。図16.5 (a) は波形の立ち上がりから950 μsまでを観測した全体波形、図16.5 (b) は波形を5 μsから200 μsまでを新たに観測した拡大波形である。これらの図から、ESDガンを気中放電モードにしてVCPに対し放電をおこなった場合でも、いずれのガンにおいても波形の立ち上がりから500 μsまでの観測範囲で複数の放電（多重放電）がおきていること、しかし接触放電においてガンA、ガンBで560 μsあたりで観測された再充電の現象はみられないこと、などがわかる。これらの結果は、ESDガンの先端電極とVCP接触面との空隙において接触放電のリレースイッチ内と同じ現象に起因して生じたことを意味し、多重放電がリレースイッチのチャタリングによるものではないことを示す。

3. 考察

前節の測定より得られた結果を表16.1に示す。表から、ESDガンを接触・非接触のどちらの放電モードにおいても、VCPに対し放電をおこなった場合は数百 μsの観測範囲で多重放電が観測されていることがわ

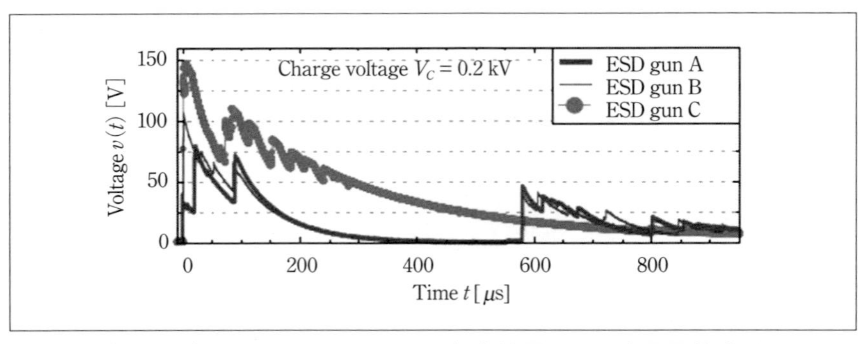

〔図16.4〕ESDガンのVCPへの気中放電による充電電位波形

かる。この原因を、定性的ではあるが、つぎのように考察した。図 16.6 は ESD ガンの VCP への接触放電に対する簡易的な等価回路を示す。図中の E は充電電圧源の電圧、C_s はエネルギー蓄積容量（C_s=150 pF）、R_d は放電抵抗（R_d=330 Ω）、R_c は充電抵抗（R_c=50 ~ 100 MΩ）、C_V は VCP と HCP との間の静電容量、C_H は HCP と基準グラウンド間の静電容量で

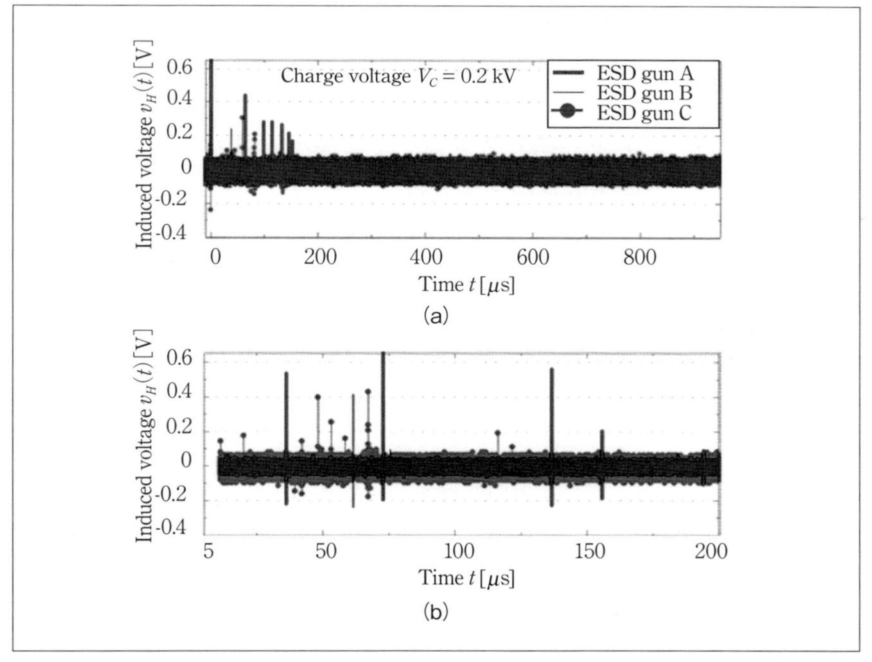

〔図 16.5〕ESD ガンの VCP への気中放電で生ずる近傍磁界波

〔表 16.1〕ESD ガンの放電モードと観測された多重放電

Discharge mode	ESD gun	Observation time span	
		0 - 200 μs	600 - 800 μs
Contact discharge	A	Multiple discharges	Multiple discharges
	B	Multiple discharges	Multiple discharges
	C	Multiple discharges	Not observed
Air discharge	A	Multiple discharges	Not observed
	B	Multiple discharges	Not observed
	C	Multiple discharges	Not observed

ある。R_V はVCPと基準グラウンドとを導線をとおして接続する抵抗（R_V=470 kΩ×2）である。

$i(t)$ は放電電流、$v(t)$ はVCP電位である。接触放電は、つぎのようにおこなわれる。スイッチAが開放状態でスイッチBが閉じて C_s をEまで充電するが、放電の際にはスイッチBを開きスイッチAを閉じれば、C_s の充電電荷が R_d を通してVCPの C_V 並びにHCPの C_H を急速に充電し、VCPの電位が急上昇するが、R_V（>>R_d）を通して電荷が緩やかに放電されるため、VCPの電位はゆっくりと減衰する。このような動作では上述した複数の充放電の発生はあり得ないが、つぎのような仮定の下では起こり得る。スイッチAが閉じる直前に電極間の電界が絶縁破壊電界に達して火花放電が生ずるものとすれば、これによって C_s の充電電荷がVCPの C_V とHCPの C_H を急速充電する結果として、VCP電位はEまで瞬時に上昇し、電極間が同電位となってスイッチAの火花放電は消滅する。その結果、C_V と C_H の充電電荷は R_V を通して放電されるため、VCP電位はゆっくりと減衰する。VCP電位が上昇した後に緩やかに減

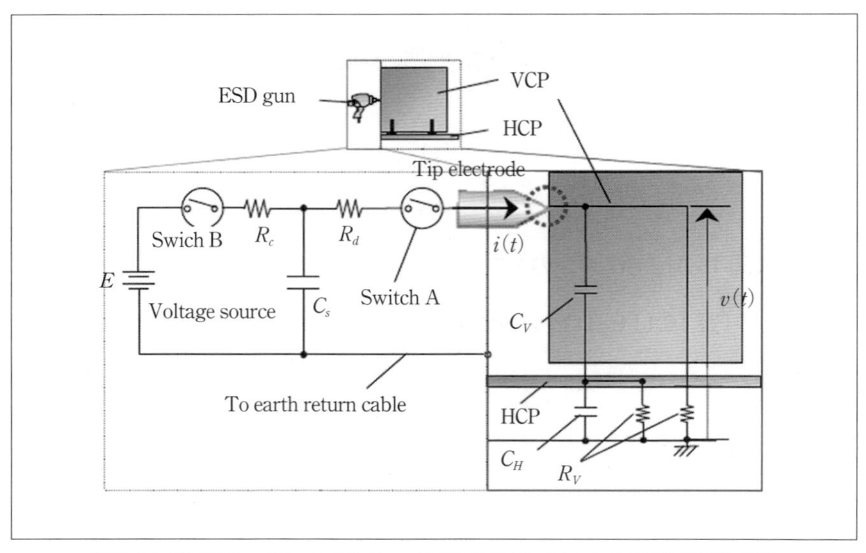

〔図 16.6〕ESDガンのVCPへの接触放電に対する簡易等価回路

衰してゆく過程でスイッチAは開放状態のままでC_sの電荷は残留しているので、VCP電位の低下と共にスイッチAの電極間の電界が再び強まって火花放電が発生すれば、VCPのC_VとHCPのC_Hが再度充電され、VCP電位は急上昇することになる。このような現象が、スイッチAが機械的に接触するまで繰り返される結果として、図16.2に示す複数の充放電波形が観測されたものと推察する。

図16.4に示す気中放電においても、スイッチAは閉じてはいるが、ガンの先端電極がVCPに接近する過程において、その間（図中の点線部分）で接触放電の際のスイッチAの電極間で起きた現象と同じ現象が繰り返される結果として、複数の充放電波形が観測されたものと推察する。

4．むすび

現行のIEC規格に則ったシステムレベルのイミュニティ試験において、ESDガンのVCPへの接触放電に対するVCP電位とESDガン先端電極の近傍磁界の両波形を測定した。その結果、VCP電位波形の立ち上がりから500 μsの間で不規則に生ずる充放電波形から多重放電の存在を観測し、これがガン内蔵のリレースイッチの電極間での多重放電によって生ずることを定性的に説明した。さらに、ESDガンの先端電極とVCPとを接触させない気中放電をおこなった際も同様の現象が起こることも確認した。

結局、システムレベルイミュニティ試験では、直接放電法は機器へのポイント放電によるイミュニティ評価試験であるのに対して、間接放電法は機器全体への電磁界曝露によるイミュニティ評価試験であり、1回の試験でさえ数十から数百μ秒の振動波形のバースト試験に相当するものといえる。なお、多重放電の特異現象は、ESDガンの金属結合板という容量性負荷への放電で生起するものであり、間接放電だけでなく直接放電試験においても負荷構造によっては現れるものと推察する。

こうした多重放電の発生機構の定量的解明と実際の試験結果へ及ぼす影響の検討が今後の課題となる。

参考文献

1）R. Jobava, D. Pommerenke, D. Karkashadze, P.Shubitidze, R. Zaridze, S. Frei and M. Aidam, “Computer simulation of ESD from voluminous objects compared to transient fields of humans,” IEEE Trans.EMC, vol.42, No.1, pp. 54-65（2001）.

2）O. Fujiwara, “An analytical approach to model indirect effect caused by electrostatic discharge,” IEICE Trans.COMMUN., Vol. E79-B, No. 4, pp. 483-489（1996）.

3）G P Fotis, I F Gonos and I A Stathopulos, “Measurement of the electric field radiated by electrostatic discharges,” Measurement Science and Technology, Vol. 17, pp. 1292-1298（2006）.

4）Takeshi Ishida1, Shuichi Nitta, Fengchao Xiao, Yoshio Kami, Osamu Fujiwara: “An Experimental Study of Electrostatic Discharge Immunity Testing for Wearable Devices”, Proceedings of IEEE International Symposium on Electromagnetic Compatibility and EMC Europe, Dresden, pp.839-842, August 16-22, 2015.

5）Cheng JI, Daisuke ANZAI, Jianqing WANG, Ikuko MORI, Osamu FUJIWARA:” An ESD Immunity Test for Battery-Operated Control Circuit Board in Myoelectric Artificial Hand System”, IEICE Trans. Communications, Vol. E98-B, No.12, pp. 2477-2484（2015）.

6）IEC（International Electrotechnical Commission）: “IEC 61000 Ed. 2.0: Electromagnetic compatibility（EMC）-Part 4-2: Texting and measurement techniques – Electrostatic discharge immunity test”（2008）.

7）山本典央、高義礼、藤原修：「水平結合板の間接放電時に対するESD試験法の供試品へ及ぼす影響比較」、電子情報通信学会論文誌、Vol. J92-B,No.2、pp. 502-505（2009）.

8）辻拓朗、高義礼、藤原修、山本典央：「ESDガンの垂直結合板への間接放電で生ずる空間電磁界のばらつき」、電気学会論文誌A、Vol.131、No.2、pp.119-124（2011-02）.

9）山本典央、高義礼、藤原修：「ESDガンの垂直結合板に対する接触放電の仕方と供試機器の配置に影響されにくい耐性試験法の提案」、電気学会論文誌 A、Vol. 130、No.5、pp. 423-427 (2010) .

10) 山本典央、高義礼、藤原修：「ESD ガンの垂直結合板への間接放電に対するプリント回路基板上の配線誘導で夏の不確定性とその低減」、電気学会論文誌 A、Vol. 130、No.3 pp. 253-257 (2010) .

11) 辻拓朗、姫野浩志、藤原修：「ESD ガンのテーパー型垂直結合板への間接放電に対する発生磁界のばらつき低減と実験検証」、電気学会論文誌 A、Vol.132、No.1、pp. 51-56 (2012) .

12) 辻 拓朗、藤原 修：「ESD ガンの垂直結合板への接触放電で生ずる多重放電」、電気学会論文誌 A、Vol.132、No.5、pp. 383-384 (2012) .

第17章

モード変換の表現可能な等価回路モデルを用いたノイズ解析

岡山大学　豊田 啓孝

1．はじめに

プリント回路基板（Printed circuit board:PCB）上の配線や PCB 間とケーブルとの接続のように、線路の近くには一般にシステムグラウンドや他の配線等の導体が存在する。高密度実装になるほどこれらの影響は無視できないため、解析には線路の2導体に加えて他の導体が近傍に存在する多線条線路を前提に考えるのが重要である。

多線条線路の回路解析では、2導体線路を対象とした伝送線路理論で用いられる特性インピーダンスに加え、線路の平衡度をパラメータとして導入する。通常、この線路の平衡度には電流配分率 h が用いられる。特性インピーダンスは、線路を伝わる電圧と電流、あるいは、電界と磁界の関係を数値化したもの（実際には両者の比）である。一方、この平衡度は線路断面内の電磁界の分布を数値化したものと言える。

我々は、多線条線路の接続部、すなわち、不連続境界に着目し、モード変換がこの不連続境界における線路の平衡度差によってのみ生じるとの仮定の下で等価回路モデルを構築し、これを用いたノイズ解析を検討している。設計の初期段階から EMC を考慮した設計、いわゆる EMC 設計では、フルウェーブ計算による数値解析は不可欠であるが、同時にこのような等価回路モデルを用いた回路解析も相互に補完し合う関係として重要と考えている。本稿では、等価回路モデルを用いた EMC 設計を目指し行っている検討の一部を紹介する。

2．不連続のある多線条線路のモード等価回路

本節では、まず線路の平衡度を用いたモード分解法に基づいて得られるモード等価回路について概説する。続いて、平衡度の異なる線路が縦続接続されることで不連続が生じた場合のモード等価回路表現について紹介する。

2－1　線路の平衡度を用いたモード分解

図 17.1 で示されるように、モード等価回路はモード分解法を用いて実回路から得られる[1),2)]。図 17.1 (a) は、2導体線路 #1、#2 とシステムグラウンド（基準グラウンド）からなる伝送系を示している。V_1 と I_1 は

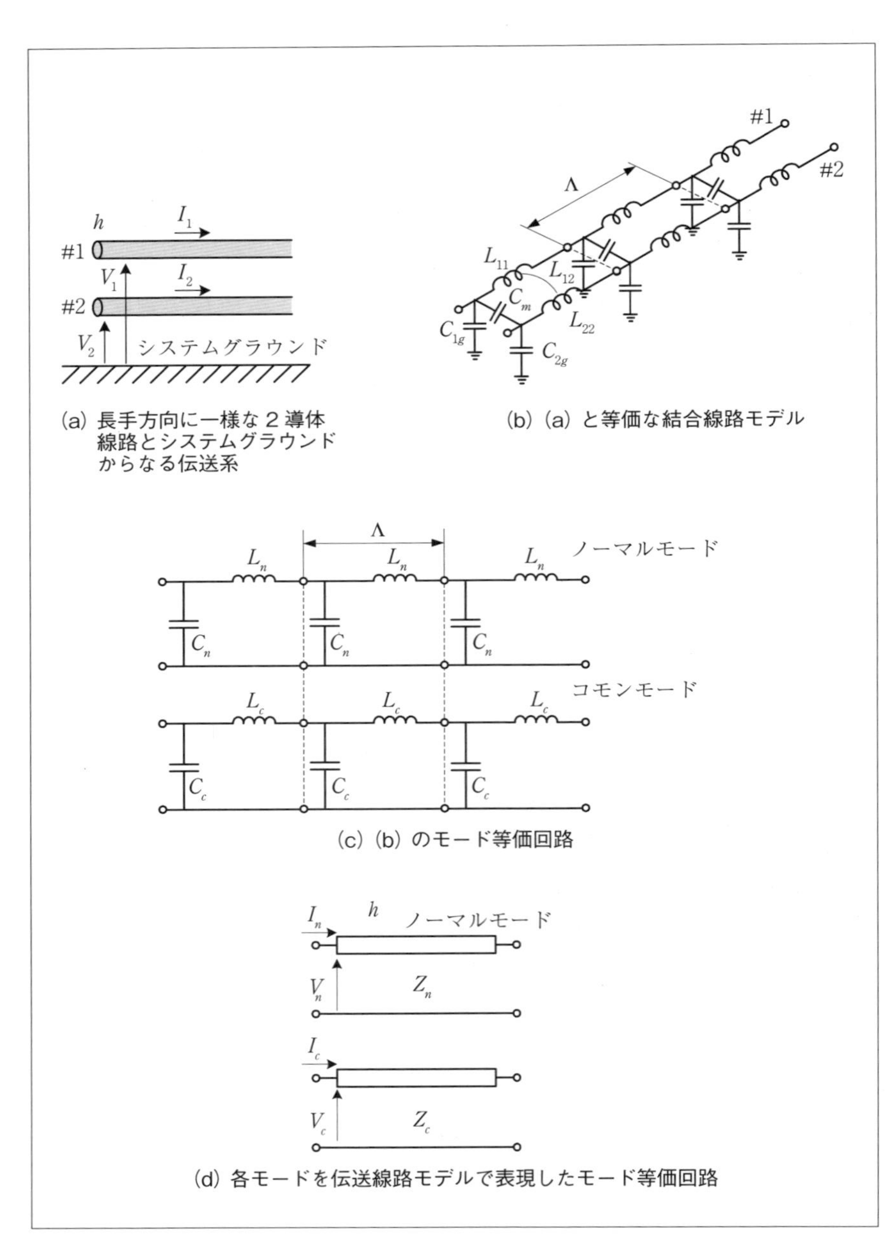

〔図 17.1〕導体線路とシステムグラウンドからなる伝送系に対する等価回路表現

線路 #1 の実電圧と実電流、V_2 と I_2 は線路 #2 の実電圧と実電流である。また、h は線路の平衡度であり、断面構造に対応した値を取る。図 17.1 (b) の結合線路モデルは、図 17.1 (a) の等価回路モデルである。ここで、L_{11} と L_{22} は線路の自己インダクタンス、L_{12} (=L_{21}) は相互インダクタンスであり、C_m は線路間キャパシタンス、C_{1g} と C_{2g} はシステムグラウンドと各線路間のキャパシタンスを表しており、いずれも単位長さ当たりの値である。

モード等価回路は、モード分解法を電信方程式に適用して得られる直交モード毎の等価回路である。モード分解法では直交モードを得るため線路の平衡度 h を利用する。この場合、実電圧とモード電圧間には、

$$\begin{bmatrix} V_1 \\ V_2 \end{bmatrix} = \begin{bmatrix} 1-h & 1 \\ -h & 1 \end{bmatrix} \begin{bmatrix} V_n \\ V_c \end{bmatrix} \quad \cdots\cdots (17.1)$$

実電流とモード電流間には、

$$\begin{bmatrix} I_1 \\ I_2 \end{bmatrix} = \begin{bmatrix} 1 & h \\ -1 & 1-h \end{bmatrix} \begin{bmatrix} I_n \\ I_c \end{bmatrix} \quad \cdots\cdots (17.2)$$

の関係が成立する。ただし、V_n と I_n はそれぞれノーマルモードの電圧と電流、V_c と I_c はそれぞれコモンモードの電圧と電流である。

モード分解法を適用すると、図 17.1 (c) で示されるように、ノーマルモード回路とコモンモード回路に完全に分離でき、各モードの等価回路はラダー回路で表現される。ラダー回路は伝送線路に置き換えられるので、図 17.1 (c) はモード毎に伝送線路で表現される図 17.1 (d) に書き直せる。Z_n と Z_c はそれぞれ、ノーマルモードとコモンモードのモードの特性インピーダンスであり、次式で与えられる。

$$Z_n = \sqrt{\frac{L_n}{C_n}} \quad \cdots\cdots (17.3)$$

$$Z_c = \sqrt{\frac{L_c}{C_c}} \quad \cdots\cdots (17.4)$$

ここで、L_n と C_n、L_c と C_c は図 17.1 (c) 中に現れる変数である。順に、単位長さ当たりのノーマルモードインダクタンス、ノーマルモードキャパシタンス、コモンモードインダクタンス、コモンモードキャパシタンスであり、次式で与えられる。

$$L_n = L_{11} + L_{22} - 2L_{12} \quad \cdots\cdots (17.5)$$

$$C_n = C_{1g} // C_{2g} + C_m \quad \cdots\cdots (17.6)$$

$$L_c = \frac{L_{11}L_{22} - L_{12}^2}{L_{11} + L_{22} - 2L_{12}} \quad \cdots\cdots (17.7)$$

$$C_c = C_{1g} + C_{2g} \quad \cdots\cdots (17.8)$$

式 (17.5) から式 (17.8) に含まれる L_{11}、L_{22}、L_{12}、C_{1g}、C_{2g}、C_m は線路断面における 2 次元静電界計算により得られるインダクタンス行列とキャパシタンス行列の要素から得られる。L_{11}、L_{22}、L_{12} はインダクタンス行列の要素そのものである。一方、C_{1g}、C_{2g}、C_m はキャパシタンス行列の要素である C_{11}、C_{12} $(=C_{21})$、C_{22} とは、

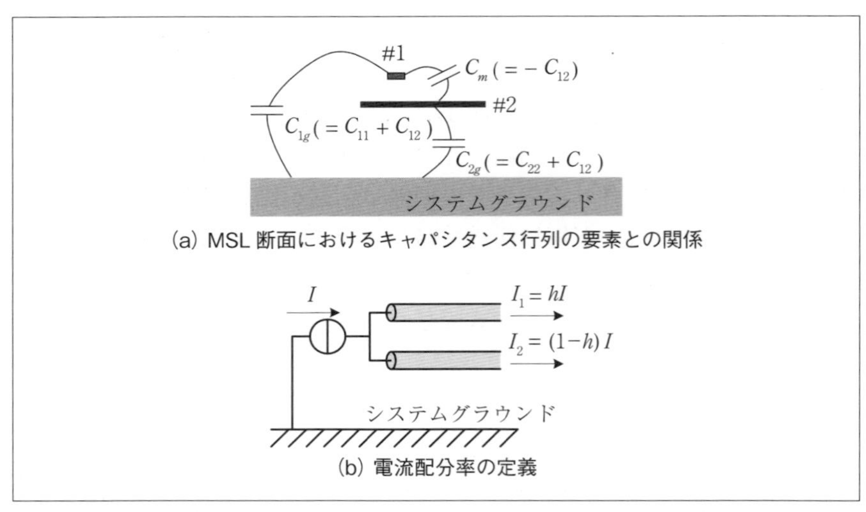

〔図 17.2〕線路断面のキャパシタンス行列の要素と電流配分率

$$C_{1g} = C_{11} + C_{12} \quad \cdots\cdots (17.9)$$

$$C_{2g} = C_{22} + C_{12} \quad \cdots\cdots (17.10)$$

$$C_{m} = -C_{12} \quad \cdots\cdots (17.11)$$

で関係づけられる。図 17.2 (a) では、MSL を例にこの関係を図示した。

最後に、モード分解法で利用した線路の平衡度 h について説明する。線路の平衡度 h はインダクタンス行列とキャパシタンス行列の要素を用いて、

$$h = \frac{L_{22} - L_{12}}{L_{11} + L_{22} - 2L_{12}} \quad \cdots\cdots (17.12)$$

$$h = \frac{C_{11} + C_{22}}{C_{11} + C_{22} + 2C_{12}} = \frac{C_{1g}}{C_{1g} + C_{2g}} \quad \cdots\cdots (17.13)$$

で与えられる。線路が一様媒質中にある場合、式 (17.12) と式 (17.13) から求められる h は等しい。h の値は、例えば、平行 2 本線路やより対線のような平衡線路では 0.5 である。一方、非平衡線路では 0.5 より小さい値をとり、同軸線路は 0、MSL では 0 ではないがほぼ 0 の値をとる。

式 (17.13) から分かるように、h はシステムグラウンドと線路 #1 間のキャパシタンスと線路 #1 と線路 #2 を合わせた全キャパシタンスの比を表している。これは、図 17.2 (b) で示されるように、全コモンモード電流に対する線路 #1 を流れるコモンモード電流の比として定義される電流配分率と同じである。以上から分かるように、線路の平衡度 h は線路断面内における電界分布を数値で表現した一つの例である。これらを用いることで、電磁界の空間分布を等価回路に取り込むことができる。

2－2　異なる平衡度の線路が縦続接続された場合のモード等価回路

図 17.3 (a) で示すように、異なる平衡度 h_a と h_b をもつ伝送系が縦続に接続され、平衡度が境界で不連続となる場合を考える。これは線路の途中で断面構造が変わったり、断面構造の異なる線路を接続したりする場合に当てはまる。詳細な導出はここでは省くが、図 17.3 (a) のモード等価回路として図 17.3 (b) が得られる [3)－5)]。

図 17.3 (b) から分かるように、モード等価回路では不連続境界において、電流制御電流源がノーマルモード回路に並列に挿入され、一方、電圧制御電圧源がコモンモード等価回路に直列に挿入される。

これは、境界において

$$\begin{cases} I_{\mathrm{na}} = I_{\mathrm{nb}} + \Delta h I_{\mathrm{c}} \\ V_{\mathrm{ca}} = V_{\mathrm{cb}} - \Delta h V_{\mathrm{n}} \end{cases} \quad \cdots\cdots (17.14)$$

の関係[3),4)]が成り立つことに基づいている。ただし、

$$\Delta h = h_{\mathrm{b}} - h_{\mathrm{a}} \quad \cdots\cdots (17.15)$$

である。

図 17.3 (b) 中に現れる電流制御電流源や電圧制御電圧源を我々はモード変換励振源と呼んでいる。図 17.3 (b) から分かるように、これらの大

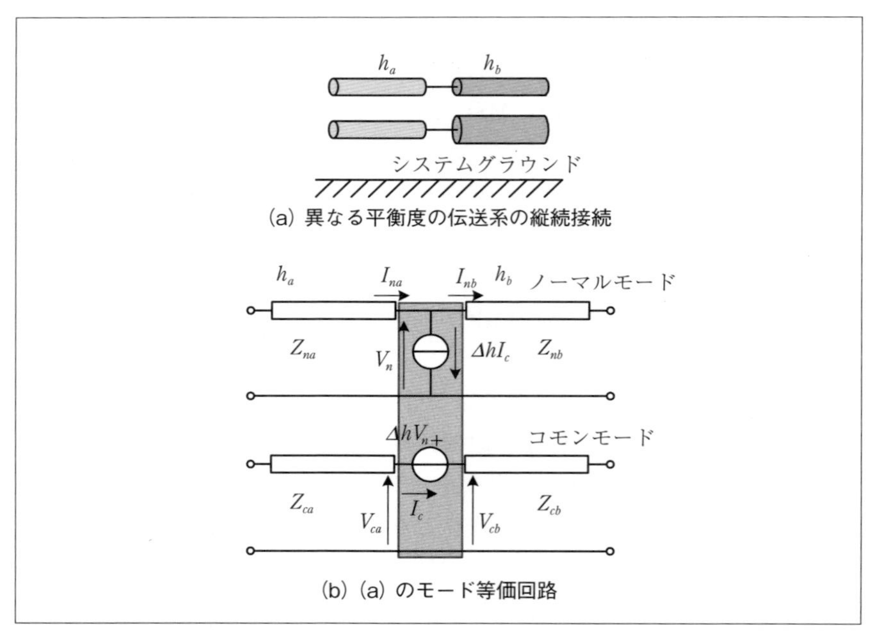

〔図 17.3〕異なる平衡度の伝送系の縦続接続に対する等価回路表現

きさはそれぞれ、平衡度差 Δh と境界におけるコモンモード電流 I_c の積、平衡度差 Δh と境界におけるノーマルモード電圧 V_n の積で与えられる。すなわち、平衡度差 Δh がモード変換の有無、および、その大きさに影響を与えることが分かる。

図 17.3 (b) から分かるように、異なる平衡度の線路を接続した場合のモード等価回路はもはや別々とはならず、挿入された電流制御電流源と電圧制御電圧源により一体化した回路として構成される。これは、異なる平衡度をもつ線路の縦続接続におけるモード変換が、接続の境界で生じるモデルとして表現でき、その影響は回路全体に及ぶことを表している。

不連続境界におけるモード変換を模式的に示したのが図 17.4 (a) である。平衡度が変わらなければ独立モードは線路に沿ってそのまま伝搬するが、平衡度の変わる境界においてモード変換が生じる。これは図 17.4 (b) で示した 2 導体線路のみで構成された線路における反射と似てい

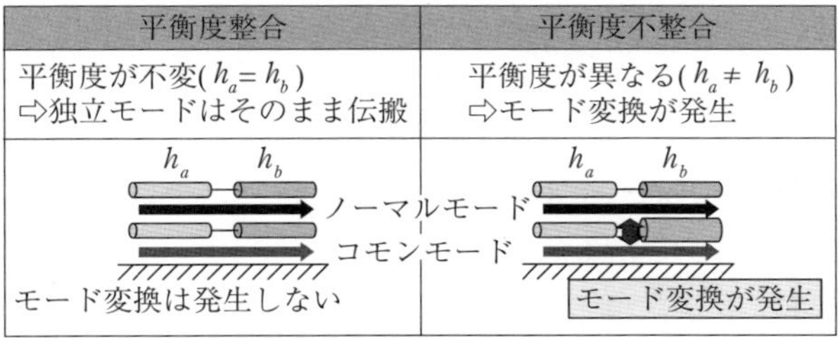

平衡度整合	平衡度不整合
平衡度が不変($h_a = h_b$) ⇨独立モードはそのまま伝搬	平衡度が異なる($h_a \neq h_b$) ⇨モード変換が発生
h_a h_b ノーマルモード コモンモード モード変換は発生しない	h_a h_b モード変換が発生

(a) 線路の平衡度の整合 / 不整合

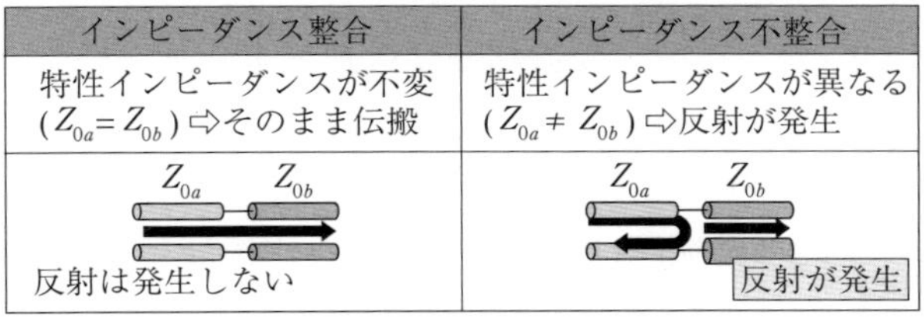

インピーダンス整合	インピーダンス不整合
特性インピーダンスが不変 ($Z_{0a} = Z_{0b}$) ⇨そのまま伝搬	特性インピーダンスが異なる ($Z_{0a} \neq Z_{0b}$) ⇨反射が発生
Z_{0a} Z_{0b} 反射は発生しない	Z_{0a} Z_{0b} 反射が発生

(b) 線路の特性インピーダンスの整合 / 不整合

〔図 17.4〕線路接続における 2 つの整合と不整合

る。特性インピーダンスが変わらなければそのまま伝搬するが、特性インピーダンスの変わる位置で反射が生じる。多線条線路でもモードの特性インピーダンスの違いによる反射が不連続境界で生じるため、平衡度の違いによるモード変換も加えた両者が不連続境界で生じることになる。

3．モード等価回路を用いた実測結果の評価

本節では、前節で説明したモード等価回路を実測結果に適用した際の評価結果について述べる。

3－1　準備

図 17.5 (a) のように、2 つの MSL がより対線 (Unshielded twisted pair: UTP) ケーブルで接続された場合、すなわち、ケーブルと送受信部からなる伝送系を考える。このモード等価回路は図 17.5 (b) で書き表せる。最初に、図 17.5 (a) で UTP ケーブル、MSL の単体部分それぞれに対して、その断面構造から得られるインダクタンス行列、キャパシタンス行列の要素を使い、モードの特性インピーダンスや線路の平衡度を求め、ノーマルモード等価回路とコモンモード等価回路を構築する。次に、線路の接続位置には平衡度差により生じるモード変換励振源を挿入する。モード変換励振源によりノーマルモード等価回路とコモンモード等価回路は不可分の関係となっている。

図 17.5 では、受信部側の MSL の帰路面を銅箔テープでシステムグラウンドと接続する一方、送信部側の MSL は浮遊状態としている。これより図 17.5 (b) のモード等価回路には、送信部側には縁端効果を表すキャパシタンス C_f が、一方、受信部側には銅箔テープを表す抵抗 R_c とインダクタンス L_c の直列回路を挿入している。なお、信号源内部抵抗と終端の整合抵抗 R_0 の位置の電流配分率は 0 であるため、厳密にはその位置にもモード変換励振源は挿入されるが、平衡度差が小さいためここでは省略している。

図 17.6 は実験系の写真を示している。まず図 17.6 (a) は送信部の写真であり、電池駆動の自作の信号発生器の出力が MSL につながってい

る。自作の信号発生器は繰り返し周波数1 MHzの短パルスを出力する。開放電圧のスペクトルの大きさは1 MHzで約66 dBμV、300 MHzで約46 dBμVである。

次に、図17.6 (b) は受信部とUTPケーブルの接続位置付近の写真であり、コモンモード電流を測定するため、電流プローブ（EST-Lindgren 94111-1L）でUTPケーブルをクランプしている。

最後に、図17.6 (c) は受信部の終端部分の写真であり、ノーマルモード電圧を測定するため、MSLの終端抵抗の両端にアクティブプローブ

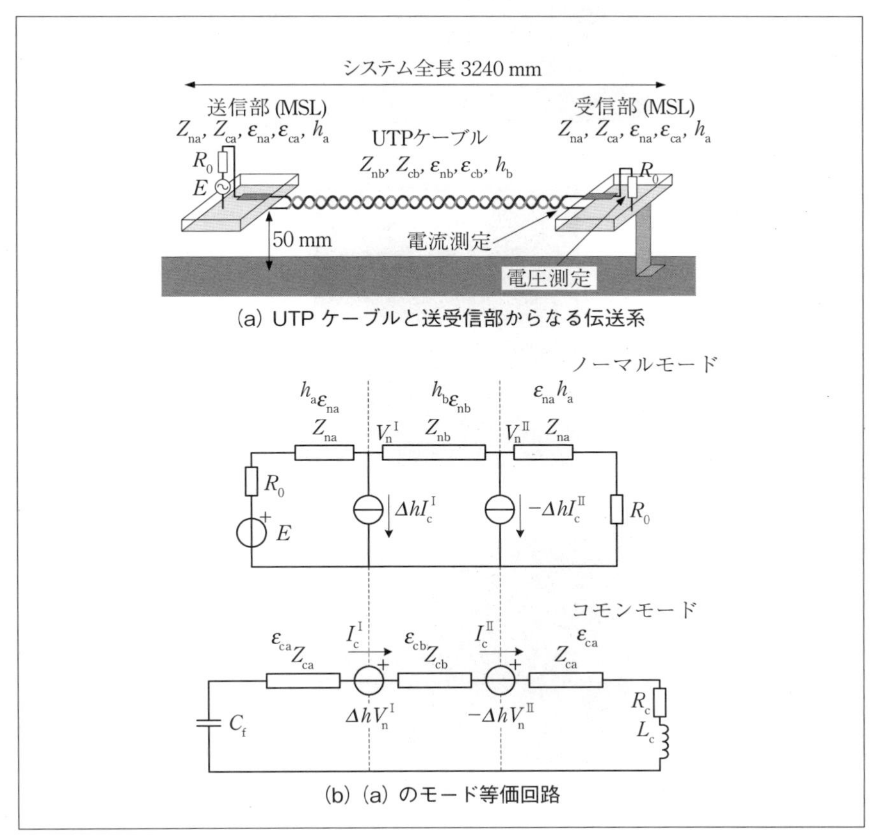

(a) UTPケーブルと送受信部からなる伝送系

(b) (a) のモード等価回路

〔図17.5〕ケーブルと送受信部からなる伝送系とその等価回路表現

(HP54701A）を接触させている。

表 17.1 は、測定に使用した線路等の諸パラメータを示している。送受信部の MSL はその特性インピーダンスが 100 Ω になるように設計している。一方、UTP ケーブルは市販のカテゴリ 6e の Ethernet ケーブルの一組を取りだして使用している。特性インピーダンスの公称値は 100

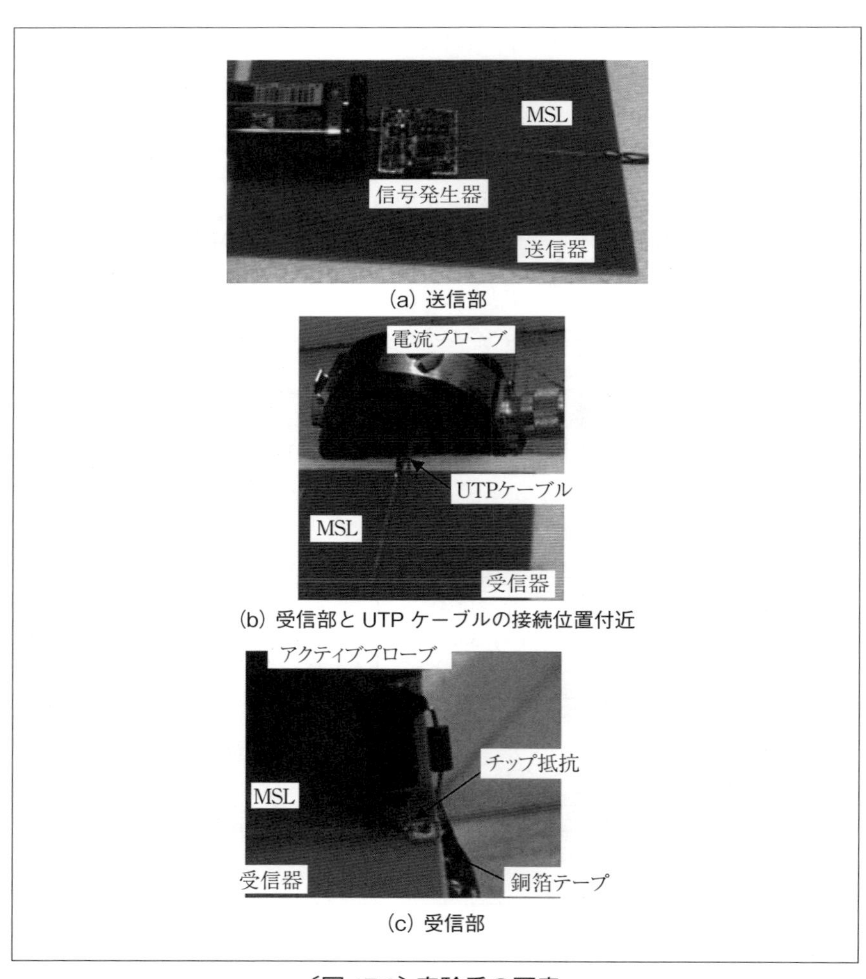

(a) 送信部
(b) 受信部と UTP ケーブルの接続位置付近
(c) 受信部

〔図 17.6〕実験系の写真

Ωである。これらの線路ははんだ付けにより直接接続し、さらに、システムグラウンドからの高さが50 mmになるように50 mm厚の板状の発泡スチロールの上に配置している。MSLの帰路面とシステムグラウンドの接続には、幅25 mm、厚さ0.035 mmという市販の銅箔テープを使用した。

モード等価回路を用いた回路シミュレーションでは、市販の回路シミュレータAWR Microwave Officeを用いた。表17.2は、回路シミュレーションに用いた諸パラメータを示している。これらは、あらかじめ行った測定やシミュレーションにより求めた値である。例えば、モードの特性インピーダンスや電流配分率（線路の平衡度）は、ANSYS 2D Extractorを使用して線路の断面構造から求まるインダクタンス行列やキャパシタンス行列の要素から式（17.3）～式（17.13）を用いて計算している。実験ではUTPケーブルを使用しているが、シミュレーションでは「より」は考えず単なる平行2本線として計算を行った。これは、「より」のピッチがシステムグラウンドとの距離に比べ十分小さいことによる。

〔表17.1〕測定に使用した線路等の諸パラメータ

	項目（単位）	値
MSL	信号線幅（mm）	0.7
	基板厚（mm）	1.6
	銅箔厚（mm）	0.035
	帰路面幅（mm）	100
	送信器の帰路面長（mm）	150
	受信器の帰路面長（mm）	70
	送信器上の線路長（mm）	60
	受信器上の線路長（mm）	65
UTP	線路長（mm）	3000
その他	高さ（mm）	50
	終端（整合）抵抗 R_0（Ω）	100

〔表 17.2〕回路シミュレーションに用いた諸パラメータ

	項目（単位）	値
ノーマルモード	特性インピーダンス Z_{na}（Ω）	100
	実効比誘電率 ε_{na}	3.17
コモンモード	特性インピーダンス Z_{ca}（Ω）	89.4
	実効比誘電率 ε_{ca}	1.0
	伝搬損失（dB/m）	0.09-0.16
電流配分率 h_a		0.024

(a) MSL

	項目（単位）	値
ノーマルモード	特性インピーダンス Z_{na}（Ω）	100
	実効比誘電率 ε_{na}	2.1
コモンモード	特性インピーダンス Z_{ca}（Ω）	276
	実効比誘電率 ε_{ca}	1.1
	伝搬損失（dB/m）	0.06-0.1
電流配分率 h_a		0.5

(b) UTP ケーブル

	項目（単位）	値
銅箔テープ	R_c（μΩ）	982
	L_c（nH）	20
縁端効果	C_f（pF）	0.8

(c) その他

3－2　評価

以降では、様々な条件で得られた評価結果について述べる[4)]。

3－2－1　UTPケーブルを用いた系における評価（送信部側浮遊・受信部側接地）

図 17.7 は、図 17.5 (a) の UTP ケーブルで接続された送受信部における測定結果とモード等価回路を用いた回路シミュレーション結果の比較を示している。図 17.7 (a) は受信部直近の UTP ケーブルを流れるコモンモード電流、図 17.7 (b) は受信部上の終端抵抗両端のノーマルモード電圧である。本節で示すグラフは、すべての周波数で信号発生器出力の開放電圧を 1 V に換算したものである。

図 17.7 から分かるように、コモンモード電流、ノーマルモード電圧

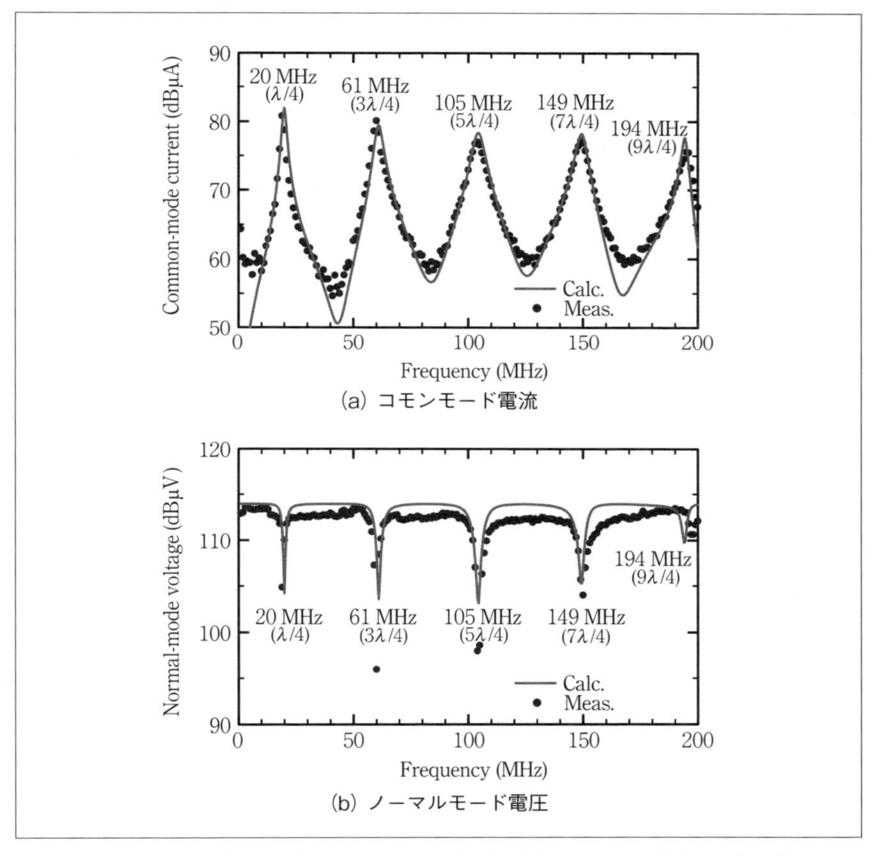

〔図 17.7〕図 17.5 (a) の実験系における測定結果とモード等価回路を用いた回路シミュレーション結果の比較

のスペクトルは測定と回路シミュレーションでいずれもよく一致した。このように送信部側を浮遊状態、受信部側を接地した場合は、伝送系全体を共振器長とした $\lambda/4$、$3\lambda/4$、$5\lambda/4$、…のコモンモード共振が発生している。送信部に実装されている信号発生器は電池駆動であり、外部からのコモンモードの流入は考えられない。よって、このコモンモードは電流配分率の異なる線路の接続により生じたモード変換に起因すると考えられ、これに基づく回路シミュレーションにより再現できた。さらに、大きなコモンモード電流が流れるコモンモード共振時にはノーマルモード電圧の減少が観測された。このようにノーマルモードにもモード変換が影響することも確認した。

3－2－2　UTPケーブルを用いた系における評価（送受信部とも接地）

図 17.8 (a) で示すように、送信部側もシステムグラウンドと接続した場合を考える。この場合のコモンモード電流、ノーマルモード電圧のスペクトルについて、実測と回路シミュレーションの結果の比較をそれぞれ図 17.8 (b) と図 17.8 (c) に示す。このように条件を変えた場合も回路シミュレーションの結果は実測とよく一致した。送信部端を浮遊させた場合と同様、接地させた場合もコモンモード共振は発生した。ただし、今度は、伝送系全体を共振器長とした $\lambda/2$、λ、$3\lambda/2$、…に対応する周波数でコモンモード共振が発生しており、受信部側のみを接地した場合と周波数が異なっている。

両者の違いは図 17.9 を使って説明できる。送受信部端とシステムグラウンドとの接続位置ではコモンモード電流が流れることで共振の腹になるが、浮遊させた場合はコモンモード電流が流れないため節となる。図 17.9 (a) は送信部側浮遊、受信部側接地の場合のコモンモード電流の定在波を、図 17.9 (b) は両側とも接地した場合のコモンモード電流の定在波のようすを示している。前者では $\lambda/4$、$3\lambda/4$、$5\lambda/4$、…のコモンモード共振が発生し、後者では $\lambda/2$、λ、$3\lambda/2$、…のコモンモード共振が発生する。コモンモード電流を受信部側直近で測定したのは、図 17.9 で示されるように、必ず共振の腹に当たり、コモンモード共振すべてを観測できるためである。

ただし、図 17.7 で示したコモンモード共振は、伝送系全体を共振器長と見なして求められるものよりは低周波側に若干ずれている。これは、送信部側を浮遊させたことで生じた縁端効果によると考えている。

3－2－3　同軸ケーブルを用いた系における評価

今度は、UTP ケーブルを同軸ケーブルに置き換えて評価を行った結果について説明する[4]。

同軸ケーブルの平衡度は 0 であるため、MSL との平衡度差は 0.024 で

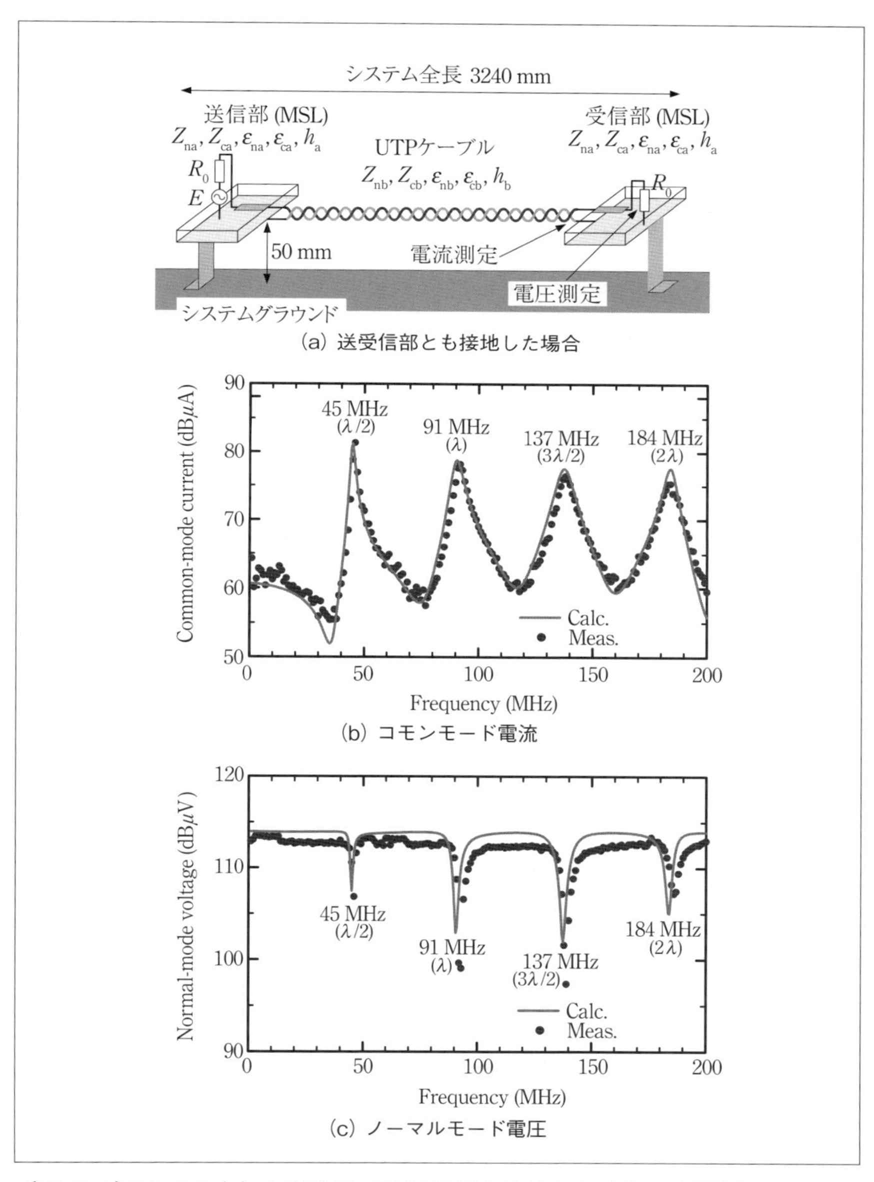

〔図 17.8〕図 17.5 (a) の実験系で送信部側も接地した (a) の実験系における測定結果とモード等価回路を用いた回路シミュレーション結果の比較

ある。これは、UTP ケーブルの場合の平衡度差 0.476 の約 1/20 と小さく、モード変換はほぼ生じないと考えられる。実際、図 17.10 (a) に示す系で測定を行ったところ、図 17.10 (b)、図 17.10 (c) で示されるように、コモンモード電流は観測されず、ノーマルモード電圧にもモード変換の影響は見られなかった。

以上のことから、線路断面形状から求められる線路の平衡度 h や縦続接続した線路の平衡度差 Δh がモード変換を評価する指標となり得ることを確認した。

3－2－4　コモンモード共振抑制によるノーマルモードへの影響低減

異種ケーブルの接続であっても平衡度差が 0 であればモード変換が生じないことが分かった。しかし、いつも平衡度差を 0 にすることはできない。ノーマルモードへの影響を小さくするには、コモンモードからノーマルモードへのモード変換の抑制が重要である。

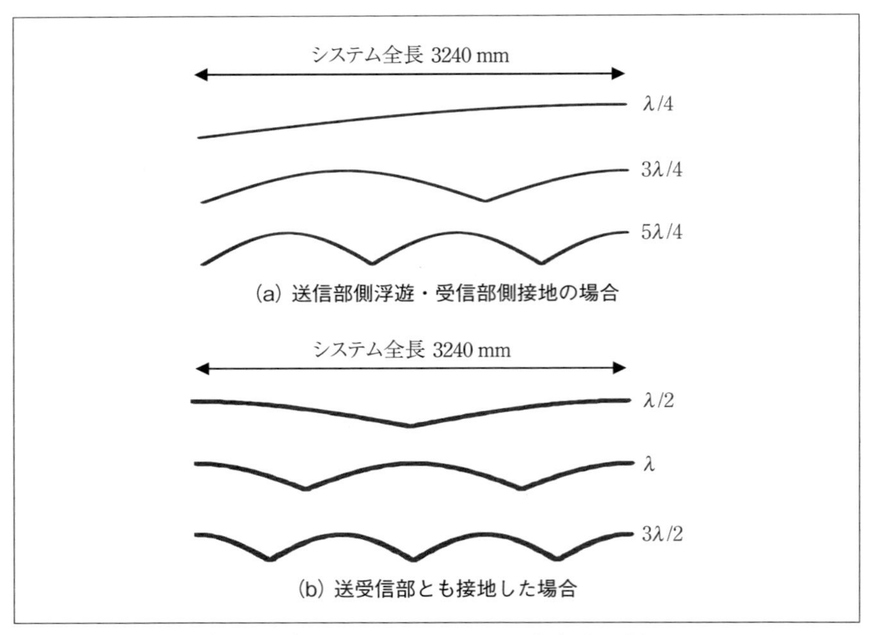

〔図 17.9〕コモンモード電流の定在波の様子

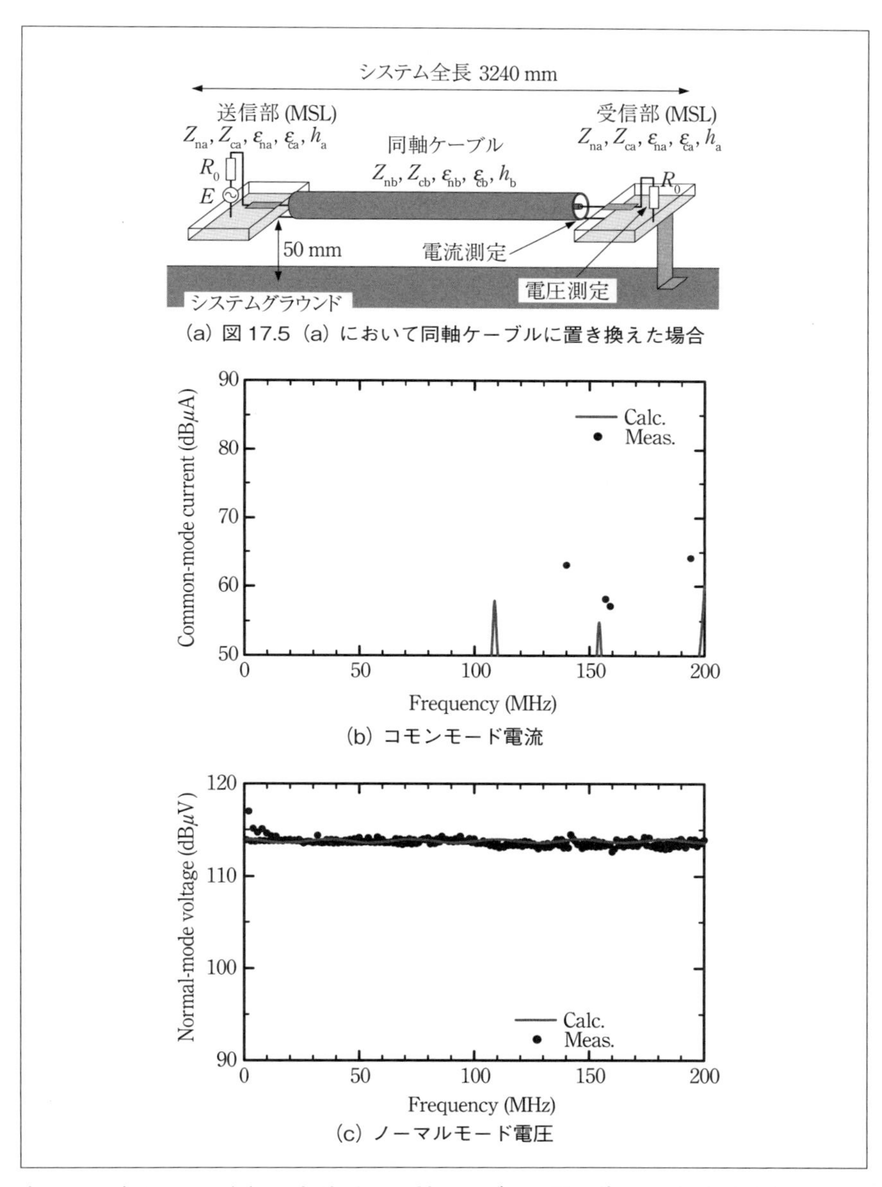

(a) 図 17.5 (a) において同軸ケーブルに置き換えた場合

(b) コモンモード電流

(c) ノーマルモード電圧

〔図 17.10〕図 17.5 (a) の実験系で同軸ケーブルに置き換えた実験系 (a) における測定結果とモード等価回路を用いた回路シミュレーション結果の比較

図 17.11 (a) で示すように、コモンモードの特性インピーダンスと一致する抵抗を介して受信部側を接地し、系の端におけるコモンモード反射を低減させることを試みた[4]。コモンモード共振の生じる周波数でノーマルモードに対する顕著な影響が観測されたためである。銅箔テープに直列に取り付けたリード抵抗の値は、表 17.2 (b) で示した値とほぼ等しい 270 Ω である。

図 17.11 (b) と図 17.11 (c) は受信部側 MSL の終端抵抗におけるノーマルモード電圧の時間波形を示しており、それぞれ実測結果とモード等価回路を用いた回路シミュレーションの結果である。電池駆動の信号発生器からの出力は、デューティ比 50%、20 MHz の方形波である。黒色の波形は、図 17.5 (a) と同じく受信部側 MSL の帰路面を直接システムグラウンドに接地した場合であり、コモンモード共振の影響によって波形は歪んだ。一方、赤色の波形はコモンモードについて終端整合させた場合であり、反射を低減してコモンモード共振を抑制することにより信号波形を改善することができた。

4. その他の場合の検討

前節は、ケーブルと送受信部からなる最もシンプルな伝送系のエミッション問題を対象に、モード等価回路を用いた回路シミュレーションの結果が実測結果とよく一致することを示した。モード等価回路の適用はこれに限定されない。以降では、その他の場合への適用例を簡単に紹介する。

4－1　イミュニティ問題への適用

エミッションのみならずイミュニティ問題への適用も試みた[6]。

BCI (Bulk current injection) 試験のように、電流プローブでコモンモードを励振させることを模擬した系にモード等価回路を適用した。線路終端のノーマルモード電圧やケーブルを流れるコモンモード電流を評価したところ、コモンモード共振を再現するなど、モード等価回路を用いた回路シミュレーションで定性的には実測と一致する結果を得たが、絶対値では数 dB の違いがあった。これは電流プローブのモデル化が不十分なことによると考えられ、これは今後の検討課題である。

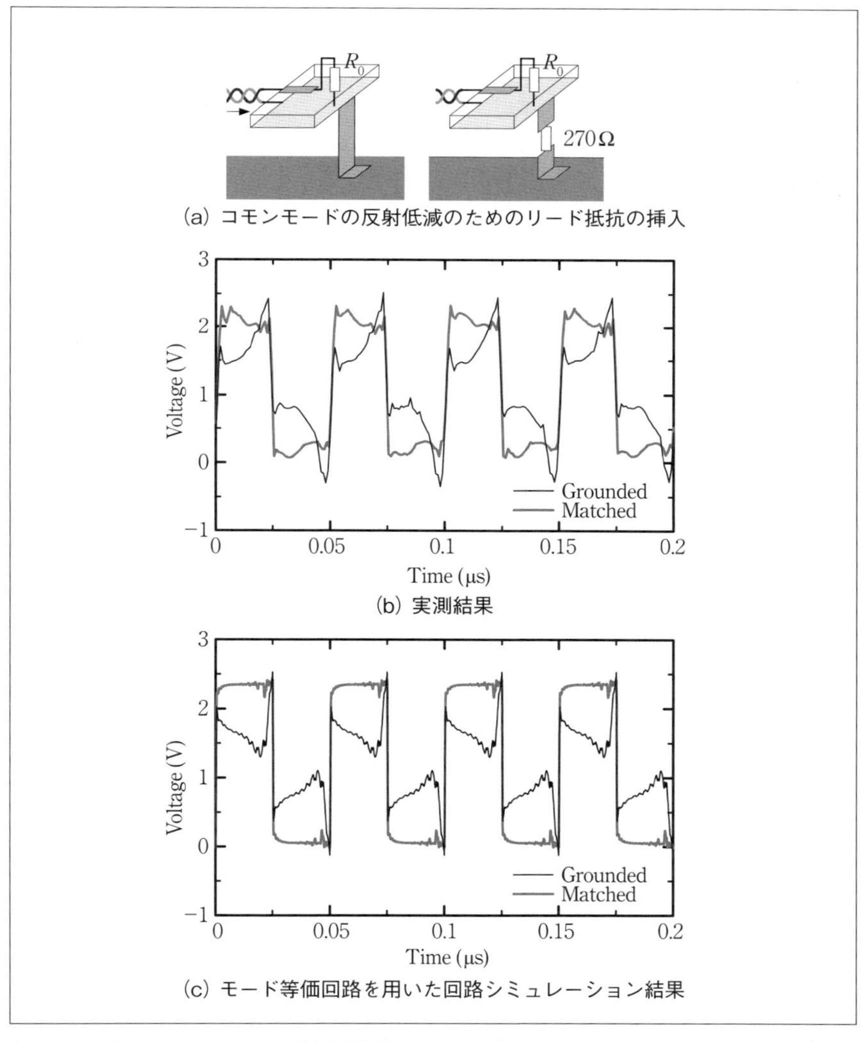

〔図 17.11〕コモンモード反射を低減させた場合のノーマルモード電圧の測定結果とモード等価回路を用いた回路シミュレーション結果の比較

4－2　3導体線路の場合への適用

導体が一つ増えた3導体線路とシステムグラウンドから構成される伝送系にも適用できることを確認した[7)]。

一例として、シールド付より対線（Shielded twisted pair: STP）ケーブルを用いた評価系においてピグテールを用いた接地条件の違いに起因するモード変換を考察の対象とした。この伝送系にはノーマルモード、1次コモンモード、2次コモンモードという3つの直交モードが存在し、h_1、h_2、h_3 の3つの電流配分率が平衡度を表すパラメータである。

ピグテールを用いた4通りの接地条件で回路シミュレーションと実測を比較したところ、両者は定量的によく一致し、導体が一つ増えた場合もモード等価回路を用いた解析が可能であることを確認している。

4－3　モード変換量低減に対する実験的検討

先に述べたように、ノーマルモードからコモンモードへの変換量は平衡度差 Δh と境界におけるノーマルモード電圧 V_{n} の積で決まる。この考えに基づき、ノイズ源近傍に通常設置するバイパスコンデンサを線路の不連続位置近傍に設置した。不連続位置の V_{n} を低減させることでコモンモードへの変換量を低減させ、結果としてコモンモード電流、および、放射電界が低減できることを実験的に示した[8)]。

4－4　PCB 上の差動線路における検討

差動線路の屈曲部におけるモード変換抑制にも適用を試みた。差動線路の屈曲部では、構造の非対称性に起因して生じるモード変換が信号品質の劣化や電磁干渉の問題を生じさせ､周波数の増加に伴い深刻になる。モード等価回路の視点からモード変換のより小さな屈曲部の形状について考察を行ったところ、平衡度差だけでなく、リアクタンス素子の大きさも考慮すべきであることが分かり[9)]、この結果を基にモード変換のより小さい非対称テーパ付密結合屈曲構造を提案している[10)]。

5．まとめ

本稿では、線路接続部の不連続境界で生じるモード変換が等価回路モデルを用いて表現できることを示し、このモデルに基づくノイズ解析の検討事例を紹介した。

参考文献

1) 上芳夫, “EMC における伝送回路理論とその展開、” 電子情報通信学会論文誌 B、vol.J-90B、no.11、pp.1070-1082、Nov.、2007.
2) H. Uchida, Fundamentals of coupled lines and multiwire antennas, Sasaki Printing, Sendai, Japan, 1967.
3) 豊田啓孝、瀬島孝太、五百旗頭健吾、古賀隆治、渡辺哲史、“ケーブル接続された送受信機器のモード等価回路と同定”、電子情報通信学会技術報告、EMCJ2010-76、pp. 33-38、2010.
4) 豊田啓孝、瀬島孝太、五百旗頭健吾、古賀隆治、渡辺哲史、モード分解法に基づくモード等価回路を用いた信号伝送系の回路解析、第26 回エレクトロニクス実装学会春季講演大会、8A-10、2012.
5) 瀬島孝太、豊田啓孝、五百旗頭健吾、古賀隆治、渡辺哲史、モード等価回路を用いた非一様媒質中伝搬の回路シミュレーションとその適用範囲、電子情報通信学会論文誌 B、vol.J96-B、no.4、pp.389-397、Apr. 2013.
6) 久米川公嗣、五百旗頭健吾、豊田啓孝、“配線へのコモンモード電流注入における電流プローブのモデル化とモード等価回路シミュレーション”、電子情報通信学会技術報告、EMCJ2015-115、pp. 65-70、2016.
7) 延永達哉、豊田啓孝、五百旗頭健吾、古賀隆治、渡辺哲史、“STP ケーブルの接地法とモード変換量の関係について平衡度を考慮した評価”、電子情報通信学会技術報告、EMCJ2012-32、pp.1-6、2012.
8) 豊田啓孝、三倉駿紀、五百旗頭健吾、“電源系配線へのバイパスコンデンサ実装によるモード変換量低減”、電気学会論文誌 A、vol. 136 no.1 pp.25-32、Jan. 2016.
9) 豊田啓孝、菅翔平、五百旗頭健吾、古賀隆治、渡辺哲史、“差動線路の屈曲部のモード等価回路表現”、電子情報通信学会技術報告、EMCJ2013-98、pp.41-46、2013.
10) Y. Toyota, S. Kan, K. Iokibe, "Suppression of Mode Conversion by Using

Tightly Coupled Asymmetrically Tapered Bend in Differential Lines," IEICE Trans. on Commun., vol.E98-B no.7, pp.1188-1195, Jul. 2015.

第18章

自動車システムにおける
電磁界インターフェース設計技術

―アンテナからワイヤレス電力伝送、人体通信まで―

東京工芸大学　越地 福朗

1．はじめに

近年、自動車システムにおいて、走行性や操作性などの運転性能のみならず、運転者の安全性や快適性、そして、二酸化炭素や窒素酸化物排出量などの環境性能など、ユーザニーズや社会的要求にあわせて自動車システム全体の高機能化や高性能化、高信頼性化が加速している。また、これら高機能化や高性能化、高信頼性化は、自動車システムのエレクトロニクス化によって支えられている。

自動車システムのエレクトロニクス化において、自動車内や周辺に利用される電子回路や各装置間の通信やセンシングなど、電気・磁気信号の入出力部の信頼性は、特に、自動車システム全体の信頼性に関わる重要な部分である。

ここでは、自動車システムにおける電気・磁気に関わる入出力インターフェースを「電磁界インターフェース」と呼び、これに着目し、Ultra-Wideband（UWB）アンテナ、ミリ波アンテナに代表されるアンテナ技術や、電気自動車への非接触充電を可能とするワイヤレス電力伝送技術、自動車内における人体を介した通信ネットワークの構築が可能な人体通信技術について述べる。

2．アンテナ技術

アンテナは、電波の出入り口となる重要なインターフェースのひとつであり、自動車システムにおいては、衝突防止用前方監視レーダや車内ワイヤレスネットワークのインターフェースなどに利用されている。

UWB 技術は、ユビキタスネットワーク社会を実現するための有力な通信技術として注目されており、広帯域な周波数帯を利用することで、最大 1 Gbps 程度の高速通信を実現できる。また、レーダなどに代表されるセンシング技術としても利用可能な特長がある。

2002 年、米国の Federal Communications Commission（FCC）による、規制緩和により、UWB ワイヤレスシステムに関する研究開発が盛んに行われるようになった[1)]。

UWB 技術の自動車用途には、準ミリ波帯である 22 GHz ～ 29 GHz が割り当てられ、とくに、26 GHz 帯（24 GHz ～ 29 GHz）を利用する車載用近距離監視レーダ等が、Intelligent Transport System（ITS）システムなどの応用例として、研究開発され、普及しつつある[2)]。さらに、UWB 周波数帯よりも高周波数であるミリ波を利用する 76 GHz 帯を利用したレーダも普及しつつあり、近年は、メタマテリアルを利用し、移相器や機械的な構造を用いることなく、指向性を制御する技術等も提案・検討されている[3)]。

一方で、UWB 技術の自動車用途以外においては、3.1 ～ 10.6 GHz の周波数帯が使用され、身のまわりに配置される電子機器や、PC 周辺機器等を相互接続する高速ワイヤレス通信技術として、研究開発が進められている[4),5)]。そして、近年、この周波数帯を自動車内における通信ネットワークへ応用することも提案・検討され、特に、自動車内における、電子回路や各装置を接続するための次世代 Controller Area Network（CAN）としての利用可能性に注目が集まっている[6)]。

上述したように、UWB 技術は、3.1 GHz ～ 10.6 GHz の周波数帯域（帯域幅 7500 MHz）を使用するため、従来の狭帯域通信に比べ、広帯域にわたって良好な Voltage Standing Wave Ratio（VSWR）特性のアンテナが必要とされる。さらに、UWB 技術が自動車内の CAN として利用されることを考えると、アンテナは、自動車内に組み込み・設置しやすいように、平面形状であることが望ましい。また、アンテナの配置にかかわらず通信不能な方向がないように、アンテナは無指向性であることが望ましいなど、アンテナに対する要求も厳しいといえる。

図 18.1 は、UWB 周波数帯で良好な VSWR 特性を有する半円台形不平衡ダイポールアンテナである[7)]。本アンテナは、自動車内での利用に適した、平面形状、かつ、水平面内無指向性を有する。

図 18.2 は、図 18.1 示す半円台形不平衡ダイポールアンテナを、より自動車内に配置しやすいように、小型化し、さらに曲面部分などへの配置にも柔軟に対応できるように、薄型のプリント配線板を用いることで、小型化とフレキシブル化を同時に実現した扇形台形不平衡ダイポールアンテナである[8)]。本アンテナは、小型かつフレキシブルでありながら、

図 18.1 に示す半円台形不平衡ダイポールアンテナと同等の VSWR 特性、かつ水平面内無指向性を有する。

さらに、図 18.3 は、UWB アンテナの自動車内への設置を想定し、導体板近傍にアンテナを配置した場合のアンテナおよび導体板周囲における電界強度分布を示している。同図からわかるように、アンテナと導体板との距離によって、電界分布が大きく変化し、電波放射方向が大きく変化することがわかる。このように、自動車内へのアンテナ実装時には、

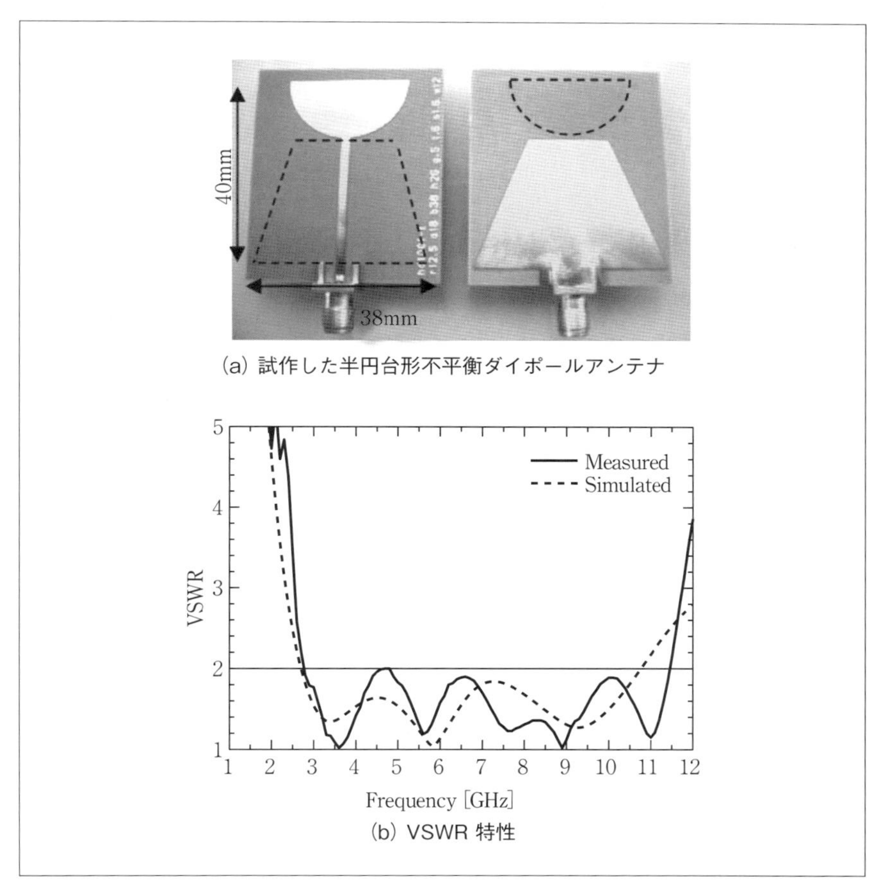

〔図 18.1〕半円台形不平衡ダイポールアンテナ

アンテナのVSWR特性のみならず、自動車内における電磁界分布や電波伝搬を考慮した総合的な視点からのアンテナ実装が重要であることがわかる。

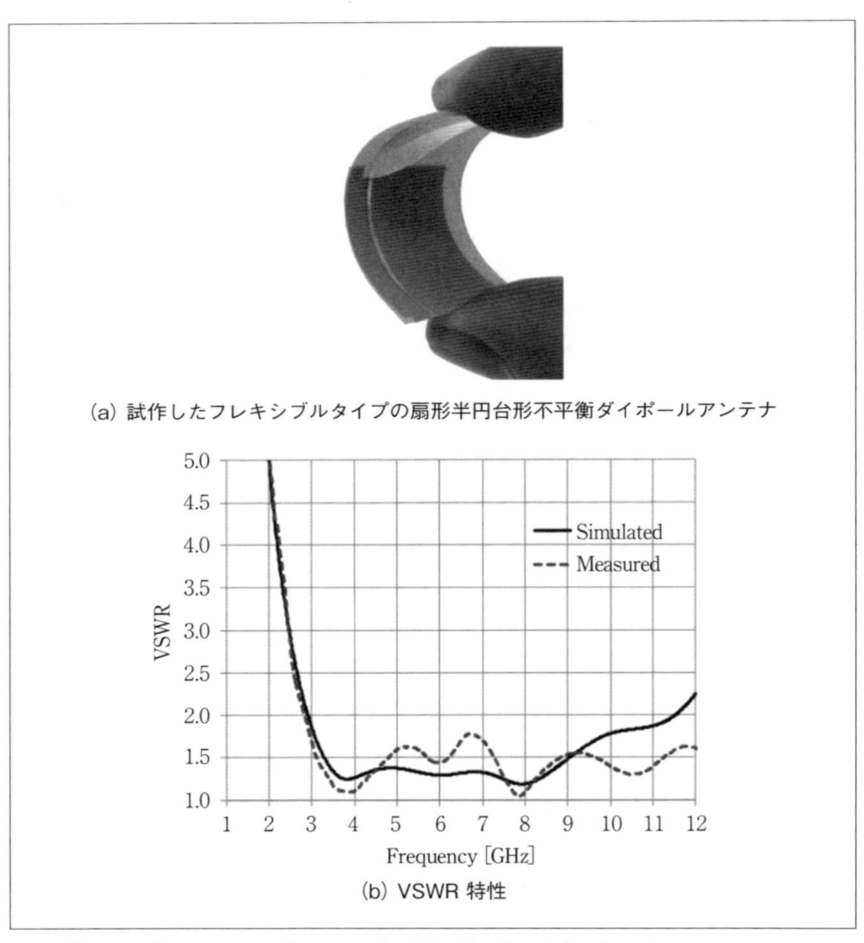

(a) 試作したフレキシブルタイプの扇形半円台形不平衡ダイポールアンテナ

(b) VSWR特性

〔図18.2〕フレキシブルタイプの扇形台形不平衡ダイポールアンテナ

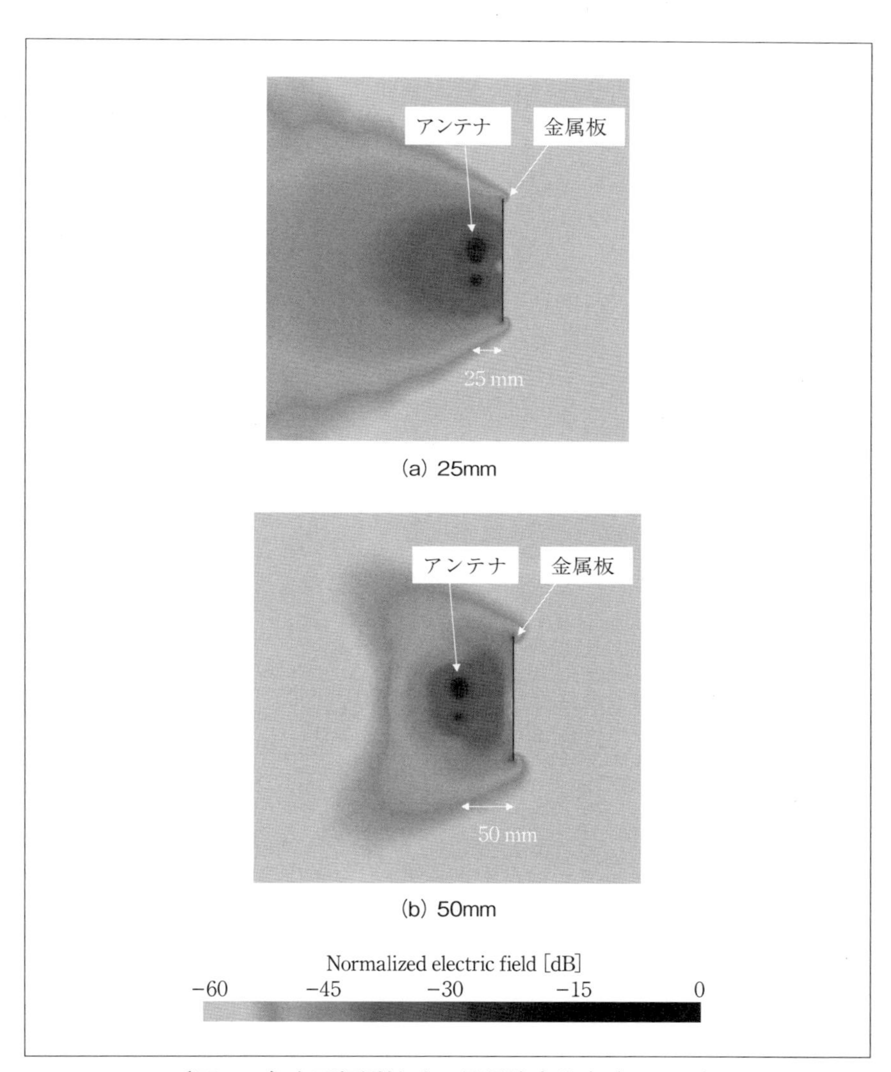

〔図 18.3〕金属板近接時の電界強度分布（3.1GHz）

3．ワイヤレス電力伝送技術

近年、プラグインハイブリッド電気自動車や電気自動車が普及しつつある。これらの電気自動車への給電・充電は、一般に、電源プラグを接続することで行われる。この電源プラグを接続したり、切り離したりする作業は、自動車ユーザにとっては、煩わしい作業であり、ユーザビリティを低下させており、改善が望まれている。

こうした背景から、自動車システムへの電気エネルギーの給電・充電技術として、ケーブル接続が不要なワイヤレス電力伝送技術に注目が集まっている。

ワイヤレス電力伝送技術には、従来から利用されているごく近接した距離で行う「電磁誘導方式」や、磁界または電界の共振結合を利用した「電磁界共振結合方式」、放射電磁界を利用する「電波方式」がある[9]。特に、「電磁界共振結合方式」は、電磁誘導と同様に高効率で、かつ、電磁誘導よりも伝送距離の拡大が可能なことから、様々な研究機関で研究がなされている[10),11]。

また、電磁界共振結合方式においては、伝送距離のさらなる遠距離化の方法として、無給電中継コイルを送受信コイルと同一の平面上にアレー状に配置する方法が提案されている[12]。自動車システムにおいても、駐車位置のずれ、すなわち、送受信コイル間の軸ずれなどの際に、無給電中継コイルを同一平面にアレー状に配置することにより、エネルギー伝送エリアが拡大され、有効と考えられる。

しかしながら、これらの中継コイルを平面に配置する場合、励振コイルと中継用無給電コイルに誘導される電磁界の位相などが異なることにより、受信コイルへの伝送特性が影響を受ける[13]。

ここでは、円形コイルアレーと、円形コイルアレーと同一面積で構成される単一の楕円形コイルによる電力伝送の比較について述べる[14]。

図 18.4 は、それぞれ、(a) 1 つの励振円形コイルと 2 つの無給電円形コイルを用いた円形コイルアレーによる電力伝送モデル、(b) 円形コイルアレーと同一面積で構成される単一の楕円形コイルによる電力伝送モデルである。図 18.5 は、図 18.4 において、送信コイルと受信コイルと

の間の距離を d=50 mm に固定し、受信コイルを y=0 mm ～ 220 mm と変化させたときの伝送特性 $|S_{21}|$ である。

図 18.5 からわかるとおり、円形コイルアレーの場合、伝送特性が良好となる周波数帯は、64 ～ 71.5 MHz と幅があり、伝送特性の変化も大

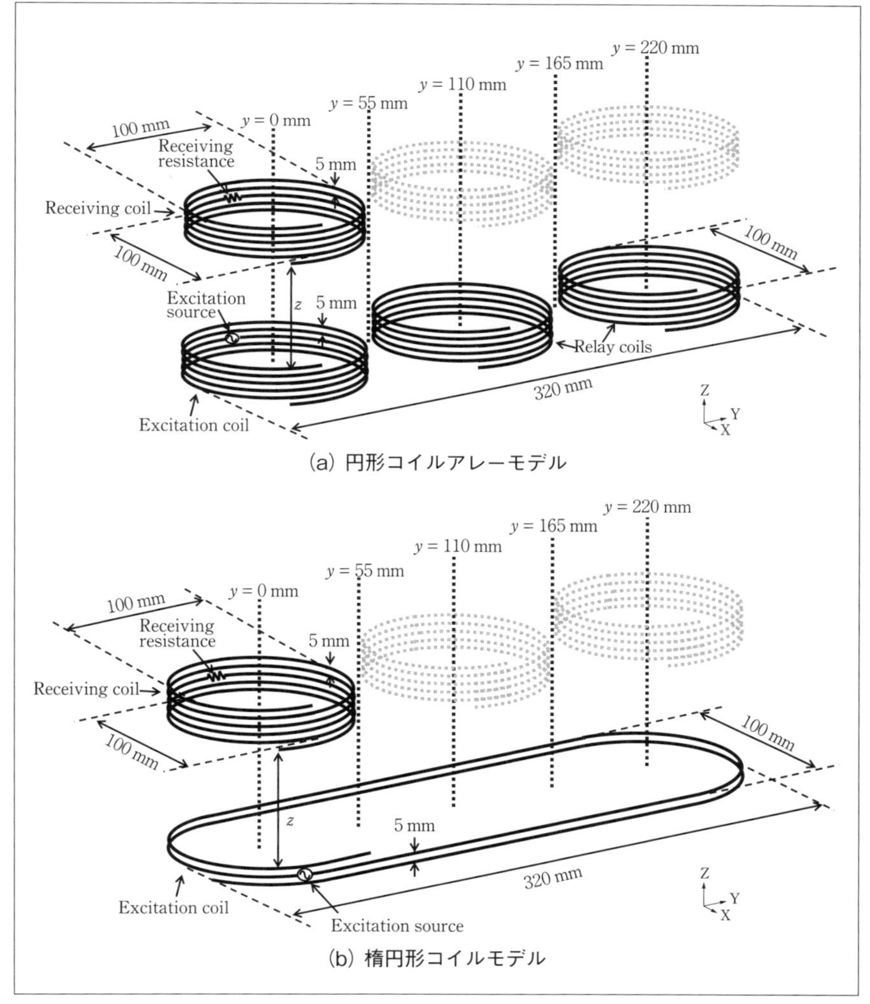

〔図 18.4〕ワイヤレス電力伝送モデル

きい。一方、楕円形コイルの場合には、伝送特性が最も良好となる周波数は 67 MHz 一定であり、y=0～220 mm の範囲では、伝送特性も、$|S_{21}|$=0.88～0.91 と安定している。

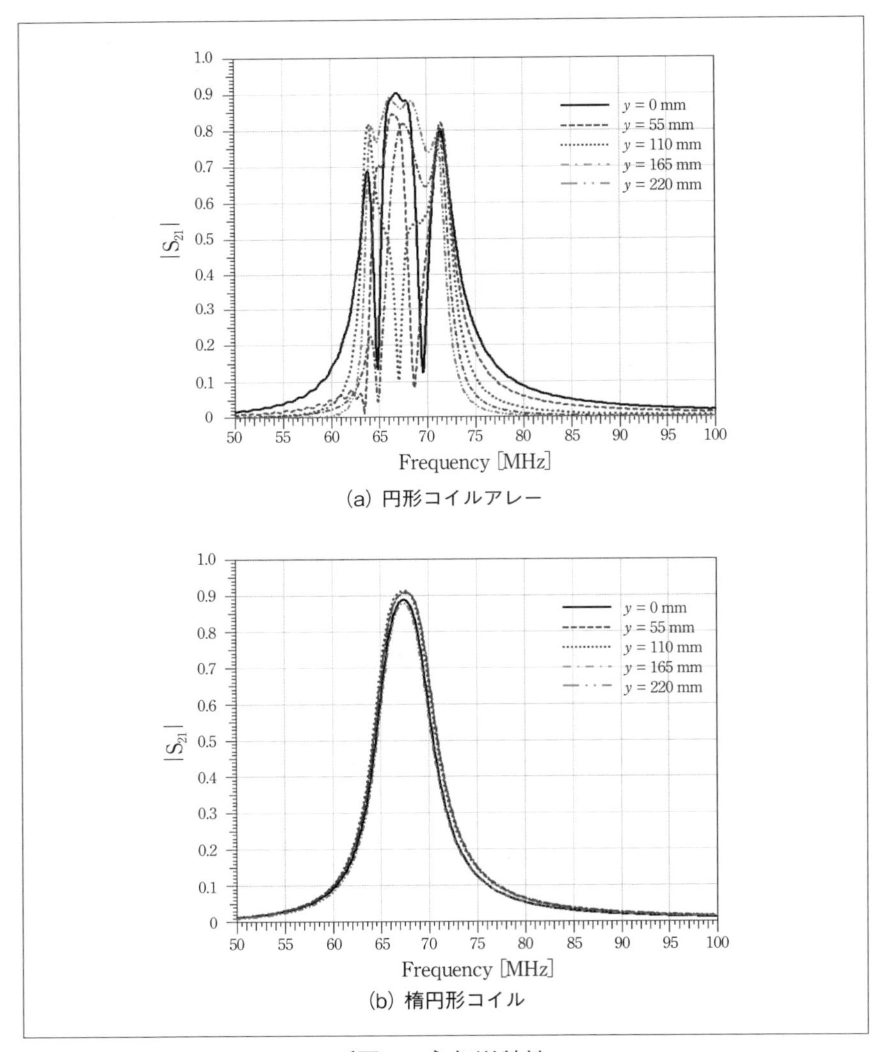

(a) 円形コイルアレー

(b) 楕円形コイル

〔図 18.5〕伝送特性

図 18.6 は、一例として、図 18.4 に示すモデルにおける 67 MHz の磁界分布をベクトル表示したものであり、(a) 円形コイルアレーを励振コイルとした場合（図 18.5 (a)）、(b) 円形コイルアレーと同一面積で構成される単一の楕円形コイルを励振した場合（図 18.5 (b)）のものである。受信コイルの位置は、*y*=0 mm としている。

図 18.6 (a) からわかるとおり、磁界ベクトルは、*y*=0 mm に配置されている励振円形コイルには、z 軸の負側から正側へ、*y*=220 mm に配置されている無給電中継コイルには、z 軸の正側から負側へと向いており、

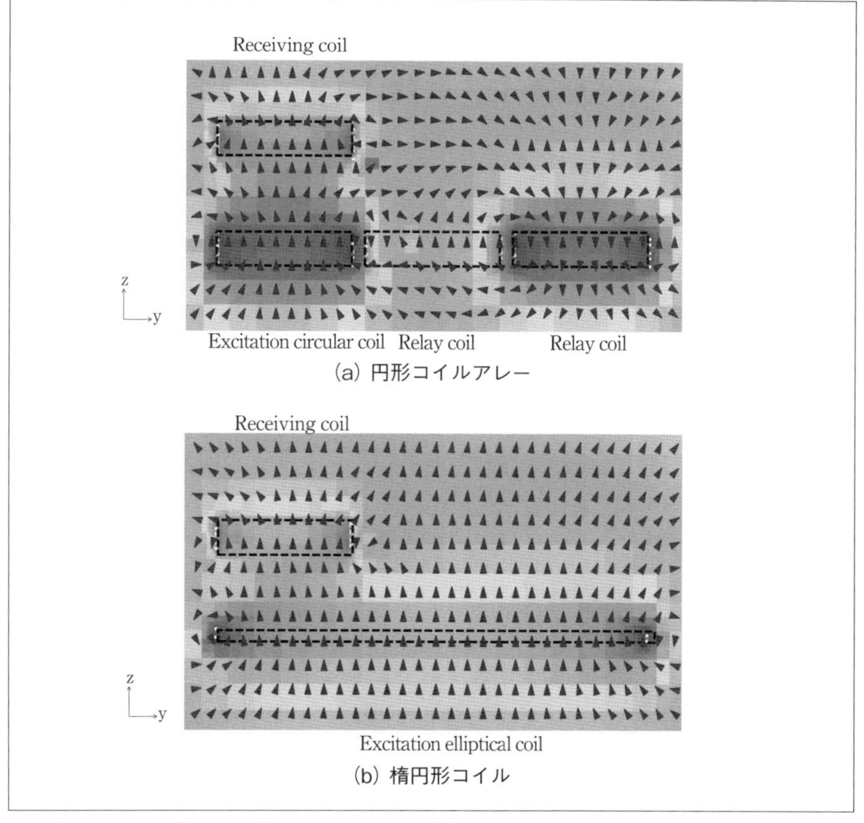

〔図 18.6〕ワイヤレス電力伝送における磁界分布

両者の位相は逆相であることがわかる。そのため、両者の中間に位置する *y*=110 mm に配置されている無給電中継コイルでは、両者のベクトルが打ち消しあう状態となり、ほとんど励振されない。さらに、受信コイルが *y*=110 mm となる位置では、磁界ベクトルは水平（y 軸方向）であり、受信コイルには、磁束はほとんど鎖交しない。

一方、円形コイルアレーと同一面積で構成される単一の楕円形コイルを励振コイルとした場合には、図 18.6（b）に示すとおり、楕円形コイル上のどの位置でも、磁界ベクトルは z 軸の負側から正側の同じ向き（同相）となっており、受信コイルが *y*=0 ～ 220 mm のどの位置にあっても磁界ベクトルは良好に鎖交することがわかる。そのため、受信コイルの位置に依存せず、良好な伝送特性が得られる。

以上の結果は、円形アレーと同一面積で構成される単一の楕円形コイルによって、受信コイルの場所に依存しない安定した電力伝送が可能であることを示しており、自動車システムへのワイヤレス電力伝送においても有効と考えられる。

4．人体通信技術

近年、運転者の心拍、体温、血圧などの生体情報をウェアラブルセンサでモニタリングすることで、運転者の状態・状況を把握し、運転者に提示する運転支援技術に注目が集まっている[15),16)]。本技術を実現するためには、自動車内において、ウェアラブルセンサと自動車システムとを接続する通信ネットワークが必要不可欠となる。ここで、人体周辺通信技術に着目すると、ボディエリア通信の有力な通信手段のひとつに、人体を伝送路として利用する人体通信があげられる[17)]。

ここでは、自動車内における安定通信と低消費電力を実現する通信技術として、人体通信を自動車内に適用し、運転者の前腕に装着されたウェアラブル機器と、ハンドルに搭載した受信機の間の伝送特性および電界強度分布について述べる。

図 18.7 は、自動車内における人体通信を検討する電磁界解析モデルであり、（a）電磁界解析モデル全体図、（b）人体モデル、（c）ウェアラ

ブル送信機モデル、(d) 受信電極モデルを示している。同図 (a) に示すとおり、オープンカータイプの自動車モデルを利用する。また、同図 (b) に示す人体モデルは、U.S. National Library of Medicine (NLM) より提供された西洋人男性の平均的な体形を有する全身モデル[18]を、姿勢変形

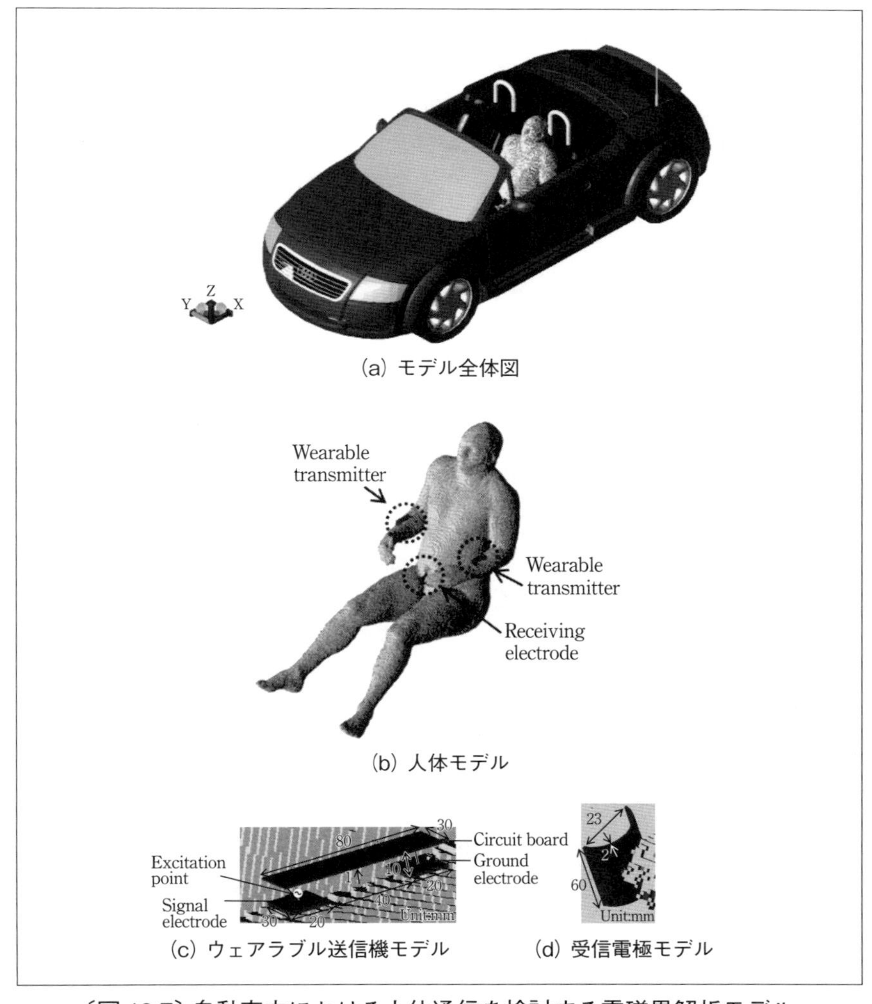

(a) モデル全体図

(b) 人体モデル

(c) ウェアラブル送信機モデル　(d) 受信電極モデル

〔図 18.7〕自動車内における人体通信を検討する電磁界解析モデル

ソフトウェア（VariPose, Remcom, Inc.）[19]により、運転席に座りハンドルを握る自動車運転時の一般的な姿勢へと姿勢変形したものである。人体の各生体組織の電気特性は、文献20、21）に基づいている。

また、同図（c）に示すとおり、ウェアラブル送信機は、信号電極、グラウンド電極、回路基板で構成され、信号電極とグラウンド電極の両電極は、人体表面に接触している。信号電極と回路基板の間に50 Ωの内部インピーダンスを有する励振源が挿入されている。

同図（d）に、ハンドル表面に配置する受信電極を示す。受信電極は人体モデルの左手が接触するハンドル部分に配置されており、受信電極と金属のハンドルの間には、受信機入力抵抗を模擬した50 Ωの抵抗が挿入されている。

なお、電磁界解析には、Finite Difference Time Domain（FDTD）法（XFdtd, Remcom,Inc.）[22]を用いている。ここでは、Industry–Science–Medical（ISM）バンドのひとつである13.56 MHzの利用を想定し、周波数10 MHzにて検討を行っている。

表18.1は、左右前腕にそれぞれ装着されたウェアラブル送信機と左手が接触するハンドル表面に配置された受信電極間の10 MHzにおける伝送特性S_{21}を示したものである。

表18.1からわかるとおり、左前腕に装着されたウェアラブル送信機とハンドル受信電極間の伝送特性はS_{21}=−31.3 dBであり、右前腕に装着されたウェアラブル送信機とハンドル受信電極間の伝送特性はS_{21}=−62.5 dBである。受信電極は、左手が接触するハンドル部分に配置されているため、伝送経路が短い左前腕－左手ハンドル間の方が良好な伝送特性を示している。一方、右前腕－胴体－左手ハンドル間のように伝送経路が長距離であっても、−70 dB以上の良好な伝送特性が得られる。

図18.8は、図18.7に示す電磁界解析モデルにおける電界強度分布を

〔表18.1〕ウェアラブル機器と受信電極間の伝送特性

Transmission path	Transmission characteristiccs S_{21} [dB]
Left foream－Left hand	−31.3
Right foream－Left hand	−62.5

示したものであり、ウェアラブル送信機を装着した腕部をとおるxy面における電界強度分布を示している。同図(a)は、左前腕に装着したウェアラブル送信機を励振した場合、同図(b)は、右前腕装着時に装着したウェアラブル送信機を励振した場合の電界強度分布である。図18.8(a)、(b)は、どちらも同一の電界強度を基準として表示している。

同図からわかるとおり、自動車内であっても、ウェアラブル送信機近傍から人体周囲にかけて強い電界強度分布となり、良好な伝送特性を実現できることが確認できる。また、人体周囲に電界分布が集中しているが、通信そのものは微弱な電力によって行われるため、生体の電磁波の比吸収率(SAR、Specific Absorption Rate)は小さいと考えられる[23]。

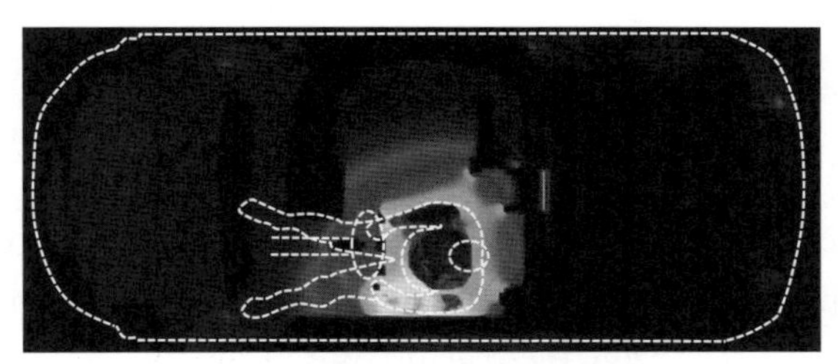

(a) ウェアラブル送信機を左前腕に装着した場合

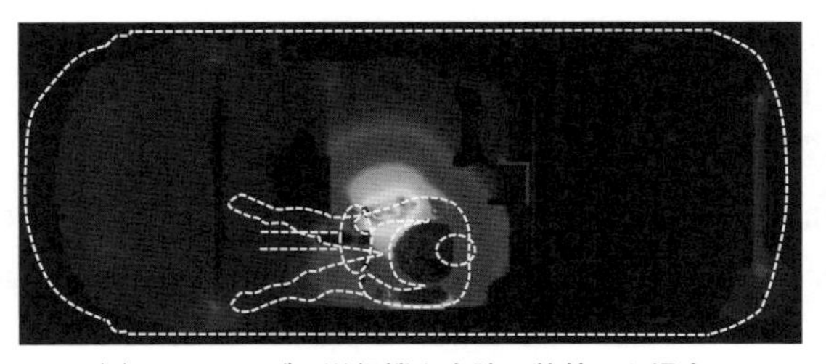

(b) ウェアラブル送信機を右腕に装着した場合

Normalized electric field[dB]
-70 -60 -50 -40 -30 -20 -10 0

〔図18.8〕電界強度分布

5. まとめ

近年、自動車システムにおいて、走行性や操作性などの運転性能のみならず、運転者の安全性や快適性、二酸化炭素や窒素酸化物排出量などの環境性能、さらには、自動車システム全体の信頼性など、ユーザニーズや社会的要求にあわせて、自動車の高機能化や高性能化が加速している。また、これらの自動車における高機能化や高性能化、高信頼性化は、自動車システムのエレクトロニクス化によって急速に進んでいる。本稿では、特に、自動車システムにおけるコアエレクトロニクス技術のひとつである、「電磁界インターフェース」に着目し、Ultra–Wideband (UWB) アンテナ、ミリ波アンテナに代表されるアンテナ技術や、電気自動車への非接触充電を可能とするワイヤレス電力伝送技術、自動車内における人体を介した通信ネットワークの構築が可能な人体通信技術について述べた。

参考文献

1) First Report and Order – FCC（https: //www.fcc.gov/Bureaus/Engineering_Technology/Orders/2002/fcc02048. pdf）
2) 高橋慶、青柳靖、“26 GHz 帯車載 UWB（Ultra Wide–Band レーダの開発”、古河電工時報、第 125 号、pp.1–6, February 2010.
3) 小松真奈、山本隆彦、越地耕二、“左手系導波管を用いたミリ波帯スロットアレーアンテナの基礎検討”、第 26 回エレクトロニクス実装学会春季講演大会論文集、pp 347–349、March 2013.
4) D. Porcino, W. Hirt, Ultra–wideband radio technology:potential and challenges ahead, IEEE Communication Magazine, vol.41, no.7, pp.66–74, 2003.
5) 松村正文、中川英之、宮坂敏樹、次世代ワイヤレス通信技術（UWB）への挑戦、東芝レビュー、Vol.60、No.5、pp.36–39、2005.
6) 木下泰三、“ワイヤレス M2M と自動車市場への適用”、新世代 M2M コンソーシアム公開シンポジウム in ワイヤレスジャパン 2014、M2–1–1、May 2014.

7) 越地福朗、江口俊哉、佐藤幸一、越地耕二、“UWB用半円台形不平衡ダイポールアンテナの提案と検討”、エレクトロニクス実装学会誌、Vol.10、No.3、pp.200–pp.210、May 2007.
8) K. Hiraguri, F. Koshiji、K Koshiji: “A Flexible Broadband Antenna with Fan-Shaped and Trapezoidal Elements formed on Printed Circuit Board for Ultra-Wideband Radio” , International Conference on Electronics Packaging 2014（ICEP 2014）, pp.807–810, Toyama, Japan, April 2014.
9) 庄木裕樹、“ワイヤレス電力伝送の技術動向・課題と実用化に向けた取り組み”、電子情報通信学会技術研究報告、WPT2010-07、pp.19–24、July 2010.
10) 居村岳広、堀洋一、“電磁界共振結合による伝送技術”、電気学会誌、Vol. 129、No. 7、pp.414-417、2009.
11) 今野宗一郎、山本隆彦、越地耕二、“電磁界共鳴を用いたワイヤレス電力伝送の検討”、エレクトロニクス実装学会第21回マイクロエレクトロニクスシンポジウム（MES2011）論文集、pp.225-228、Osaka、September 2011.
12) 西村太、安倍秀明、“磁気共鳴型ワイヤレス電力伝送コイルのアレー化に関する一検討”、2010年電子情報通信学会ソサイエティ大会、B–1–5,Osaka、Japan、September 2010.
13) 堀米滉平、越地福朗、越地耕二、“励振コイルとして円形コイルアレーと楕円形コイルを用いた場合のワイヤレス電力伝送の比較”、第23回マイクロエレクトロニクスシンポジウム論文集、1C2–3、pp.105–108、Osaka、Japan、September 2013.
14) 堀米滉平、越地福朗、越地耕二、“励振コイルとして楕円形コイルと円形コイルアレーを用いたワイヤレス電力伝送における磁界分布の比較”、第28回エレクトロニクス実装学会春季講演大会講演論文集、Tokyo、Japan、March 2014.
15) 三角育生、長谷川将之、佐々木健、保坂寛、板生清、橋本芳信、有光知理、中川剛、河内泰司、" 自動車運転者の疲労センシングのための携帯型評価システムの構築手法に関する研究 "、マイクロメカトロニクス、Vol.47、No.2、pp.1–10、June 2003.
16）中野泰彦、宮川あゆ、佐野聡、"ドライバの覚醒度検知技術"、FUJITSU、Vol.54、No.4、pp.416–420、July 2008.
17）K. Sasaki, F.Koshiji, S. Takenaka, "IntrabodyCommunication Using Contact Electrodes in Low–Frequency Bands", CRC Press, Taylor and Francis, "Healthcare Sensor Networks – Challenges toward Practical Application", ISBN–13: 978-1439821817, Chaper 3, pp.51–73, September 2011.
18）M. J.Ackerman, "The Visible Human Project", Proceedings of the IEEE, Vol.86 No.3, pp.504-511, Mar 1998.
19）Biological Mesh Repositioning Software – VariPose – Remcom（http://www.remcom.com/varipose）
20）S. Gabriel, et al., "The dielectric properties of biological tissues: II. Measurements in the frequency range 10 Hz to 20 GHz", Phys.Med.Biol. 41, pp.2251–2269,1996.
21）International Federation of Automatic Control（IFAC）website（http://niremf.ifac.cnr.it/tissprop/）.
22）3D EM Simulation – FDTD Simulation Software XFdtd –Remcom（http://www.remcom.com/xf7）
23）村松大陸、越地福朗、越地耕二、佐々木健、“詳細人体モデルによる人体通信機器の入力特性および生体暴露に関する検討”、生活生命支援医療福祉工学系学会連合大会2011（ABML2011）論文集、O1–1,156、pp.1–3、Tokyo、Japan、November 2011.

第19章
車車間・路車間通信

名古屋大学教養教育院　山里 敬也

1. はじめに

自動運転の研究開発は、1960 年代から始まっており、その度に話題に上ってきた。Google による自動運転プロジェクトに触発されたことが原因と思うが、現在、自動運転に関する話題がマスコミを賑わしている。我が国の自動運転研究開発の第一人者である津川定之氏によると、現在のブームは第 4 期であり、ここに来てようやく実用化を目指した技術の検証が始まっている状況であり、加えて、各国政府も自動運転車を睨んだ政策・規制の立案に着手しつつある[1)]。また、自動車メーカー 2025 年以降の自動運転車のリリースを発表するなど、自動運転はまさにホットトピックと言っても過言で無い。

現在、検討されている自動運転車の多くは自律走行車である。具体的には、車輛に搭載されたレーダ、LIDAR（Light Detection and Ranging）、車載カメラ、超音波センサなどを用いて車輛周辺の詳細な 3 次元地図を作成し、この地図情報と予め車輛に持ち合わせている情報および GPS 等で得られる外部情報からコンピュータが総合的に解析し、ハンドル、アクセル、ブレーキなどの運転に必要となる動作を行う仕組みである[2)]。自律走行車は、特段のインフラ設備も必要としない、つまり、自動車メーカの努力で実現できる可能性がある。また、ディープラーニングなどの高度な画像認識技術、人工知能（AI）など自動運転に必須の演算・処理も、コンピュータの計算能力が飛躍的に増加した現在では、実用レベルで利用できる状況にある。このことも自律走行車の実用化に向けた研究開発を促進させている理由と考えられる。

一方で、今後の自動運転車の動向に目を向けると、自律走行車を基礎にしつつも、路車・車車間通信を活用することで道路インフラおよび周辺車輛と常時情報交換を行いながら走行する、いわゆる「つながる車（コネクテッドカー）」が注目される[3)]。とりわけ、その基盤となる路車・車車間通信については、実用に耐えるシステム運用が始まったばかりであり、自動運転車を見据えた今後の動向に注目が集まっている[4)]。

道路インフラから車輛に対し情報伝送を行う路車間通信システムは、道路側の漏洩同軸ケーブルを用いてカーラジオ（AM 波）で伝送する路側放送に始まり、VICS（Vehicle Information and Communication Systems）、そして5.8 GHz帯DSRCによるITSスポットとして進展している。また、有料道路における料金自動収受システム（ETC : Electronic Toll Collection）も路車間通信システムである。さらに、警察庁のITSプロジェクトによって設置された光ビーコンによるUMTS（Universal Traffic Management System）も路車間通信による交通情報を提供している[5)]。

車車間通信システムとしては、700 MHz帯高度道路交通システム（ARIB STD- T109）がある。このシステムで利用する周波数帯は、もともとアナログTV放送で使用していた周波数帯である。それまでも、5.8 GHz帯狭域通信（DSRC）システムを用いて車車間通信を行うことができたが、5.8 GHz帯は、電波の直進性が強く、ビル影、大型車の後方等の見通し外には、電波が回り込みにくい。このため、ビルや壁に囲まれた交差点等の見通し外での利用に適さないとの指摘があった。そこで、700MHz帯をITSに利用する案が検討され、2011年12月には総務省から認可された[4)]。

本稿では、我が国における路車・車車間通信について解説する。とりわけ、現行の路車・車車間通信システムである700 MHz帯高度道路交通システム（ARIB STD-T109）を取り上げ、その概要を紹介する。

700 MHz帯高度道路交通システム（ARIB STD-T109）は、当初（2007年）は車車間通信システムとして検討が始まったが、その後、2009年には車車間・路車間共用方式として検討され、2012年の完全デジタルTVの移行の年にARIB STD-T109として標準化されている。この方式の特徴としては、単一周波数帯の共用による車車・路車共用通信方式がある。本稿では、この概説を中心に述べていく。

本稿は次のように構成される。まず第2節ではITSと関連する無線通信技術の略史について述べる。容易に想像できることであるが、無線通信技術の進展に歩調を合わせるように自動車向け無線通信技術も進展している。とりわけ、携帯電話の普及に伴う技術の進展、各種デバイスの小型・省電力化は大きいと考える。また、自動運転技術も無線通信技術の進展に呼応する形で発展しており、興味深い。第3節では現行の路車・

車車間通信システムである700 MHz帯高度道路交通システム（ARIB STD-T109）について概説する。第4節では、未来のITSとそれを支える無線通信技術、とりわけ未来の自動運転車である「つながる車」について筆者の愚考を述べる。最後に第5節でまとめる。

2. ITSと関連する無線通信技術の略史

無線通信方式は移動体を相手とする通信手段としてほとんど唯一のものであり[6]、無線通信技術の進展、とりわけ無線装置の小型化・省電力化にあわせて移動体のサイズも船舶から、列車、自動車へと進んでいる。とりわけ自動車については、携帯電話、無線LANの普及に歩調を合わせるようにして発展してきている。

図19.1に無線通信技術の略史を示す[7)-9)]。図19.1の左に研究史、右に携帯電話を初めとする無線通信システムの開発史を載せる。いずれも著者の独断と偏見で選んだものであることをご了承いただきたい。

ところで、ご存じの無い方も多いかも知れないが、実は、ITS（Intelligent Transport Systems）は1994年に日本が提案し、採用された技術用語である。情報通信技術（ICT）を活用することで自動車交通問題を解決し、道路利用者の利便性と快適性を提供すると共に省エネルギー化と環境負荷低減を目的としている[3]。ITSは自動車交通だけでなく陸海空における交通運輸を対象としているシステムでもあり、ヨーロッパではそのような認識が強い。

無線通信による最初の実用電信の発信は旅客船タイタニック号からである。1912年に世界で初めてSOS信号を発信したとして知られている。その後、1918年には列車へ、そして、1928年に最初の自動車向けの無線通信システムとなる、デトロイト警察による一方向無線装置が登場する。自動車向けの無線通信システムは、1980年代になって初めて登場する。興味深いのは、1979年にアナログセルラ電話のサービスインに呼応するかのように自動車向けの無線通信システムの導入が始まった点である。

2－1　路車間通信システムとナビゲーションシステム

図19.2に我が国におけるITSと関連する無線通信技術の略史を示す[3),10)]。

〔図 19.1〕無線通信技術の略史

ITS を支える通信技術としては、信号制御システム、GPS を含むカーナビゲーションシステム、路側放送、道路交通情報通信システム（VICS）、自動料金収受（ETC）など多数あるが、ここでは、路車間通信システムとナビゲーションシステムについて述べる。

路車間通信としては、漏洩同軸を用いた路側放送、道路交通情報通信システム（VICS）、自動料金収受（ETC）で用いられている境域通信（DSRC）システムがある。ここで、路車間通信とは、車両とインフラ設

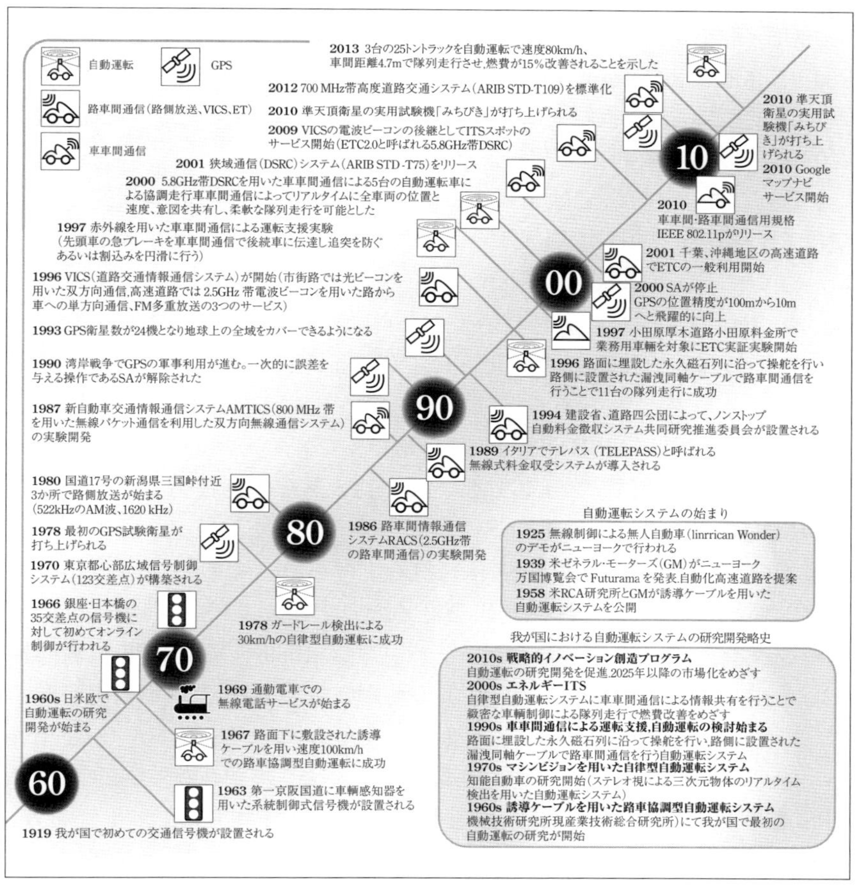

〔図 19.2〕ITS と関連する無線通信技術の略史

備（路側機等）との無線通信により、車両がインフラからの情報（信号情報、規制情報、道路情報等）を入手し、必要に応じて運転者に安全運転支援を行うシステムである。

路側放送は1980年に国道17号線、三国峠付近で行われたのが最初である。当初は522 kHzのAM波であったが、その後1,620 kHz（一部例外的に1,629 kHz）に統一されている。

道路交通情報通信システム（VICS）は、1985年に警察庁が始めたAMTICS（Advanced Mobile Traffic Information and Communication System, 800 MHz帯を用いた無線パケット通信）および建設省が始めたRACS（Road/Automobile Communication System, 2.5 GHz帯の路車間通信システム）が統合されてできたシステムであり､1996年からサービスを開始し、2003年には全国で利用できるようになっている。

VICSには、市街路では光ビーコンを用いた双方向通信、高速道路上では2.5 GHz帯を用いた電波ビーコンを用いた単方向・路車間通信がある。さらにFM多重放送もある。

1990年代の半ばから検討が始まった自動料金収受（ETC）は、2001年には全国の高速道路料金所でサービスが始まり、現在では9割以上の利用率を誇るシステムである。このシステムには5.8 GHz帯の狭域通信（DSRC）システム（ARIB STD-T75）が用いられている。

以上の路車間通信システムに加えて、ITS無線通信技術として重要なものにGPS（Global Positioning System）がある。

最初のGPS試験衛星は1978年に打ち上げられ、その後、1983年にレーガン大統領がGPSの民生利用を認めたことからGPSを利用したナビゲーションシステムの検討がスタートした。1989年にはGPS試験衛星（Block-II）が打ち上げられ、1990年の湾岸戦争でGPSの軍事利用が進んだ。なお、このときに一次的に誤差を与える操作であるSA（Selective Availability）が解除され、測位誤差が飛躍的に改善された。1993年にはGPS衛星数が24機となり地球上の全域をカバーできるようになり、1996年には、クリントン大統領がGPSの軍用にも民生用にも利用することを宣言、2000年にはSAが停止。精度が100 mから10 mへ改善している。なお、2010年には準天頂衛星の実用試験機「みちびき」が打ち上げられている。

蛇足であるが、カーナビゲーションシステムの歴史はGPSの民政利用より早く、1981年にはホンダがジャイロ式カーナビ、「ホンダ・エレクトロ・ジャイロケータ」を発売している。また、1987年にはトヨタが目的地までの経路を指示するカーナビを発表している。GPSを利用したカーナビはマツダが三菱電機と共同開発し、ユーノス・コスモに搭載したものが最初である。さらに携帯電話の普及に伴い、1997年にはホンダがナビゲーションシステムとインターネットを融合させたインターナビサービスを発表していて、2003年にはインターナビ搭載車両から収集した交通情報を共有できるようにした。さらに、2010年にはGoogleがGoogleマップナビのサービスを開始している。

ETCとGPSを用いたカーナビゲーションシステムは最も普及しているITS関連システムである。

2－2　車車間通信システム

車車間通信とは、車両同士の無線通信により周囲の車両の情報（位置、速度、車両制御情報等）を入手し、必要に応じて運転者に安全運転支援を行うシステムである。車車間通信システムについては、1981年に自動車走行電子技術協会（現日本自動車研究所）が検討を始めていて、1990年代には、携帯電話の普及に呼応するかのように車車間通信による運転支援、自動運転の検討が始まっている。また、1997年には赤外線を用いた車車間通信による運転支援実験（先頭車の急ブレーキを車車間通信で後続車に伝達し追突を防ぐ、あるいは割込みを円滑に行うなど）の検討が始まり、2000年には5.8 GHz帯DSRCを用いた車車間通信による5台の自動運転車による協調走行実験が行われている。車車間通信によってリアルタイムにすべての車の位置と速度、意図を共有し、柔軟なプラトゥーン走行を可能とするなど、車車間通信の有用性を示している[3)]。

一方で、5.8 GHz帯は、電波の直進性が強く、ビル影、大型車の後方等の見通し外には、電波が回り込みにくい。このため、ビルや壁に囲まれた交差点等の見通し外での利用に適さないとの指摘があった。幸運にも、アナログTV放送で使用していた700 MHz帯の有効活用が議論されていたこともあり、これをITSに利用する案が検討され、2011年12月には総務省から認可された。そして、2012年には700 MHz帯高度道路交通システム（ARIB STD-T109）として標準化されている。この方式は車車間通信用の無線LAN規格であるIEEE 802.11pをベースにしている。

IEEE 802.11pは2004年にTask Groupが設置され、その後、2010年にリリースされている。このシステムはWAVE（Wireless for the Vehicular Environment）とも呼ばれ、米国および欧州で採用されている[4)]。

２－３　自動運転システムの研究開発略史

図19.2には我が国における自動運転システムの研究開発略史も載せてある[1),3),11)]。

自動運転システムは1939年のニューヨーク万国博覧会で米GMが発表したFuturamaで提案されているが、無線制御による無人自動車（driverless car）は1925年にニューヨークにてデモが行われている[3)]。本格的な研究開発は1950年台の終わりから米国で始まり、最初の自動運転システムは1958年に米RCA研究所とGMが公開した誘導ケーブルを用いて実現した。

我が国においても、1960年代には通商産業省（当時）機械技術研究所（現産業技術総合研究所）にて自動運転の研究が始まり、1967年には路面下に敷設された誘導ケーブルを用い速度100 km/hでの路車協調型自動運転に成功している（第一期）。

また、1970年代には現在の自律走行車の原形とも言える、マシンビジョンを用いた自律型自動運転システム（ステレオ視による三次元物体のリアルタイム検出を用いた知能自動車と呼ぶ自動運転システム）の検討が機械技術研究所にて始まり、1978年にはガードレール検出による30 km/hの自律型自動運転に成功している（第二期）。

さらに、1995年には建設省にて路車協調型の自動運転道路システムAHS（Automated Highway System）の開発が始まり、路面に埋設した永久磁石列に沿って操舵を行い、また、路側に設置された漏洩同軸ケーブルを用いた路車間通信により11台の隊列（プラトゥーン）走行に成功している（第三期）。

2008年からは、経済産業省と新エネルギー・産業技術総合開発機構（NEDO）によるエネルギーITSが始まる。エネルギーITSでは、車両左側のレーンマーカを検出して操舵制御を行い、ミリ波レーダとレーザスキャナで車間距離を測定し、さらに5.8 MHz帯DSRCと赤外線を用いた2種の車車間通信で情報共有して速度・車間距離制御による自動運転の実証実験を行った。2013年には3台の25トントラックを自動運転で速度80 km/h、車間距離4.7 mでプラトゥーン走行させ、燃費が15%改善されることを示している。なお、同年には内閣府による戦略的イノベーション創造プログラム（SIP：Strategic Innovation promotion Program）も始まり、自動運転の研究開発を促進、2025年以降の市場化を目指している（第四期）。

3．700 MHz帯高度道路交通システム（ARIB STD-T109）

これまで述べてきたように、700 MHz帯高度道路交通システム（ARIB STD-T109）は、700 MHz帯の9 MHz幅を1チャネルで運用するシステムである[4),12),13)]。700 MHz帯を用いるため、電波の回り込みが期待でき、ビル影、大型車後方等の見通し外を含めた広範囲で利用可能である。特に、見通し外の交差点における出会い頭衝突事故の防止を目指した安全運転支援システムの実現には適した周波数帯である。

一方で、700 MHz帯を車車間通信システムに利用するのは日本のみであり、米国と欧州は5.9 GHz帯を利用する。なお、日本、米国、欧州のいずれの車車間通信システムの規格も物理層は同じであり、IEEE 802.11pに準拠している。

表19.1および表19.2に700 MHz帯高度道路交通システム（ARIB STD-T109）の通信要件と無線システムの概要を示す。

700 MHz帯高度道路交通システムは、700 MHz帯を利用することに加えて、単一周波数帯による車車・路車共用通信方式である点に特徴がある。具体的には、割り当てられた単一の伝送チャネル（700 MHz帯の周波数）を用いて、同一エリアにおいて車々間通信と路車間通信の同時通信成立を可能とするため、車々間通信と路車間通信を時分割によって共用する無線アクセス方式を採用している。

図19.3に時分割による車々間・路車間共用通信制御を示す。図に示すように、路側機から送信する路車間通信フレームと車輌から送信する車車間通信フレームとを時分割によって共用する。ここで、基準となる時刻は基地局においてGPS等の信号を基に生成し、さらに、通信エリア内の路側機および各車載器がタイミングを共用できるように、路側機から送信される全てのパケットにフレーム情報（Frame Information: FI）が付加され、これをエリア内の車輌で共有する。こうすることで、路側機および各車載器がパケット送信できるタイミングを制御し、路車・車車の干渉を回避する。

なお、車載器送信時間において、各車載器はCSMA/CAに基づく送信制御を行う。また、路側機送信時間および車載器送信時間は路側機が決めることから、路側機に優先権を与えている（路車間通信が優先）システムでもある。

〔表19.1〕700MHz帯高度道路交通システムの通信要件

	路車間通信（V2I）	車車間通信（V2V）
通信内容	車輌情報、歩行者・自転車情報、信号情報、道路形状など	車輌情報（車輌ID、位置、速度、進行方向、制御情報など）
通信距離	追突防止：見通し内170m 信号見落とし防止：見通し内230m	右折衝突防止：見通し内100m 一時停止支援：見通し外10m（+60m）
通信品質	車輌が5m走行する間にパケットが正しく受信できる確率が99%以上	車輌が5/10/15m走行する間にパケットが正しく受信できる確率が95%以上
通信頻度	100ms周期	
送信端末数	数台～10台程度 （通信エリアに存在する路側基数）	数百台程度 （通信エリアに存在する車輌）

〔表19.2〕700MHz帯高度道路交通システム（ARIB STD-T109）の概要

無線周波数	700MHz帯の単一周波数帯	
通信方式	同報通信方式（ブロードキャスト）	
変調方式	直交周波数分割多重（OFDM）	IEEE802.11pをベースとした方式
データ伝送速度	最大18Mbps	
アクセス方式	CSMA/CA	

また、複数の隣接路側機の送信タイミングも時分割によって制御している。具体的には図 19.4 に示すように、各路側機の送信タイミングを時分割で制御することで各路側機とその配下にある車載器の干渉を回避している。

図 19.5 にパケットフォーマット、とりわけ、フレーム情報（FI）の詳細を示す。なお、この FI は、路側機のサービスエリアから出て、新たな FI を受信できない状況となったときには FI を破棄し（路車間通信の無い）通常の CSMA/CA により車車間通信のみを行う。

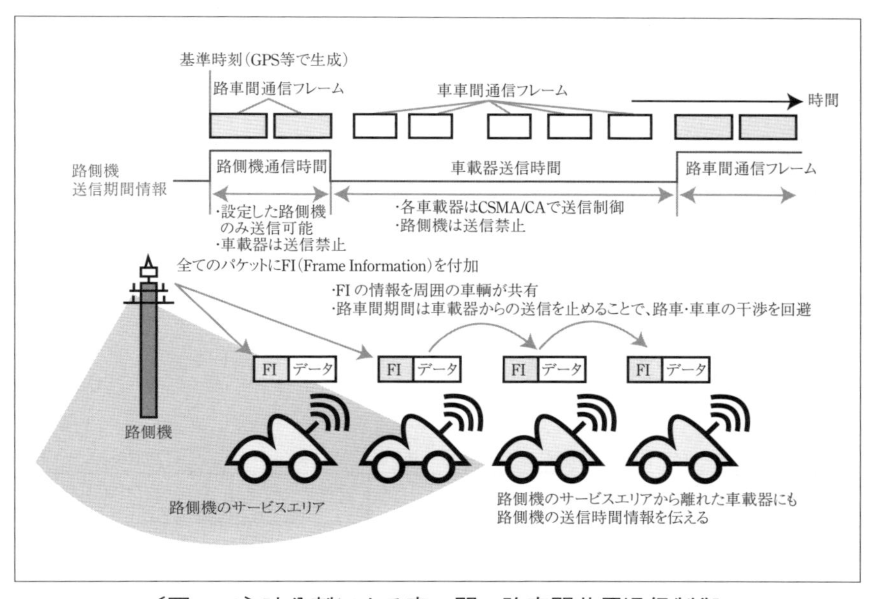

〔図 19.3〕時分割による車々間・路車間共用通信制御

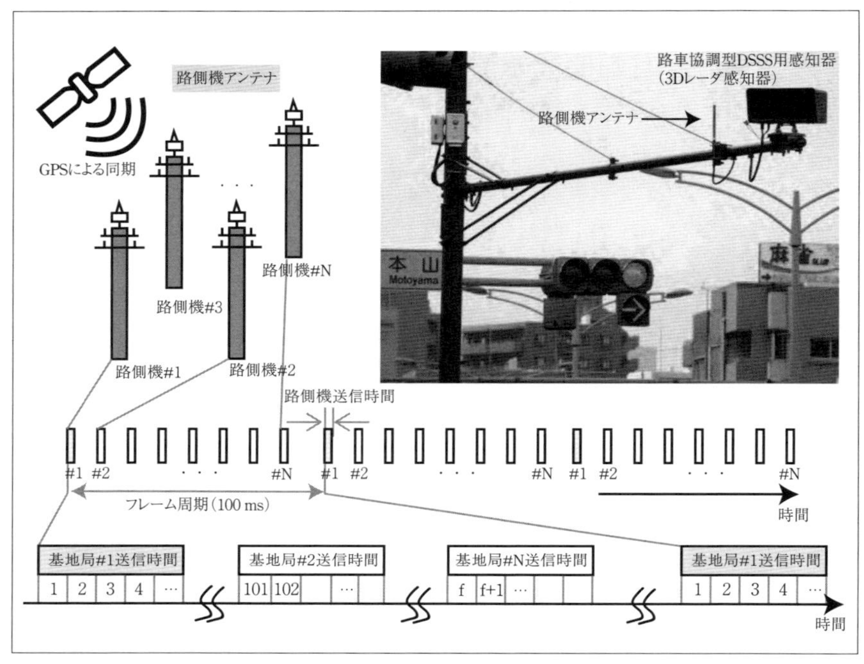

〔図 19.4〕時分割制御による隣接路側機の送信タイミング制御

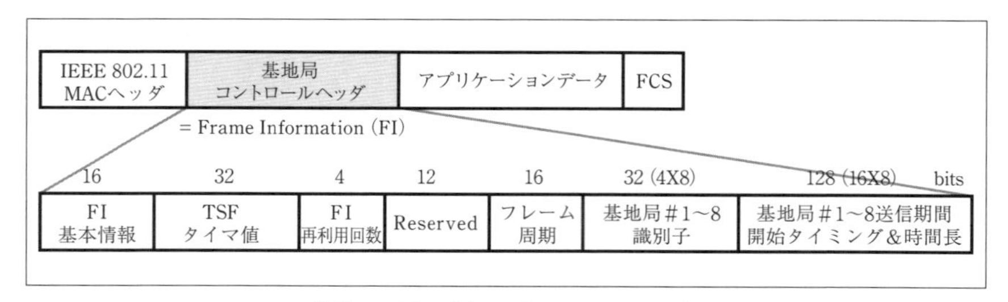

〔図 19.5〕パケットフォーマット

4．未来のITSとそれを支える無線通信技術

先に述べたように、自動運転システムは1960年代に誘導ケーブルを用いた路車協調型に始まり、1970年代にはマシンビジョンによる自律型へと進展する。その後、1990年代には各国でITS関連プロジェクトが始まり、そして今世紀に入ってからは実用化を目指した検証が進められている。とりわけ、米国防高等研究計画局（DARPA）が始めた一連のロボットカーレースのインパクトは大きく、ここで培われた技術をベースに、2013年ごろから各国の自動車メーカから自動運転車の販売が予告されるようになった。これらの自動運転車はレーダ、LIDAR（Light Detection and Ranging）、車載カメラ、超音波センサなどの各種センシング技術、画像処理技術、制御技術などの進展に寄るところが大きく、自律制御による自動運転車である。また、車車間通信による協調走行、とりわけ、プラトゥーン走行による省エネルギー効果も日米欧の実証実験で明らかであり、その有効性は揺るぎない。

一方で、自動運転車の安全性については未だ実証されていない。そもそも自動運転車の基幹ソフトウェアの信頼性の検証はこれからであり、バグが無いことを保証するのは極めて困難であり、セキュリティの確保も課題としてあげられる[14),15)]。

さらに問題となるのは、自動運転、とりわけ各種センサが性能限界を超えた場合の取り扱いである[1)]。現行の自動運転システムでは、制御不能に陥った場合のバックアップをドライバが負う。すなわち、自動運転の性能限界を超えた場合には、自動運転から手動運転に切り替わりドライバが対応することが想定されているが、現実的では無い。たとえば、ビジョンセンサにより白線認識を行って自動走行している車輌が何らかの理由で白線認識ができなくなった場合、ドライバによる手動運転に切り替えて対応する。ドライバが車輌とその周辺環境を常に監視しつつ走行している場合は良いが、これだと自動運転中といえども読書、PCを用いた仕事、居眠りなどはできない。果たしてドライバが自動運転中でドライバ自身は何もする必要が無い状況で、常に走行状況監視できるかは甚だ疑問である。以上のことから、自動運転車のバックアップをドラ

イバが負うのは非現実的である。つまり、緊急時のみドライバが対応するような自動運転は無理がある。人は運転には一切関与しない、ドライバーレスな自動運転以外に解は無い。以上の理由から自動運転車が実際に市場に出回るのは未だ未だ先だと考えている。

さて、人は運転には一切関与しない完全な自動運転車が実現した場合の、自動運転システムの目的は単に自動車交通問題の解決のみで無く、むしろ人では困難な緻密な車輛制御による道路交通容量の増大にある[1),10)]。

具体的には緻密な横方向の制御（操舵制御）による道路レーン数の増加、そして緻密な縦方向の制御（速度・車間距離制御）による車間距離の短縮である（図 19.6）。縦および横方向の車輛間隔を詰めた車群を構成し、車輛密度を上げることで道路交通容量を最大３倍にするだけで無く、省エネルギー化と環境負荷低減を目指すのである[16)]。これは、新たに道路を作らなくてもこれまでの３倍の自動車を道路に収容できることを意味し、とりわけ都市部の道路交通整備に与えるインパクトは大きいものと考える。さらにシェアリングエコノミーの台頭により新たなモビリティサービスを模索する動きもあり、道路インフラの高度化を推し進めるものと考えている。

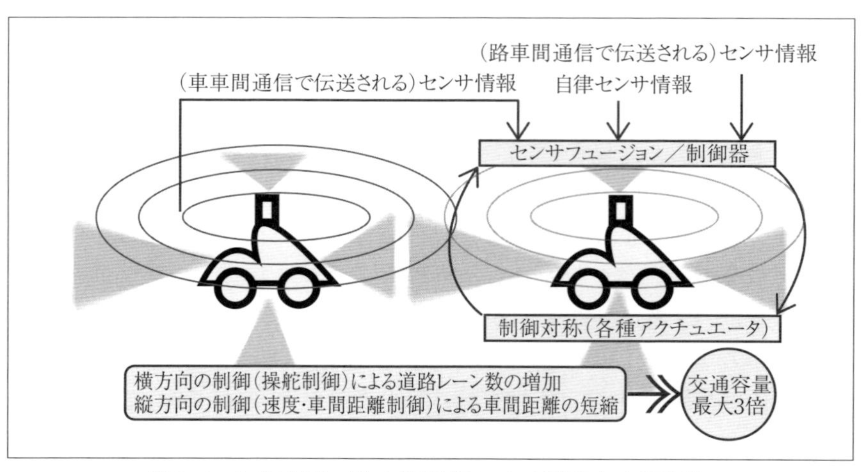

〔図 19.6〕車車間・路車間通信による緻密な車輛制御

緻密な車輌制御を実現するためには高速・低遅延な無線通信方式が必須である。第5世代（5G）移動通信システムでは、基地局終端（エッジ）で処理を行うMEC（Mobile Edge Computing）を置くことで1 ms程度の低遅延でIoT（Internet of Things）向けのサービスを行う予定であり、車輌の周囲状況を認識するための動的地図データベースであるLDM（Local Dynamic Map）の配信に活用できる。一方、車車間通信については、現行のARIB STD-T109は送信間隔が100 msもあり、新たな規格が必要となる。そもそも、ARIB STD-T109は路車間通信に重きをおくプロトコルであり、緻密な車輌制御に用いるには無理がある。

未来のITSとそれを支える無線通信技術としては電波を用いた無線通信方式だけで無く、光無線通信方式も候補となる。たとえば、車群走行時には互いの車間距離は短く、また遮蔽等も無い。つまり見通し通信路となる。このため、ミリ波や可視光通信などの光無線通信も適用可能である。光無線通信は、電波法の規制を受けることも無く、また、送信エリアも見通し通信路に限定できるため、セキュリティも高い。一方で、700 MHz帯高度道路交通システムのように見通し外通信はできない。従って、両者を用途に応じて使い分けるのが適当と考える。

まとめ

自動運転と同じくらい注目を集めているものに「モノのインターネット（Internet of Things、IoT）」がある。様々なモノがインターネットに接続され、互いに情報交換することにより相互に制御する仕組みである。かつて、マークワイザーが提唱したユビキタスを今風に言い換えたものであり、ユビキタスの後継であるM2M（Machine-to-Machine）も同様の意味で使われることが多い。

また、路車・車車間通信は、これまでもドライバへの情報伝達手段として発展してきたが、今後は「つながる車」に見られるように、伝送されてくるセンサ情報と自ら取得するセンサ情報を用い、積極的な車輌制御を行うように進展するものと考えられる。つまり、IoT、M2Mの機能を持つ。路車・車車間通信は、これまで述べてきたように、無線通信技術、とりわけ携帯電話の発展に歩調を合わせるように進展してきているが、今後は、IoT、M2Mの動向も伺いつつ、発展していくように考えている。その意味でも、路車・車車間通信が、今後どのように進展していくのか楽しみである。

参考文献

1）津川、“自動運転の意義：AABCの重要性、” 電子情報通信学会ITS研究専門委員会ITSワークショップ、2015年8月．
2）渡辺、高木、手嶋、二宮、佐藤、高田、“協調型運転支援のための交通社会ダイナミックマップの提案”、DEIM Forum 2015 F6-6、2015.
3）津川、“ITS技術の発展、” 自動車技術、vol.70、no.1、pp.112-117、2016.
4）平山、澤田、“V2X通信技術の動向と将来展望”、電子情報通信学会誌、Vol.98、No.10、2015.
5）津川、“ITSの歴史と情報通信”、電子情報通信学会誌、Vol.83、No.7、2000.
6）染谷、“11. 無線、” 電子通信学会50年史、pp.289-305、1967.
7）中川正雄、「ワイヤレス通信100年の歴史」、日経テクノロジー・オンライン
8）John M.Shea,"History of Wireless Communication",
http://wireless.ece.ufl.edu/jshea/History of Wireless Communication. html
9）Pat Hindle, "History of Wireless Communications -- A historical listing of important events that shaped wireless communications --," Microwave Journal, July 22,2015. URL:http://www。microwavejournal.com/articles/24759
10）山里、“ITS（Intelligent Transport System）”、電子情報通信学会100年史、第3部トピックス .2018年発行予定．
11）"History of autonomous cars," https://en.wikipedia.org/wiki/History_of_autonomous_cars
12）古山、平山、澤田、“車車間・路車間共用通信システムにおける

Prioritized CSMA プロトコルの通信特性評価"、電子情報通信学会信学技報、ITS2011-15、Vol.111、No.219、2011 年
13) 浦山、白永、山田、平山、杉浦、澤田、" 市街地 700MHz 帯路車間通信環境における電波伝搬損失モデル"、電子情報通信学会信学技報、AP2011-146、Vol. 111、No.376、2012.
14) 津川、"自動運転の課題 ," 電気学会 ITS 研、ITS-15-1、2015.
15) 津川、保坂、「自動運転の実現に向けた課題と国際標準化動向」、OHM、2016 年 5 月 .
16) C. Bergenhem, H. Pettersson, E. Coelingh, C. Englund,S.Shladover, S. Tsugawa, "Overview of Platooning Systems," Proc. of the 19th ITS World Congress, 2012.

謝辞

本稿執筆にあたり多数の資料をご提供下さった津川定之氏に感謝を述べる。また、本稿執筆の機会を下さった静岡大学・浅井秀樹先生、ST-Lab. 谷貞宏様に感謝したい。

第20章

私のEMC対処法
学問的アプローチの弱点を突く、その対極にある解決方法

日本オートマティックコントロール株式会社　瀬戸 信二

１．はじめに

機器の設計・製造などにおいてEMC（EMI/EMS）問題に遭遇し、その対策に苦労した経験のある技術者の方々に思い出していただきたいことがある。

EMCに関連するトラブルというものは…、

(1) 解決に至るまでに多大の時間（労力）を要する

(2) 解決してみれば、きわめて当たり前のことばかり（理論的には「電磁事象」や「交流理論」の初歩的な内容）

(3) もしも、予測ができていたら（モデル図が描けたら）対処できたはず…と、気付かれたに違いない。

これを裏返しに見ると、「トラブルの予測は困難ではあるが、結果としてたどり着いた対策の内容は、きわめて当たり前（初歩的な内容）のことばかり」となる。

それにもかかわらず、機器の設計に携わる方々が、難解な「EMC学」の講義を聴講して、理解しようとしておられる様子を見ながら、「EMC職人」である私は、アプローチの方法が間違っていると感じている。

以下の記述は、全く学問的とは言い難い、逆方向からのアプローチではあるが、機器設計の現場においては現実的で有用な方法である。これは、風土の問題でもあるが、企業内においては「EMC技術者（EMCの専門家）」であるだけではメシを食っていけない現実があり、「EMC設計という要素」のプライオリティが低いことにある。

筆者は、かつて無線機器の設計・開発を仕事としていた。

高周波・高利得のアンプを設計し、組み上がった試作品に電源を供給すると、必ず自励発振などのトラブルが発生する。新規製品の試作において毎回この状況で、その都度の対策に多大の時間を費やしていた。そして、たぶん今でも同じことをやるに違いない。

アンプの自励発振は、EMI問題と同根であり、予測できなかった不整な結合（正帰還のルート）に起因する。

「EMC問題の縮図」ともいうべき無線機器の設計業務に長年にわたり従事してきた立場から、（多少の誤解を恐れずに言うと）「機器における

EMI／EMS対策は設計できない」ということである。

研究者の立場から発言すれば、「できる」と断言した方がカッコイイし、理論的解明ができないことはない事象であるから「できる」に違いないが、「大型電算機が自由に使えない」や「常に出図の期限に追い回されている」工場の設計現場の状況を含めた「費用対効果」を重視しての話である。

この稿の目的は、私自身が「EMC職人」でもあった立場から、悩める諸氏に対してもっと気楽にEMCに取り組んでもらえるために、「EMI／EMS対策設計が困難な理由」を述べるとともに、「設計できない」という難題に対する「対処策」をお伝えすることである。

2．設計できるかどうか

機器の「EMI/EMS対策設計」ができるかどうかを論ずる場合には、まずは「設計する対象」について「期待される結果（の程度）」を定義しておく必要がある。これらの例を表20.1に示す。

表20.1において、「無線機器の場合」では、通常は①～③が期待値である。すなわち、この程度にできれば立派な設計であると評価できる。

ところが、「EMI/EMS対策設計」では、④～⑤の程度が期待値である。

これらの比較から見ても、「EMI/EMS対策設計」というものが「できてみないとわからない要素」、すなわち「設計できない要素」であるということが分かる。

この表からは、無線機器の場合はすべて定量的設計ができるように読み取れるが、実はそうではない。前述した「アンプの自励発振」や、（表

〔表20.1〕設計において期待される結果（の程度）

性能の項目		設計に期待される結果（の程度）
無線機器の場合	①送信機の出力	±1～2 dB
	②受信機の感度	±2～3 dB
	③増幅器の利得	±3 dB
EMCの場合	④EMI（エミッション）	±10～20 dB
	⑤EMS（イミュニティ）	±20～?? dB

20.1 には書いていないが)「送信機の不要信号出力(スプリアス出力)」や「受信機の不要信号感度(スプリアス感度)」というような「定量的な設計が困難な要素」がある。これらについては表 20.1 の④や⑤と同様の期待値レベルであり、試作した機器を調整しながらの改善作業となり、これが妥当な(最適な)対策手法でもある。

電子機器等の設計工程において「EMI / EMS 対策設計」というフェーズが単独では存在しない。「コスト設計」や「重量設計」も同様であり、「製品の構想段階→電気設計→構造設計」などのそれぞれの過程で設計内容に織り込まれて行く作業である。

特に「EMI/EMS 対策設計」的な要素は、高度に定量的な取り扱いができないため、ひたすら「(定性的に) より良い方向を狙う」というのが実情である。前述の「コスト」や「重量」が、きわめて定量的把握が可能であることと対照的である。

定量的把握が困難ということは、「対策が過剰になるおそれ(コストアップ/重量増加/意匠・外観…に影響)」があるため、「過剰性能とならない設計(過剰は極力なくす)」が求められる。

機器の主要な機能・性能については、(他社製品との差別化のために)高機能化・高性能化を追求することが要求されるが、それに比べて EMC 性能に関する設計のプライオリティは低い。

3. なぜ「EMI/EMS 対策設計」が困難なのか

まず、機器の「電気回路系の設計」を行う場合を考える。

表 20.2 に示すとおり、機器に要求される機能・性能の要求に従ってブロック図を作成し、表 20.2 の 1－A の (1) → (2) → (3) → (4) の順序に従って細部の設計を進めて行く。この設計作業は、きわめて意図的・定量的な行動である。

一方、「EMI/EMS 対策設計 (1－B 欄の (1) ～ (3))」は、「電気回路系の設計 (1－A)」の流れの過程の中で同時進行する。

同時進行ではあるが、「1－B (1) ～ (3)」に示すとおり、「EMI/EMS 対策設計」のための「ブロック図 (モデル図) は描けない」し、「好ましく

〔表 20.2〕設計作業の流れと、設計者が感じること

	A．機器の「電気回路系」設計の流れ	B．EMI/EMS 対策設計では
1. 設計作業の流れ	(1) 機器の構成としての機能ブロック図を作成 (2) ブロック図に従っての具体的な回路設計 (3) 接続図設計、部品選定、プリント基板設計 (4) 総合の接続図作成（配線の引き回し等）	(1)「EMI/EMS 対策設計」のためのブロック図（モデル図）が描けない (2)「好ましくない結合（空間的結合／伝導的結合）」を予測することが困難 (3) 定量化が困難なため、「適度」かがわからない
2. 設計者が感じること	(4) 設計者の意図を、定量的・前向きに反映できる (5) 設計計算などによる定量的設計ができる (6) 高度な技術に挑戦できる (7) 設計内容で他社との差別化ができる	(4) 何を設計したらよいかわからない (5) 内容として高度に技術的な要素はない (6) 達成できて当たり前であり、他社との差別化の要素はない

ない結合を定量的に予測することは困難」であるから、定量的な取り扱いは困難である。

次に「設計者の感じること」として、表 20.2 の下の部分を見ていただきたい。

「2－A の（4）～（7）」は、これこそ設計者の能力発揮の場であることが分かっていただけると思う。

その面白さに引き比べ「2－B の（4）～（6）」は、意欲的に取り組めないような記述が並んでいる。「内容として高度に技術的な要素はない」、「達成できて当たり前」という作業でもある。

4．「EMI/EMS 対策設計」ができないとすると、どうするか

EMI/EMS に関連するトラブルは、いわば「ハードウエア設計のバグ」である。

すなわち、設計段階での「仕残し／し忘れ」である。あるいは、設計時点での過剰対策とならないように不足気味としたための（予定の行動の）結果であるかも知れない。

このように、定量的設計が困難な要素である EMI/EMS 問題に対して、どの時点でのどの程度の注力が「費用対効果」において最適であるかを

考えなければならないことが見えてくる。

この最適を考える場合には、「機種」や「製品の履歴」、「設計やトラブル対策の練度」などによって違うものと思われる。

ここで若干の視点を変えて、「設計時点での対策（心構え）」、「試作機器におけるトラブルにおける対策」などについての私見を述べる。

(1) まずは、心構え

「EMI/EMS 設計」は、設計経験（対策経験）によって培われる要素が大きい。図面を見て機器の完成した姿が想像できるまで熟達すると、図面での指示・指定の程度も向上し、対策への心づもりも準備できる。

経験が浅い場合は「問題となりそうな部位」を予測することは困難であるが、設計者として成長するために（先輩の知恵を借りながら）経験を積み重ねていくことになる。

プリント基板設計における「シミュレータ」は、基板設計の評価手段として使用できるが、マザーボード以降の筐体配線などの EMI は、図面を読む力（設計図面を見て、完成品を思い浮かべる力）が必要となる。これは経験と努力からしか得られない。

いわゆる技術の問題でなく、意思の疎通が問題となってトラブルとなることもある。設計者が製作図面において組立工場に指示できているつもりが、（たとえば機器の筐体へのグラウンドの接続位置の指定など）設計者の意図が作業者に伝わらなかった原因でのトラブルもある。組立作業者に対する意思疎通の仕方など、モノに即した具体的な指示方法についても、設計者自身の訓練であることを自覚しなければならない。

(2)「問題となりそうな部位」を予測（予想）する

「EMI/EMS 設計」にあたっては、まず「問題となりそうな部位」を予測し、その根拠を記録しておく。この段階での予測においてはヌケが多数あるに違いない。この記録は自己訓練用であり、後日の反省材料として役に立つ（このような態度が日常の訓練である）。

「設計のすべての段階が EMI/EMS 対策設計である」と前述したが、定量化が困難であるがゆえに自信を持った「手」を打つことはできない。その「手」を打つかどうかの判断は、経験者に助力を求める。すなわち、

「デザインレビュー」である。

(3) デザインレビュー (DR)

DR の日本語訳として、しばしば「設計審査」が用いられる場合がある。

審査者と被審査者との上下関係という緊張の中での（合否判定のような）「審査」はよくない。

運営を間違うと、審査する側が設計者に集中砲火を浴びせる（吊し上げの）様相を呈することもあり、（この場合は、設計者はひたすら防戦的・防衛的となるから）よい効果（結果）を生むことはない。

図 20.1 に示すような、「設計者に対して、日ごろのウップンを晴らすために勇んで出席する方々」の参加はお断りしないといけない。

表 20.3 は、実効ある DR とするための運用上の注意について示すものである。

DR の場は、「後輩を育成する場」であって、「新人の設計の中に、先輩の設計ノウハウを反映させる手段」として運用されなければならない。

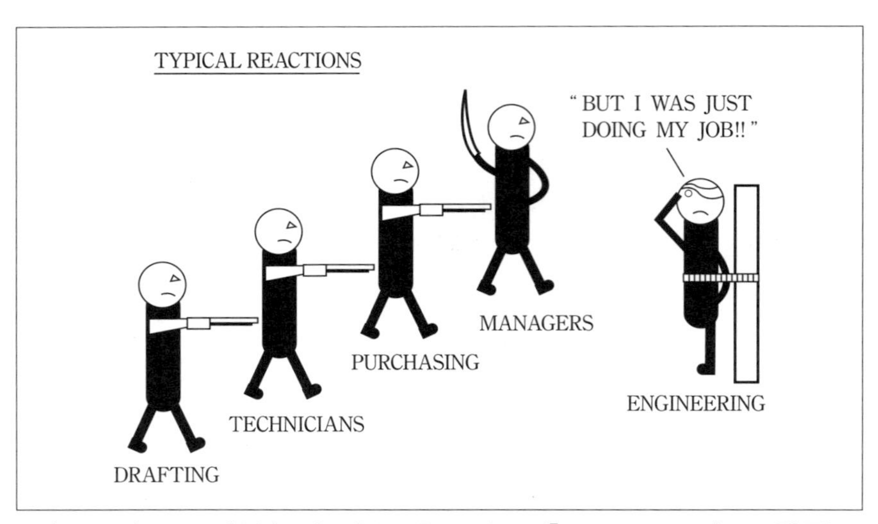

〔図 20.1〕DR は設計者を処刑する場ではない（「NARTE News」から引用）

5．EMI/EMS のトラブル対策（効率アップの方法）

(1) なぜ、対策に時間がかかるのか

EMI/EMS 性能の不具合（トラブル）がある場合は、原因を見つけて早期に解決することが重要となる。ましてや、設計できない問題であるという意識からすると、現物において迅速に対応できる技術・技能をもつことが重要であり、これが工場全体からみて効率的ともいえる。

経験者にはご理解いただけると思うが、トラブル対策は大変な時間を要する厄介な作業である。

通常、私がヘルプ要請を受けた時点では、クライアント側において3箇月や半年間悩んだあとの依頼である場合が多い。私は、たいていの場合は数日間で対策をしてきた。

前述したように、トラブルの解決に必要とする技術的知識は、電気系学科の教科書である「電磁事象」と「交流理論」の初歩的内容だけであ

〔表 20.3〕実効ある DR とするための内容と、運用における注意事項

項目	内容	注意事項
1. DR の目的	(1) 大きな失敗の防止（リスクを小さくする）が目的 (2)「先輩の経験（知恵）」を「後輩の設計」に反映させる	後輩の育成のための場である
2. メンバーの選定	(1) 権威的でないこと (2) 設計経験の豊富な（失敗経験の豊富な）「職人」をメンバーに選任（「研究者」よりも「設計職人」こそが貴重）	「審査会」にしてはいけない（職位を「圧力」にしてはいけない）
3. 望ましい運用	(1)「大会議」とはしない (2) 設計が完成してからの実施ではなく、「日々の設計内容の点検」として実施。	「点検の間隔」は、設計担当者の特性に応じて、設計の手戻りが大きくならないように配慮（「1対1」での指導でもよい）
4. チェック内容の例	(1) 法規や安全性などの全般視野から見た欠落をチェック (2) 確認不足部位の確認手段・方法を教示 (3) 設計マージンの確認 (4) リスク部位の指摘と、バックアップ方策の準備 (5) コスト低減のためのチェック (6) 図面指定方法	「確認不足」を検討するための具体的手段・方法適正なマージン部品追加のための「空地の準備」など「目標のコスト」設計意図を、図面に正確に表現

る。依頼者においても知識不足はないし、測定器もスペクトラムアナライザのような測定手段も保有している。ところが、トラブル対策には多くの時間を要している。

なぜ、私なら数日間で解決できて、クライアントではできなかったか。私とクライアントとの違いがどこにあるかを考えてみた。

(2)「ノイズ」というものの観測の仕方に違いがある

対策に時間がかかる理由は、対策が進行していることを、きっちりと把握していないために、同じところを往ったり来たりしているからである。

ノイズ測定の内容を理解できればすぐに分かることであるが、「(対策が奏功しつつあるときに) ノイズが減少していることを認識 (確認) する手法」についてである。

これを、図 20.2 を用いて説明する。

図 20.2 は、「ノイズ源 1 ～ 5」からの放出を「EMI メータ」で測定して

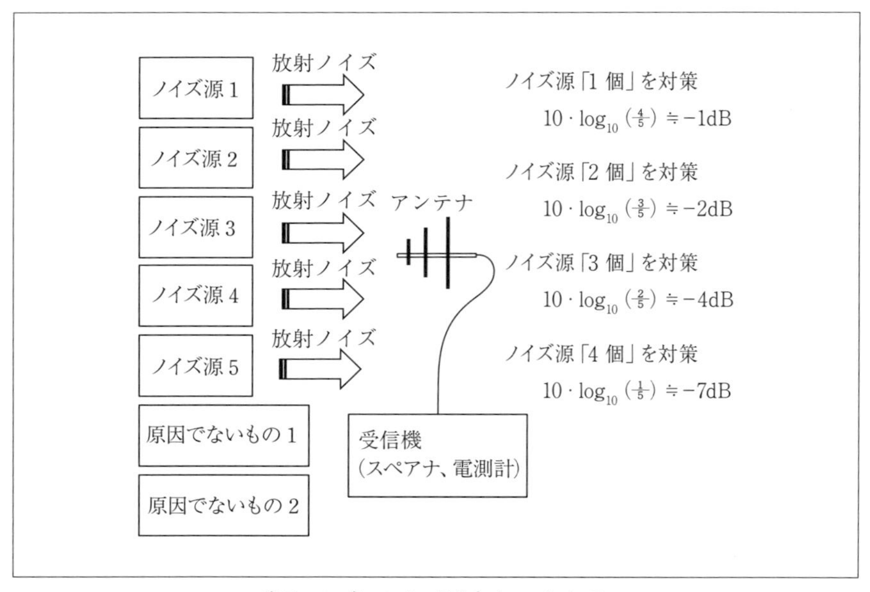

〔図 20.2〕ノイズ測定というもの

いる状況を示す。複数個所（複数径路）からの放出（重畳されたノイズ）を観測（受信）している。

ここでは、「ノイズ源1～5」のそれぞれが同じ強度であると仮定する。

この状況において、対策によって「ノイズ源1」がなくなったとすると、まだ「ノイズ源2～5」が残っている。このときのノイズレベル（受信電力）の低下は、図に示すように「（たったの）－1dB」でしかない。対策の効果は全くなかったと判定されそうある。

対策は「ノイズ源」に対して1個ずつ進めて行くことになるが、図中に示すように「－2dB」→「－3dB」→「－4dB」など…と、対策は遅々として進んでいないかのごとく（見過ごしてしまいそう）であるが、実は多大な進展（進歩）があったわけであり、効果がなかったとして元に戻したりしてはいけない。このような進行の過程を経なければノイズ対策ができないことを理解すれば、対策のコツはおのずと分かることである。

個々の「ノイズ源」に対策を施してみる（試してみる）。この段階では対策部位ごとに「その部位における効果の有無を確認すること」が重要である。「対策したつもり／効果があったつもり」では不可で、「対策した結果として、その部位において○ dB の改善効果があった」ことを把握しなければならない。この場合、望ましくは部位ごとの改善効果が20～30dB 以上であるように努力する。

対策作業の過程においては、「原因でないもの」を間違って対策していることもあり得るが、それは対策が終わってからしか評価できない。

すなわち、ノイズが期待値まで低減できるまで、前記のような作業を執拗に続けるのである。

この対策の過程では、過剰対策も（能率向上のために）大いに許されることであり、低減が成功してから「過剰かどうか」の見直しを行う。この要領を、表 20.4 に示す。

〔表 20.4〕EMI 対策の要領

(1) 技術的知識	高度な知識は不要
(2) 観測手段の準備	①ピックアップする手段 ② 観測する手段（受信機）
(3) 問題部位の追及	原因部位の想定をする。 (原因部位であることの確定は、以下の(5)の段階まで持ち越す←この段階では正解は分からない。)
(4) 対策は確実・過剰に進める	① 想定部位に対して、「1箇所ずつ」、「効果を確認しながら」、「徹底的に」…つぶす。 この段階では、過剰であることを恐れない。 (対策の過程では、製品としての実現の可能性に拘泥しない。) ② 対策は、できるだけ原因部位の近くで行う。
(5) 対策された部位の再検討	対策を適用した部位について…、 「過剰かどうか」、および「実現性」「低価格化」の検討・整理を行う。

6. 対策における注意事項

EMI/EMS のトラブル対策の支援経験からの要約として、以下の注意事項を記しておきたい。

なお、対策の具体例については『日経エレクトロニクスのサイト…

http://techon.nikkeibp.co.jp/article/LECTURE/20090415/168818/』を参照願いたい。

(1)「ときどき誤動作する」場合の解決方法

クライアントから対策支援のヘルプがあったとき、まずトラブル状況を聴取することになる。このとき「ときどき誤動作が起きる／原因はCB 無線機などの干渉によって発生しているようである」…と。

私が遭遇したトラブル例においては、このような場合はほとんど例外なく「ESD (Electro-static Discharge)：静電気放電」による誤動作であった。

トラブルの状況を掘り下げて聴取して行くと、「冬季によく発生する／冷暖房機を動作させると頻度が高い」など、原因究明に有益な情報が得られる。

この場合の対策手法は、機器内部を捜索して、「空中に浮かんでいる（グラウンド部分から絶縁物で支持されている）状態の金属物（10cm 平方程度以上の大きさ)」を探し出し、接地を行うことで解決できる。

この場合、機器ごとの都合によって「ソフトグラウンド」と「ハードグラウンド」のいずれを使用するかの着意が必要である。

(2) 放射的 EMI 対策のコツ

機器の中に大電力のノイズ源があっても、アンテナ（に相当するもの）がなければ絶対に空中に放出（放射）することはない。

放射的EMIを抑制する方法は、「アンテナとして動作する電線など」にノイズ電流を供給しないことである。

機器の中に存在する「(隠れた) アンテナ」を探し出し、そのアンテナへのノイズ電流の供給を遮断する。

このためには、根源となっている「原因部位のできるだけ根源に近い箇所」で、まずはノイズ電流が伝導的に伝わって行かないように対策することである。卑近な例でいうと、水道の元栓を止めることが最善であり、バケツで受けたり、こぼれた水を雑巾で拭いて回るようなことは避けることである。

対策の一例としては、ノイズ源からのノイズ電流が機器の構造物に伝導的に伝わらないようにするため、構造物の途中に樹脂材料を用いて伝導的伝達を遮断したこともある。

(3) 放射イミュニティの対策手法（省力化）のコツ

放射イミュニティ対策は、エミッション対策よりも手数がかかる問題である。

性能の確認の測定においても、広い周波数範囲をスキャンしながら、暴露する電界強度も段階的に変化させるため、多大な時間を要する。対策にあたっては人体被曝を避けるため、電波暗室内は無人にして確認することになり、対策の過程での制約も多い。

これを省力化するための、私の方法は表20.5のとおりである。

(4) 少しの工夫で、解決への時間を短縮できる

対策において使用する部品のうち頻度の高いものは、「①シールド材料（金属板など)」、「②フィルタ」や、「③コンデンサ」と「④インダクタンス」である。このうち①～③は、各種のものが容易に入手できる。

しかし、④の「インダクタンス」については、数十アンペアの電流容量のインダクタンスが現場で容易に入手できることは稀である。電気屋

街でも見つからない。このため、対策の現場で自作することにしている。

インダクタンスを挿入したいと思ったとき、たとえば回路電流が50アンペアの場合には、「安全電流が50アンペアの被覆電線」をもらう（これなら、たいていの現場にある）。空心のままで「約40cm直径で30回巻きすると約500μH」となる。

仮に、インダクタンスを挿入したいと思っても、部品メーカに発注したら納期が数か月となる。工期からみてそれだけ待てないし、挿入して効果があるかどうかも分からない。時間ばかり経過して対策は進まない。この不格好な手製のインダクタンスが最終製品に使用できるかどうかは別として、数カ月待たずに（瞬時に）対策のメドが得られる。

コイルのインダクタンス値の見当をつける計算方法は、現在の学校教育の教科書には掲載されていないが、ネットで「長岡係数」で検索すれば出てくる。

7．EMC技術・技能の学習方法

(1)「iNARTE」が推奨すること

「EMCは設計できない」と書き綴ってきたが、それならEMC対処能

〔表20.5〕放射イミュニティ対策の作業能率の向上方法

項目	実施する内容
1. 準備	「ループプローブ」「接触プローブ」などの準備
2. 測定の過程（電波暗室内）	規定どおりのセットアップで、ETUに対して測定を実施 (1)「誤動作する周波数（と電界強度）」の探索 (2) その周波数（「$f1$」、「$f2$」…）を記録
3. 対策の過程（シールド室内または通常の室内）	EUTのカバーを取り外し、内部のプリント基板などに手が届く状態に (1) 信号発生器（周波数：$f1$）の出力を「ループプローブ」を介して、内部の各所に近づけて、誤動作部位の究明を行い、改善策を施す。「ループプローブ」に与える信号レベルが不足する場合は、電力増幅器（パワーアンプ）で 増力する。通常は「1W」程度で誤動作が発生するはずである。 (2) 誤動作部位にさらに接近するには、「接触プローブ」を使用するとよい。 (3) 誤動作部位が複数あることを想定し、前記の(1)を他の部位に対しても実施 (4)「$f1$」以外の周波数に対しても、前記と同様に実施する。

備考：「ループプローブ」、「接触プローブ」の自作方法は次を参照いただきたい。
『http://techon.nikkeibp.co.jp/article/LECTURE/20090415/168818/』

力向上のためにどのように取り組んだらよいかについて述べることにしたい。

米国の「iNARTE（International Association of radio and telecommunications Engineers'）」という機関の「EMC技術者認定制度」をご存知の方も多いと思う。この受験のためのガイドブックには、この認定試験のための出題範囲として表20.6に示すような分野が示されている。

これを見て、受験に挑戦する意欲が湧いてくるかというと、否である。「EMCを教える先生方」や、「EMCの達人たち」が、このすべての分野の知識をマスターしているかというと、これも否である。

先にも述べたように、機器の設計技術者にとっての最大の関心事は「製品の主要性能」や「製造コスト」である。表20.6のような学習が日常業務に役立たないことはないが、日々がもっとせっぱ詰まった状況で作業をしているから、これを頭から丸かじりするというのは現実的でない。

(2) 技術能力向上の方法

EMC対処能力向上のためには、無理のないOJT（On the Job Training）でなければならない。

どの分野というわけではなく、技術の向上はすべての技術者が心掛けなければならない内容である。日常的な努力が、実力の向上へとつなが

〔表20.6〕iNARTEが指定するEMCの技術分野

1	Field Theory	13	Test and Measurements/Test Facilities
2	Antennas	14	EMC Design
3	Coupling	15	Terminology
4	Shielding	16	Special Devices,Materials and Compornents
5	Transmission Lines	17	EMP
6	Electrical Networks	18	ESD
7	Filters	19	Lightning
8	Amplifires	20	Specifications and Standarards
9	Mathematics	21	Grounding and Bonding
10	EMI Predictoin and Analysis	22	Safety（HERO, HERF, HERP）
11	Signal and Transforms	23	EMC Management
12	Spectrum Analysis		

備考：NARTE解説書から引用。
（NARTE:National Association of Association of Radio and Telecommuni-cation Engineers）

り、それが大きな成長・発展へとつながることになる。

私が推奨する工場技術者の「技術力アップ」のための日常の取り組みは、表20.7のとおりである。

この表において、「段階1」と「段階2」は、心掛けひとつでだれにでもできること。「段階3～4」は、各自を取り巻く環境条件の影響が左右する。

8. おわりに

誌面の制約もあるので、具体的な対策実例には触れなかったが、私の主張は読者諸氏に伝えることができたと思っている。

本文の冒頭にも書いたが、私は無線機器の設計屋ではあったが、社内や他社からのヘルプ要請を受け、「EMC職人」として、いくつものEMCに関連する対策のお手伝いをしてきた。その都度に「設計のバグ」を発見したが、すべてその場で対処できるものばかりであった。

ただし、1件だけではあるが、EMC的手法では解決できない（敗北した）案件があった。戦車の電装品（400Hz，約1kA）が発生する磁界的ノイズが、マイクラインに結合して通話が聞こえない事案であった。モデル図を描いて結合を試算すると、どう対処しても、S／N比（信号対雑

〔表20.7〕技術者の発展の過程

段階	期待できる内容	補足説明
1. 日常業務として（OJT）	「設計」「試験」などの日常業務における成果・結果を「小論文」にまとめる習慣 小論文を書く習慣は、参考となる書物を調べる習慣となる	必ず完結できなくてもよい 書物の必要な部分だけの拾い読みでよい
2. 論文にまとめる（志を持て）	小論文→中論文→学会発表論文…となる	学会発表はそんなに敷居は高くない
3. 学会発表（さらなる志を抱け）	自分の発表は1件でも、多数の発表を聴くことができ、世間の動向が把握できる	「業界の動向把握」は自分の財産でもあるが、会社にとってはもっと大きな財産である
4. さらなる飛躍	新製品・新分野の開拓	← これが会社幹部が期待していること EMCに熟達することが、あなたに対する期待か？

音比）が0dB程度であり、Nレベルを50～60dBも低下させることは不可能であると判断した。この場合の解決方法は「(アンプを追加して）マイクラインのSレベルを上げる」ことであった。

これはまさに例外であって、対処困難な例はほとんどない。

「バグ」というものは、ある程度は残るものであると思うことで、少しは気楽に設計されることをお勧めする。

著者紹介・執筆分担

監　修	**浅井　秀樹**	**（静岡大学）**
第1章	浅井　秀樹	（静岡大学）
	豊田　啓孝	（岡山大学）
	佐々木伸一	（佐賀大学）
	住永　　伸	（ATEサービス株式会社）
第2章	碓井　有三	（シグナルインテグリティ コンサルタント）
第3章	山岸圭太郎	（三菱電機株式会社）
	板倉　　洋	（三菱電機株式会社）
第4章	萱野　良樹	（秋田大学）
	井上　　浩	（放送大学）
第5章	清重　　翔	（芝浦工業大学）
	市村　　航	（芝浦工業大学）
	須藤　俊夫	（芝浦工業大学）
第6章	山本浦瑠那	（富士通VLSI株式会社）
第7章	五十嵐　淳	（アンシス・ジャパン株式会社）
第8章	矢口　貴宏	（株式会社 NEC情報システムズ）
第9章	藤尾　昇平	（日本アイ・ビー・エム株式会社）
第10章	上田　千寿	（株式会社 エーイーティー）
第11章	佐藤　敏郎	（富士通アドバンストテクノロジ株式会社）
第12章	執筆：ラルフ・ブリューニング	
	訳：高木　潔	（株式会社 図研）
第13章	永田　　真	（神戸大学）
	谷口　綱紀	（神戸大学）
	三浦　典之	（神戸大学）
第14章	平地　克也	（国立舞鶴工業高等専門学校）
第15章	舟木　　剛	（大阪大学）
第16章	藤原　　修	（名古屋工業大学）
第17章	豊田　啓孝	（岡山大学）
第18章	越地　福朗	（東京工芸大学）
第19章	山里　敬也	（名古屋大学教養教育院）
第20章	瀬戸　信二	（日本オートマティックコントロール株式会社）

注：所属は当時のもの。

●ISBN 978-4-904774-38-0

前富山県立大学　安達 正利　著

設計技術シリーズ

誘電体セラミックス原理と設計法

本体 3,200 円＋税

発行／科学情報出版（株）

●ISBN 978-4-904774-34-2

平塚 信之 監修

設計技術シリーズ

ノイズ／EMI を抑える軟磁性材料の活用術

軟磁性材料のノイズ抑制設計法

本体 2,800 円＋税

第１章　ノイズ抑制に関する基礎理論

ノイズ抑制シート（NSS）設計のための物理
有限会社 Magnontech　武田 茂

第２章　ノイズ抑制用軟磁性材料

磁性材料とノイズ
日立金属株式会社　小川 共三

金属系軟磁性材料
日立金属株式会社　小川 共三

スピネル型ソフトフェライト
FDK 株式会社　松尾 良夫

六方晶フェライト
埼玉大学　平塚 信之

第３章　ノイズ抑制磁性部品のIEC規制

IEC/TC51/WG1 の規格の紹介
TDK 株式会社　三井 正
埼玉大学　平塚 信之

IEC/TC51/WG9 の規格の紹介
株式会社 村田製作所　土生 正
埼玉大学　平塚 信之

第４章　ノイズ抑制用軟磁性材料の応用技術

焼結フェライト基板およびフレキシブルシート
戸田工業株式会社　土井 孝紀

フェライトめっき膜による高周波ノイズ対策
NEC トーキン株式会社
吉田 栄吉
近藤 幸一
小野 裕司

ノイズ抑制シートの作用と分類および性能評価法
NEC トーキン株式会社　吉田 栄吉
有限会社 Magnontech　武田 茂

フレキシブル電波吸収シート
太陽誘電株式会社　石黒隆・蔦ヶ谷 洋

チップフェライトビーズ
株式会社 村田製作所　坂井 清司

小型電源用インダクタ
太陽誘電株式会社　中山 健

信号用コモンモードフィルタによるEMC対策
TDK 株式会社　梅村 昌生

発行／科学情報出版（株）

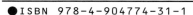

●ISBN 978-4-904774-08-3

兵庫県立大学 畠山 賢一
広 島 大 学 蔦岡 孝則 著
日 本 大 学 三枝 健二

設計技術シリーズ

初めて学ぶ 電磁遮へい講座

本体 3,300 円＋税

第 1 章　電磁遮へい技術の概要
- 1.1　電磁遮へいについて
- 1.2　遮へい材の効果とその評価法
- 1.3　遮へい材料，遮へい手法

第 2 章　伝送線路と電磁遮へい
- 2.1　平面波の伝搬
- 2.2　4 端子回路網の導入および透過係数と遮へい効果
  - 2.2.1　平面波の伝搬と伝送線路
  - 2.2.2　入力インピーダンス，反射係数，透過係数，および遮へい効果
- 2.3　斜め入射の取り扱い
  - 2.3.1　斜め入射とスネルの法則，偏波
  - 2.3.2　TM 入射
  - 2.3.3　TE 入射
  - 2.3.4　ブリュースター角と反射・透過特性
- 2.4　損失材料
  - 2.4.1　複素誘電率，複素透磁率
  - 2.4.2　導電材料
- 2.5　遮へい特性の近似式，導電材料の遮へい特性
  - 2.5.1　低周波帯の近似式
  - 2.5.2　高周波帯の近似式
  - 2.5.3　導電材平板の遮へい特性
  - 2.5.4　導電率が周波数によって変化する場合の等価回路
  - 2.5.5　積層構造の遮へい特性
- 2.6　チョーク構造による遮へい
- 2.7　空間の遮へいと筐体隙間の遮へい

第 3 章　遠方界と近傍界の遮へい
- 3.1　遠方界と近傍界
- 3.2　近傍界の遮へい効果
  - 3.2.1　伝送線路方程式を用いた近傍界の遮へい効果
  - 3.2.2　伝送線路方程式の近似式による遮へい効果
  - 3.2.3　伝送線路方程式を用いた計算の有効性
- 3.3　近傍界・遠方界の遮へい量相互の関係

第 4 章　遮へい材料とその応用
- 4.1　磁性材料
  - 4.1.1　磁性体の基礎物性
  - 4.1.2　強磁性体の静的磁化過程
  - 4.1.3　磁性材料の高周波磁気特性
  - 4.1.4　磁性材料を用いる電磁遮へい
    - 4.1.4.1　コモンモードチョークコイル
    - 4.1.4.2　磁性体を用いるチョーク構造遮へい法
- 4.2　複素透磁率の周波数分散機構と透磁率スペクトルの解析（アドバンストセクション）
  - 4.2.1　磁壁共鳴による透磁率の周波数分散
  - 4.2.2　ジャイロ磁気共鳴による透磁率の周波数分散
  - 4.2.3　磁化回転による透磁率の緩和型周波数分散
  - 4.2.4　複素透磁率スペクトルの解析
- 4.3　複合材料
  - 4.3.1　フェライト複合材料
  - 4.3.2　金属粒子複合材料
  - 4.3.3　磁性金属粒子複合材料
  - 4.3.4　複合材料における混合則
- 4.4　人工材料を用いる電磁遮へい
  - 4.4.1　人工材料
  - 4.4.2　人工材料と電波伝搬
  - 4.4.3　金属線配列材を利用する遮へい材
- 4.5　金属の高周波物性と人工材料の開発 (アドバンストセクション)
  - 4.5.1　伝導電子のプラズマ振動と金属の誘電率
  - 4.5.2　低周波プラズマ振動と人工材料の開発
    - 4.5.2.1　複合構造を用いた電気・磁気プラズマ
    - 4.5.2.2　低周波プラズマ構造を用いた人工材料

第 5 章　導波管の遮断状態を利用する電磁遮へい
- 5.1　遮断状態，遮断周波数
- 5.2　導波管の遮断状態を利用する遮へい例

第 6 章　開口部の遮へい
- 6.1　円形開口部の遮へい
- 6.2　方形開口部の遮へい
- 6.3　銅板上に設けた方形開口部の遮へい特性例

第 7 章　遮へい材料評価法
- 7.1　遮へい材料の性能評価測定
- 7.2　種々の測定法
  - 7.2.1　板状遮へい材評価法
    - 7.2.1.1　同軸管法
    - 7.2.1.2　フランジ型同軸管法
    - 7.2.1.3　KEC 法
    - 7.2.1.4　MIL-STD-285 準拠法
    - 7.2.1.5　遮へい衝立を用いる方法
    - 7.2.1.6　送受信アンテナを電波暗箱内にいれて対向させたマイクロ波帯評価法
    - 7.2.1.7　パラボラ反射鏡を用いるミリ波帯評価法
    - 7.2.1.8　球形チャンバー法
  - 7.2.2　隙間用遮へい材評価法
    - 7.2.2.1　遮へい用 O リングの評価法
    - 7.2.2.2　誘電体導波路を用いるミリ波帯評価法

第 8 章　遮へい技術の現状と課題
- 8.1　遮へい手法のまとめ
- 8.2　複数の漏洩源がある場合の取り扱い
- 8.3　遮へい手法の課題
- 8.4　遮へい材の現状と課題
- 8.5　遮へい材料評価法の課題

付録
- A1　マクスウェル方程式と平面波
- A2　伝送線路
- A3　ポインティング電力
- A4　伝送線路基礎行列表示の近似式
- A5　スネルの法則
- A6　磁気共鳴と磁気緩和による複素透磁率の周波数分散式
- A7　磁気回路モデルを用いた磁性複合材料の複素透磁率スペクトル解析
- A8　クラウジウス - モソッティの関係式と混合則
- A9　伝導電子のプラズマ振動
- A10 金属の誘電率

発行／科学情報出版（株）

●ISBN 978-4-904774-49-6

宇部工業高等専門学校　西田 克美　著

設計技術シリーズ

インバータ制御技術と実践

本体 3,700 円＋税

発行／科学情報出版（株）

●ISBN 978-4-904774-14-4

島根大学　山本 真義
島根県産業技術センター　川島 崇宏　著

設計技術シリーズ

パワーエレクトロニクス回路における小型・高効率設計法

本体 3,200 円＋税

発行／科学情報出版（株）

●ISBN 978-4-904774-15-1

山形大学　横山　道央　著

設計技術シリーズ

詳説 電気回路演習
初めて学ぶ問と解

本体 2,800 円＋税

発行／科学情報出版（株）

●ISBN 978-4-904774-12-0

湘南工科大学　伊藤　康之　著

設計技術シリーズ

PCBを用いたRFマイクロ波回路の基礎

本体 3,100 円＋税

発行／科学情報出版（株）

●ISBN 978-4-904774-00-7

原著 Clayton R. Paul

EMC概論演習

本体 22,200 円＋税

著者一覧

電気通信大学
上　芳夫

東京理科大学
越地耕二

日本アイ・ビー・エム株式会社
櫻井秋久

拓殖大学
澁谷　昇・高橋丈博

前日本アイ・ビー・エム株式会社
船越明宏

発行／科学情報出版（株）

●ISBN 978-4-904774-59-5

立命館大学　徳田 昭雄　著

EUにおけるエコシステム・デザインと標準化

―組込みシステムからCPSへ―

本体 2,700 円＋税

発行／科学情報出版（株）

AR
拡張現実
技術
の基礎・発展・実践

●ISBN 978-4-904774-60-1

筑波大学　岩田 洋夫　著

設計技術シリーズ

VR実践講座

HMDを超える4つのキーテクノロジー

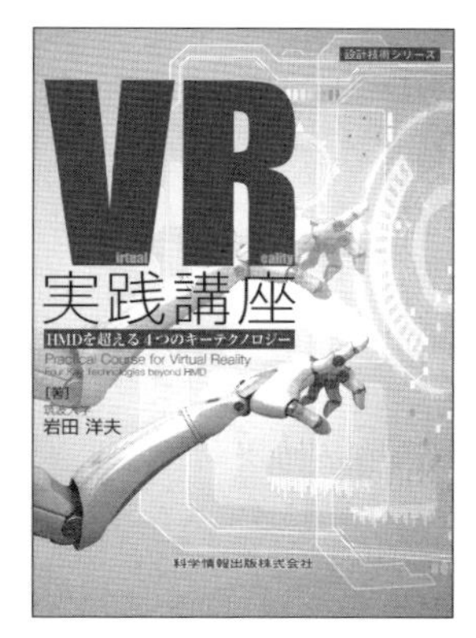

本体 3,600 円＋税

発行／科学情報出版（株）

設計技術シリーズ

新／回路レベルのEMC設計

－ノイズ対策を実践－

2017年10月28日　初版発行

監　修　　浅井　秀樹　　©2017

発行者　　松塚　晃医

発行所　　科学情報出版株式会社

〒300-2622　茨城県つくば市要443-14 研究学園

電話　029-877-0022

http://www.it-book.co.jp/

ISBN 978-4-904774-61-8　C2055